AF392078

LA GUERRE DES SEXES
CHEZ LES ANIMAUX

Thierry LODÉ

LA GUERRE DES SEXES CHEZ LES ANIMAUX

Une histoire naturelle de la sexualité

« Réintégrer l'homme dans la nature, triompher
des nombreuses interprétations vaines et fumeuses
qui ont été barbouillées ou griffonnées sur le texte
primitif… [que l'homme] soit sourd aux appeaux des
vieux oiseleurs métaphysiques qui trop longtemps
lui ont seriné : tu es mieux que cela, tu es plus grand,
tu as une autre origine – c'est une tâche qui peut
sembler étrange et folle, mais c'est une tâche… »

F. Nietzsche, *Par-delà Bien et Mal,* § 230.

Sommaire

Préface
de Patricia Gowaty

Le conflit entre les femelles et les mâles sur le contrôle de la reproduction n'est pas seulement un slogan féministe ; c'est aussi un problème crucial de l'évolution, du comportement social et de la sélection sexuelle.

Au cours des trente dernières années, l'étude des conflits sexuels d'intérêt a considérablement changé l'idée que les biologistes se faisaient du rôle des femelles dans l'évolution, mais aussi la manière dont ils voyaient le devenir de la compétition, le théâtre écologique du jeu évolutif et la vitesse de l'évolution. Ces remises en cause, passionnantes, ont conduit les chercheurs empiristes à ouvrir le débat sur la dynamique du succès (*fitness*) des systèmes sociaux et abouti à des conclusions inimaginables il y a encore dix ans. Le livre de Thierry Lodé nous fait entrer dans ce domaine, fascinant, de la biologie évolutive.

Quelques chercheurs continuent à arguer que, en raison de la plus faible variance du succès des femelles – au contraire du mâle, la femelle ne peut accroître son nombre de descendants en multipliant les copulations –, le changement évolutif serait plus faible chez les femelles que chez les mâles. Cet argument a justifié ce que j'appelle le *cookie cutter model* selon lequel la variation évolutive serait trop faible chez les femelles pour mériter de leur porter attention. En réalité, aujourd'hui, nous mesurons combien les femelles jouent un rôle actif dans le conflit sexuel. Leur aptitude différente à gagner, éviter ou surmonter les effets de la bataille est une clé essentielle pour comprendre la dynamique du conflit. La conception selon laquelle les femelles participent passivement à l'évolution n'est pas seulement incorrecte, elle est désormais révolue. Le formidable résultat en est que nous en savons plus sur les femelles… et sur les mâles.

L'idée au cœur des théories du conflit sexuel est que les interactions physiologiques et comportementales des mâles et des femelles déterminent quel sexe pourra contrôler la reproduction. S'il est vrai que les gagnants et les perdants de ces interactions dans le temps écologique sont à la fois des mâles *et* des femelles, la valeur adaptative interdit, toutefois, de penser que la question se situe *parmi* les mâles ou *parmi* les femelles. Comme le choix des partenaires sexuels, le comportement ou la physiologie d'un sexe affecte la variance du succès reproducteur de l'autre sexe (la variance du succès reproducteur est la monnaie d'échange de la sélection), de telle manière que les gagnants et les perdants se trouvent *au sein des deux sexes* (la variance au sein de chaque sexe est la monnaie d'échange de la sélection sexuelle). Quand les mâles tentent de manipuler les décisions reproductives des femelles, le succès reproducteur des femelles manipulées décroît par rapport au succès que connaissent les femelles qui échappent à une telle manipulation : les gagnants et les perdants sont des femelles. Quand quelques mâles ont plus de succès que d'autres en manipulant les femelles, les gagnants et les perdants sont des mâles. Dans le conflit sexuel, un type simple d'interactions entre mâle et femelle entraîne aussi bien les mâles que les femelles à devenir des gagnants ou des perdants. Ainsi, le conflit intersexuel influence-t-il la sélection sexuelle des deux sexes à la fois. C'est d'ailleurs le sens de la conclusion finale de Thierry Lodé.

Même la coopération entre les sexes pourrait bien trouver son origine dans le conflit ! Les mâles peuvent manipuler les décisions reproductives des femelles, ce qui modifie, là encore, notre perception du contexte écologique des théories évolutives. Que des mouches du vinaigre ajoutent dans leur éjaculation des peptides toxiques qui altèrent l'aptitude des femelles à s'accoupler de nouveau l'illustre parfaitement ! De plus, le choix des femelles est souvent perçu comme un processus *pré*-copulatoire, mais il existe aussi un *choix cryptique, dissimulé*, qui se déroule directement *après* la copulation, dans le tractus génital de la femelle. Ce peut aussi être une *manipulation* ou une *résistance dissimulée* ayant lieu à l'intérieur des femelles. Ainsi, le théâtre écologique du conflit sexuel est aussi le *corps* des femelles elles-mêmes. Sont-ce ces armes physiologiques des mâles qui ont entraîné la prétendue *coquetterie* des femelles – dont l'autre face est la *débauche* des mâles ? Si une telle manipulation par les mâles est courante chez les espèces vivantes, les idées théoriques sur l'origine de la différence des sexes ne peuvent alors plus tout à fait être valides… Décidément, l'étude du conflit sexuel ouvre un champ intellectuel fécond et passionnant. Thierry Lodé nous en offre ici la démonstration éclatante.

Patricia Adair Gowaty
Professeur d'écologie évolutive
Institut décologie de l'Université de Georgie
Athens, Georgie, États-Unis.

Avant-propos
Une chronique des habitants de la Lune…

> « *The sexual struggle is of two kinds : in the one it is between the individuals of the same sex, generally the males, in order to drive away or kill their rivals, the females remaining passive ; while in the other, the struggle is likewise between the individuals of the same sex, in order to excite or charm those of the opposite sex, generally the females, which no longer remain passive, but select the more agreeable partners.* »

> Darwin (1871),
> *The Descent of Man and Selection in Relation to Sex.*

L'orchidée faisait de la peine à Darwin. Tout juste avait été rédigée *L'Origine des espèces* que Darwin s'intéresse et écrit sans sectarisme sur la reconnaissance de l'orchidée et du bourdon. L'orchidée *Ophrys* est une fleur sournoise. Son aspect contrefait la femelle d'un bourdon *Osmia* avec tant de perfection, avec tant d'ingéniosité que le bourdon connaît un irrépressible désir de déflorer la fleur. L'orchidée use d'un curieux stratagème pour se reproduire : la perfide invite les bourdons au sexe par ses couleurs et ses formes, et complète même sa supercherie en émettant les parfums de l'amour des bourdons. La co-évolution de la fleur et de l'insecte relève de l'influence contradictoire du sexe et des contraintes naturelles, et complique singulièrement la compréhension de la mécanique évolutive. En outre, chez les bourdons, les mâles ne sont pas vraiment des mâles. Et quand bien même, comme chez les phasmes, les femelles peuvent s'en passer. L'un ou l'autre sexe n'y trouve guère son compte, et la sexualité de la fleur s'immisce dans la crise sexuelle des bourdons, dans la bataille entre les bourdons mâles et femelles.

Quoi ? Le sexe ne composerait pas un événement harmonieux ?

L'épisode de la sexualité constitue l'un des principaux fondements de l'évolution biologique, probablement l'un des plus fascinants aussi. En introduisant une différence initiale entre deux sexes, l'aventure de la sexualité a profondément modifié le monde, et engagé une guerre : la guerre des sexes. Loin du charme et de l'excitation, la sexualité prend parfois la forme du conflit, du combat, ce que Darwin n'avait pas pleinement envisagé. Et les embarras de Darwin ne font que commencer. Bien d'autres anomalies persistent et obligent à questionner radicalement la théorie moderne. Des fantaisies sexuelles viennent perturber la logique évolutive, voire, selon le mot de Popper, falsifier la conception dite *néodarwinienne* de l'évolution.

Face à l'émergence des exceptions, il faut décentrer le débat, prendre du recul au loin comme pour regarder la planète et sa richesse avec les yeux naïfs d'un résident lunaire. Nous allons timidement débattre de la question évolutive. Le dogmatisme ne peut pas exister en science. Rien n'est vraiment définitivement établi, il faut d'abord examiner les incroyables désordres de la planète sexuelle. Tout ce qui est précieux lui appartient.

Chapitre 1

La naissance de la tragédie

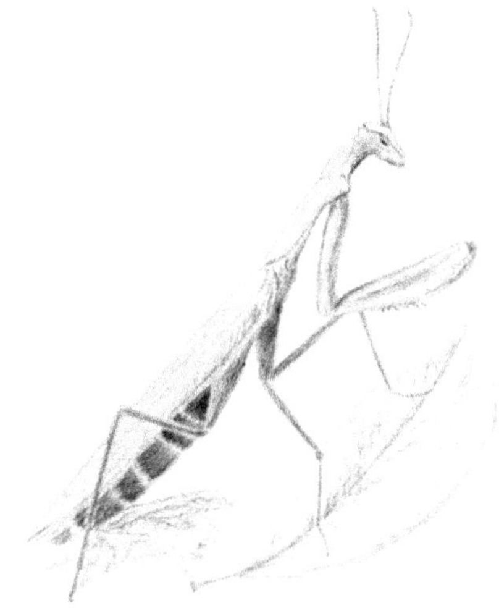

1. La sexualité dans l'évolution
2. La sélection : une reproduction différentielle
3. Les bases du conflit sexuel

L'Académie sélénite est en pleine ébullition. Une inconcevable polémique divise les savants de la Lune. On vient de découvrir une planète où le sexe existe. C'est-à-dire une planète où deux sexes s'opposent. Imaginez des êtres si différents, au physique si singulier, que tout les sépare – sens originel du mot sexe : séparer – et, cependant, des êtres qui doivent se reconnaître, s'accepter et souvent même se toucher physiquement pour simplement se perpétuer. Comment ? Comment cette divergence a-t-elle pu être retenue par l'évolution sans constituer un handicap majeur ? Voilà bien une question qui pourrait hanter les paisibles habitants de la Lune en observateurs aventureux de cette situation insolite. Le premier chercheur figurant dans la galerie de l'Académie des Sélénites serait sans doute Darwin, le découvreur de la sélection sexuelle. Et c'est sous un regard de biologiste que les faits évolutifs vont être présentés. Éclairant en partie l'énigme du vivant, ces événements introduisent bien des questions dont nous n'avons pas les réponses. Il est vrai que l'on parle ici de Sélénites, car la neutralité scientifique exige que l'observation ne soit pas altérée par l'observateur, mais vous en conviendrez, les Sélénites n'existent pas…

Dans la nature, plus de 90 % des espèces animales sont sexuées. Chez ces animaux sexués, près de 90 % des espèces privilégient la sexualité comme mode de reproduction. L'aventure de la sexualité est vraiment une invention déterminante de l'évolution. De l'évolution ou des évolutions ? Car loin d'être une règle organisant des grands assemblages, l'évolution est plutôt une somme de petits bricolages dont la cohérence provisoire résulte de la disparition des « mauvaises » adaptations. Voilà donc posé le début de l'histoire, de cette histoire du vivant que l'on appelle évolution.

L'évolution du vivant n'est pas une théorie. Il faut d'abord retenir qu'il s'agit d'un fait. Loin de constituer une hypothèse sur l'origine du monde, l'évolution réalise un phénomène perceptible, la transformation des êtres vivants. Il n'y a pas lieu d'avoir une opinion sur la réalité de cette métamorphose du vivant. Ce serait un peu comme douter du Soleil. Cela étant dit, les faits scientifiques ne se livrent pas dans leur entier sans un effort sensible, sans une volonté d'entrevoir, de distinguer derrière les phénomènes la réalité de leur existence. Les faits scientifiques s'avèrent presque toujours s'ériger contre notre première impression. Il faut les décrypter, comme des contre-intuitions, des phénomènes qu'il faut dégager de la gangue de notre myopie souveraine en effectuant une véritable lutte contre l'apparence, contre ce que Gaston Bachelard nomme l'obstacle épistémologique. Ainsi, nous voyons chaque jour le Soleil se lever et ensuite achever son apparente course inutile, mais, bien sûr, le Soleil ne se lève pas et ne se couche jamais. Sa course céleste n'est que l'écho de notre propre mouvement, de la rotation et du déplacement de notre propre planète. Les êtres vivants présentent aussi une illusion puissante, celle de la stabilité de leur forme. La girafe provient d'une autre girafe, le hanneton d'un autre hanneton et leur physionomie apparaît si semblable, si pareille et les changements si infimes que Linné et bien d'autres ont égaré leur acuité dans la méprise, refusant l'idée d'une évolution. Le mystère déroutant de la similarité des ascendants et de leurs descendants cache le fait évolutif : les espèces semblent comme fixées définitivement dans une morphologie constante alors que cette immobilité n'est qu'une impression seulement perceptible durant un moment très bref à l'échelle des durées géologiques.

L'erreur du fixisme a été combattue par un esprit fort, mais, comme souvent, isolé dans son temps, ignoré de son époque : Jean Baptiste Lamarck qui, en 1809, a découvert l'évolution. Les êtres vivants changent et se transforment. L'accumulation de multiples variations construit un être nouveau, différent de ses prédécesseurs et, chaque fois, la divergence ultime les sépare dans une variété invraisemblable de formes et de couleurs. Une diversité biologique luxuriante naît de la différence. À rebours de l'arbre phylétique, on peut même imaginer une origine unique, une cellule primordiale, ou remonter encore les liens astucieux des acides aminés jusqu'à une autre molécule fondamentale. Ce grand secret est mis à nu par Lamarck : les êtres se transforment en d'autres êtres et c'est ainsi que se sont succédé dans le périple évolutif les générations du vivant. Imaginez une planète où même le milieu le plus désolé, la moindre parcelle d'un sol aride accueille encore une inouïe diversité…

L'évolution est un fait indéniable. Il existe cependant encore des réactions contre l'idée d'évolution. Ainsi, les créationnistes essayent à nouveau d'imposer un point de vue rétrograde, rebaptisé *intelligent design*. Ce retour des spéculations religieuses et sectaires présuppose une *direction* au processus biologique, un plan préétabli, introduisant l'idée farfelue d'un dessein de l'évolution et d'un grand directeur. Cet avatar de la fable mystique apparaît comme un nouveau sursaut obscurantiste, scientifiquement sans lendemain. Tout révèle que l'évolution bricole ses transformations pour s'ajuster aux contraintes de la planète.

Maintenant, comment se transforment les êtres vivants ? Bien sûr, ici le temps est le grand maître des choses, comme le souligne Lamarck. Le temps est irréversible comme l'est l'évolution, et s'accumulent les modifications dont la somme façonne insensiblement un nouvel être, une nouvelle espèce. La démesure de sa course ne confère à la durée de notre humanité que l'espace d'un minuscule instant à l'échelle des millions d'années qu'occupent les périodes géologiques. Toutefois, si les changements s'amoncellent et se remplacent mais sans cohérence, comme la simple addition d'altérations aléatoires, comment comprendre l'évolution de la torsion organique des mollusques, de la construction anatomique des premiers tissus dermiques, la complexité de l'organisation des synapses ou même de la fabrication d'une simple plume ? Chaque fois, ces merveilles d'originalité ajustent des millions d'années de subtiles variations aléatoires sur un même thème : vivre et vivre encore…

La théorie du mécanisme de l'évolution a été proposée par Charles Robert Darwin. En fait, *L'Origine des espèces* souligne d'abord le mécanisme adaptatif que Darwin nomme la *sélection naturelle* en référence à la sélection artificielle exercée par les éleveurs. Comme Lamarck, Darwin considère que l'adaptation est la clé de l'évolution, mais l'originalité de son travail lui permet d'en décrire le mécanisme probable. Pour Darwin, ce mécanisme se manifeste entre les organismes à travers la « lutte pour la vie » comme la clé de l'évolution des espèces, ce que Lucien Cuénot a résumé dans sa formule lapidaire : « L'évolution, c'est le hasard trié par la mort. » Ce n'est pas tout à fait le sens que Darwin songeait lui conférer. Le centre de gravité de l'évolution est en fait la *reproduction* des êtres vivants. Les organismes se perpétuent mais, à chaque reproduction, des modifications hasardeuses interviennent comme autant de déboires, d'imperfections momentanées.

Tant que ces différences n'affectent pas la survie, le changement est inopérant, neutre, sans intérêt du point de vue évolutif. Darwin rappelle que si la particularité n'apporte ni bénéfice ni désavantage, elle ne constitue rien ; en revanche, dès qu'une variation améliore ou aggrave la capacité de survie, la transformation peut devenir une évolution. Voilà la proposition fondamentale de la théorie darwinienne du mécanisme de l'évolution. Si la modification entraîne une forme délétère, l'ensemble de l'individu est perdu irrémédiablement, car la variation peut être minime, mais c'est toujours l'individu dans son entier qui est sélectionné ; à l'inverse, en accordant un avantage, même subtil, le caractère nouveau construit la transformation. Voilà d'où dérive le savant bricolage qui associe insensiblement les profits évolutifs. Mais il faut encore que ce changement s'imprime dans le nouvel être, s'inscrive définitivement dans sa descendance. La reproduction est ici essentielle, car l'être nouveau doit se reproduire pour accéder à la divergence finale.

L'évolution existe d'abord en tant que *reproduction différentielle*. Chacun se reproduit différemment de l'autre, avec plus ou moins de réussites dans sa progéniture et, donc, de chances de propager ses gènes. Chaque descendant à son tour transmet le nouveau caractère aux générations suivantes. Il faut donc un caractère transmissible, héréditaire, variant aléatoirement et un individu reproducteur. C'est pourquoi aucun être vivant ne peut échapper à la sélection, pas même l'homme. Si la réussite évolutive tient dans la différence du succès reproducteur entre les individus, paradoxalement, la variation évolutive ne peut se fixer dans l'être qu'en séparant les organismes vivants. La nouvelle caractéristique ne retourne pas dans le patrimoine commun de l'espèce précédente dès que la différence apparue devient une divergence. Les organismes ne se reconnaissent plus. Que cette incapacité d'identification s'opère au niveau des individus ou au niveau moléculaire ne change pas fondamentalement le problème ! La variation érige de la divergence, élabore de la biodiversité. La variation s'introduit dans le caractère héréditaire (généralement assimilé à un gène), l'individu subit la sélection naturelle, et s'il en tire avantage (c'est l'adaptation), l'espèce (le groupe d'individus auquel il appartient) évolue en une forme nouvelle.

Mais d'où provient la versatilité du succès reproducteur ? Le caractère nouveau confère un bénéfice temporaire dans des conditions particulières – par exemple, en offrant un avantage face aux contraintes des habitats naturels. Le milieu entraîne imperceptiblement l'intérêt de la reproduction différentielle. Il pourrait sembler que chaque organisme préfère vivre et se développer dans un habitat particulier – le ver à soie sur le mûrier, le rouge-gorge dans les buissons, la grenouille agile dans la mare et le loup dans le bois. Toutefois, si l'espèce limite sa distribution à cet environnement singulier et y dissimule son repaire, c'est d'abord que la *sélection de l'habitat* est une autre forme de la sélection naturelle. L'espèce se reproduit de manière optimale dans cet habitat original et, inversement, cet environnement garantit son devenir. Ici règne encore la reproduction différentielle. Plus qu'une préférence pour un milieu donné, il s'engage une lutte vitale pour s'assurer ne serait-ce que d'une parcelle de l'habitat indispensable. Chaque individu doit alors occuper le meilleur endroit, celui qui lui permettra de déployer la plus grande progéniture. Il faut batailler ardemment pour s'emparer de la place et certains, confinés aux bordures, aux zones déshéritées, n'y pourront résister, à moins qu'une variation puisse transformer ce dépaysement en avantage.

L'espèce présente donc une adaptation appropriée à un moment donné. Originel mais provisoire, ce caractère adaptatif peut consister en une particularité morphologique qui favorisera la prise alimentaire ou encore stimulera la fuite. Parmi tant d'exemples, la couleur brune, dite cryptique, du plumage des engoulevents *Caprimulgus europeaus* qui couvent sur le sol forestier, les dissimule à la vue des prédateurs. De même, les phasmes (ou bâtons du diable) comme *Bacillus gallicus* semblent imiter des brindilles pour échapper à leurs ennemis. De couleurs et de formes, mais aussi physiologiques ou liées au développement, d'autres adaptations s'avèrent plus discrètes, mais, chaque fois, cet ajustement favorise la survie. Voilà comment déchiffrer aussi l'aspect fabuleux des orchidées. L'adaptation provient de la somme de variations dont les pressions de l'environnement ont organisé la cohérence. Cependant, chacun détient alors une adaptation spécifique selon le *principe de l'exclusion compétitive* selon lequel il ne doit pas y avoir deux espèces qui soient adaptées exactement au même ensemble de contraintes. La concurrence déloge immédiatement la plus faible.

La niche écologique ne tolère en général qu'un seul hôte et encore, à titre précaire. *A contrario*, cette spécificité apporte une démonstration du processus évolutif. En réponse à des contraintes similaires, des espèces différentes, ne détenant qu'une parenté génétique très éloignée, exhibent des convergences adaptatives. Ainsi, partageant son origine avec les kangourous, le thylacine dévoile une physionomie proche du loup *Canis lupus*, alors que celui-ci est plus apparenté aux musaraignes ou aux phoques. Isolés dans des continents séparés, la convergence de leur statut de prédateur a conféré conjointement aux loups et aux thylacines la similarité de leur dentition, de leurs membres coureurs et même de leur silhouette. De même, la carapace des tatous et des pangolins signe leur convergence adaptative dans deux régions distinctes. Maintenant, prenons la vie océanique. Elle exige un hydrodynamisme parfait, mais ce qui est extraordinaire, c'est que la force des mers a agi sur les doigts des vertébrés marins. Les dauphins ont dû modifier leur membre en palette natatoire, multipliant jusqu'à 9 et plus les phalanges de leurs doigts, comme, d'ailleurs, avaient dû le faire, bien avant eux, les reptiles ichtyosaures. Des êtres à la genèse si dissemblable peuvent donc présenter les mêmes particularités anatomiques dont l'origine est à chercher dans les pattes écailleuses des sauriens pour les uns et dans les doigts velus des mammifères pour les autres. Pourtant, les dauphins partagent une parenté avec les chauves-souris ou Chiroptères, ces mammifères qui volent avec leurs mains, alors que les ichtyosaures étaient parents des lézards, des caméléons et des oiseaux. Et cette polyphalangie, impossible pour les phoques et otaries qui doivent revenir sur terre, est remplacée par un dispositif d'hyperphalangie, les phalanges s'allongeant jusqu'à la démesure. Il semble donc que les contraintes de l'environnement pèsent si fortement que la fantaisie n'y trouve pas sa place. D'un point de vue darwinien, il est vital de présenter exactement le bon caractère et au bon moment, car l'évolution ne connaît qu'une sanction, définitivement irréversible.

Mais si Darwin avait eu tort et si l'évolution supportait quand même des caractères extravagants sans entraîner la terrible sanction sélective ? Dans les faits, il existe bel et bien des organismes au physique inattendu, des êtres aux attributs si insolites qu'ils certifient de la victoire évolutive de l'excentricité. Et ces anomalies ne sont pas même rares. Darwin se serait-il donc trompé sur l'évolution de certaines qualités ? Pas tout à fait, car le premier critique de Charles Darwin et de la première *théorie de la sélection naturelle* de 1859 est Charles Darwin lui-même. Comment, se demande-t-il, comment expliquer par la sélection naturelle, la couleur éblouissante des épinoches ? Comment interpréter la ramure des cerfs *Cervus elaphus* ? Comment élucider l'existence de la queue du paon ? Voilà bien des ornements inutiles, saugrenus, dangereux même puisqu'ils rendent vulnérable leur possesseur ! Des caractères ne suivent à l'évidence pas les lois de la théorie de la sélection naturelle. L'origine de ces caractéristiques extravagantes semble bien du même ordre aléatoire et transmissible que les caractères adaptatifs. Cela étant, le développement et le maintien de ces particularités morphologiques ne peuvent pas reposer sur l'avantage adaptatif. Ces traits constituent, bien au contraire, autant de ratés manifestes, d'inconvénients face aux contraintes des habitats et à la dent des prédateurs. Darwin réintroduit alors l'explication sélective en décrivant une autre facette de la théorie évolutive : la *sélection sexuelle*. Une fois encore, le centre de gravité du succès évolutif tient dans la reproduction différentielle. Ici, chaque caractère se manifeste comme un apparat de séduction ou comme un outil de rivalité. Ces hypothèses nouvelles vont fonder la *théorie de la sélection sexuelle* avec la *loi évolutive de la rivalité (law of battle)* et la *loi de l'attirance (law of preference)*, deux forces contradictoires qui troubleront les sexes de manière irréversible.

La sexualité n'est pourtant pas nécessaire à la reproduction. Beaucoup de plantes utilisent majoritairement une reproduction végétative et de nombreux animaux peuvent se reproduire sans sexualité. La sexualité n'est qu'une des options de l'aventure évolutive des espèces, mais cette option si innovante entraîne bien des conséquences : la sexualité naît de la différence et engendre du différent. Il est d'ailleurs commun de la caractériser comme l'instrument de la diversité génétique. Initiant la variété de la recombinaison génétique, la sexualité édifie à chaque fois un individu différent de chacun de ses parents. Mais la sexualité oppose aussi les individus avant d'exiger qu'ils s'acceptent. La guerre des sexes fait rage, comme l'a écrit Richard Dawkins.

L'apparition de la sexualité a érigé une exclusion fondamentale entre deux sexes que tout divise. Cette exclusion se construit en fait comme un *conflit en trois temps* qui défie irrémédiablement les organismes.

— Tout d'abord, une différence entre reproduction et sexualité, une fausse indépendance où la sexualité complique, avec un certain raffinement, la reproduction, la limite à certains moments, introduisant ce succès différentiel qui entraîne certains organismes à l'échec inévitable. Les individus reproducteurs laisseront leurs gènes proliférer dans la population, mais le triomphe des uns révèle la défaite des autres. Ici est ostensible le premier temps du conflit.

— Ensuite, les mâles s'opposent aux femelles et les femelles aux mâles. Leur intérêt immédiat diverge profondément. Dans la bataille des sexes, chacun admet de pacifier les émotions, mais la sagesse semble provisoire et fondre facilement. Ce deuxième temps du conflit ne se dissimule guère, édifiant souvent à partir d'une différence inéluctable une inégalité tenace dans la relation. Ainsi, chez de nombreuses araignées, les mâles s'exposent à être dévorés en approchant des femelles.

— Enfin, troisième temps, la sexualité trahit même les combattants à l'intérieur de leur propre troupe apparente : les mâles rivalisent avec les mâles et les femelles ne tolèrent guère la séduction des autres femelles.

Dans ces trois temps du sexe, un tableau bien noir se dessine, une guerre des sexes dont le choc des bouquetins *Capra ibex* déclinerait le cours et dont la mante religieuse *Mantis religiosa* présenterait la fin. Cependant, la sexualité infiltre ce curieux parfum du sentiment, noyant les neurones dans un flux délicieux et, pourtant, narcotique, comme si l'évolution devait anesthésier quelque chose de la conscience. Fractionnant l'espèce dans des identités sexuelles souvent problématiques, le sexe exerce la rivalité de chacun contre tous. Ici persiste une bataille secrète qui dure depuis des millénaires, égarée quelque part dans notre galaxie. Dans le monde animal, les sexes sont en guerre, en guerre totale bien souvent, et l'évolution en comptabilise les victimes.

Comme pour l'ensemble des phénomènes de l'évolution biologique, l'existence du conflit sexuel n'est pas vraiment débattue par les scientifiques, la controverse ne réside que dans les formes adaptatives de sa manifestation. Nous allons voir qu'en introduisant ce que les scientifiques nomment les traits d'histoire de vie des espèces dans le scénario évolutif, la problématique du conflit sexuel fait plus que compléter la théorie de la sélection sexuelle : elle engage une conception nouvelle de la biologie évolutive. L'objectif est ici de décrypter les enjeux et les conséquences de la forme que prend le conflit d'intérêt, vu au sens le plus large. Pour livrer les parcelles d'une connaissance imparfaite et provisoire, la langue est biologique et ne se prétend pas universelle. Il s'agit seulement d'introduire les fragments d'une philosophie biologique qui examinerait minutieusement ces amoureux qui se promettent la lune…

Chapitre 2
De l'origine du monde

1. L'ADN, une incroyable molécule

2. La méiose et l'hérédité mendélienne

3. La recombinaison, une sauvegarde de l'ADN

Torsadée, enroulée sur elle-même et démesurément longue, l'ADN, ou molécule fondamentale du vivant, s'avère bien déroutante. L'un des phénomènes les plus curieux reste probablement que l'organisation de l'ADN est si favorable à la sexualité qu'elle semble construite pour la sexualité. Pourtant, son évolution s'est déroulée à une époque où la sexualité ne constituait encore qu'une vague probabilité à peine crédible dans l'Univers. Comment donc a pu se construire cette alliance insolite ?

Dans un célèbre article scientifique, seul témoin d'une puissante aventure conceptuelle, Watson et Crick ont révélé la structure complexe de l'ADN. Élaborée en une double hélice réunissant 4 bases complémentaires deux à deux autour d'un sucre et d'acides phosphoriques, l'ADN peut s'ouvrir aussi facilement qu'une simple fermeture Éclair. Ce processus fournit le fondement physique de l'hérédité. Mais comment un format de 4 bases peut-il apporter une telle information alors que 26 lettres sont nécessaires à l'alphabet français ? Une base ne peut composer un mot, il faut une autre logique. De même, la combinaison des bases deux à deux serait tout aussi insuffisante. La réponse évolutive tient en l'association des bases trois par trois en un code unique pour une structure fondamentale : un acide aminé. Il est possible de former de multiples arrangements de trois bases et il n'existe qu'une vingtaine d'acides aminés différents, chacun codé par l'association de trois bases. Voici codées les lettres fondamentales du code génétique. En assemblant ces différents acides aminés entre eux, l'ADN code pour des protéines, grosses molécules, composition de plusieurs centaines, souvent de plusieurs milliers d'acides aminés répétés comme les notes d'une partition symphonique, les lettres d'un texte fondamental. Briques constitutives du vivant, les protéines sont en effet construites de séquences particulières d'acides aminés. Dès lors, la combinaison originale de centaines d'unités génétiques formées de trois bases constitue un ensemble supérieur d'une taille variable, le gène. Plus exactement, l'idée qu'un gène code une protéine reste une simplification et il serait mieux de dire qu'une certaine longueur d'ADN encode un polypeptide, car les protéines se construisent elles-mêmes comme des assemblages de polypeptides – ainsi, la chaîne de l'hémoglobine associe 144 acides aminés. Il faut aussi remarquer que l'ADN n'est pas économe. Les quatre bases permettent plus de 64 combinaisons, ou codons. C'est beaucoup plus qu'il n'en faut pour une vingtaine d'acides aminés, et cette prodigalité entraîne que des codons différents codent le même acide aminé. L'ADN constitue ainsi un dispositif, certes performant, mais bien loin d'être optimal. En tout cas, l'image qui admet que l'ADN se manifeste comme un alphabet des caractères héréditaires est simpliste : l'ADN constitue plutôt un vrai support physique qui passe matériellement des parents à la progéniture et se transmet de génération en génération.

La matérialité de ce support tangible autorise l'appellation scientifique de matériel génétique. Chaque gène est matériellement attribué à la génération suivante. L'ADN se loge aussi bien dans le noyau cellulaire que dans les organites des cellules, bien que l'ADN nucléaire reste le plus important. Le génome nucléaire varie de 5×10^4 kilobases à 7×10^8 kilobases. Toutefois, la variation de sa taille n'est pas associée à la complexité de l'organisation organique et le génome de simples bactéries se révèle jusqu'à 200 fois plus long que le génome humain. L'humain, lui, dispose d'une quantité d'ADN bien modeste. Cette anomalie qui distingue la complexité morphologique de la taille du génome constitue ce que l'on dénomme le *paradoxe de la valeur C,* ou *C-value paradox.* Cette fantaisie de la nature découle de la présence de multiples séquences réitérées souvent non codantes (ou seulement pour certains polypeptides) dont la signification reste discutée. L'ADN ici semble ne propager que lui-même sans aucun rôle organique évident. Il peut alors apparaître égoïste, comme l'a souligné Richard Dawkins, exploitant la protection initiale de la cellule pour se reproduire lui-même de nouveau. Chez les animaux, l'étude de ces séquences se montre cependant riche d'enseignements parce que ces marqueurs génétiques favorisent l'analyse de la diversité génétique, la recherche des échanges migrateurs ou encore l'attribution de la parenté, appuyant de nombreux travaux de génétique écologique ou génétique des populations. En outre, cet ADN répétitif et qualifié de superflu peut aussi agir sur la taille et la précocité d'une plante, comme dans le cas de la fétuque ! L'ADN réitéré peut même carrément se modifier sous l'effet de la température. Les premiers travaux du professeur Ceccarelli et de ses collaborateurs qui montrent que le génome de la fétuque *Festuca arundinacea* répond aux variations de l'environnement paraissent donc bien contredire Darwin. Le fait que l'environnement puisse influencer des variations héréditaires est une constatation bien désagréable pour la théorie de la sélection naturelle, mais peut-être aussi une ouverture fascinante sur l'inconnu.

Quoi qu'il en soit, en se divisant en deux brins complémentaires, l'ADN facilite extraordinairement la sexualité. Les animaux ou les végétaux qui n'ont pas recours à la sexualité pour se reproduire disposent cependant d'ADN, illustrant que l'ADN, et sa curieuse césure, n'est pas associé directement à la sexualité. Dans ce cas, la molécule est alors transmise, immédiatement incluse dans les cellules souches qui reconstruiront un nouvel être en tout point semblable à son parent – un clone naturel en quelque sorte. Le bourgeonnement, la sporulation ou cette division binaire qu'on nomme scissiparité consistent en une production du même, une reproduction au sens le plus strict. Au contraire, la sexualité semble perturber l'ADN en l'enfermant dans des cellules sexuelles après sa séparation en deux brins supplétifs. Au cours de cette subdivision inégale des cellules, ou méiose, la division cellulaire fractionne le matériel génétique et isole chaque demi-brin d'ADN. En produisant des cellules sexuelles où se réfugient les demi-brins d'ADN après leur division, chaque organisme sexué s'impose le besoin impératif d'un autre congénère pour reconstituer en entier un ADN codant. Ce caprice de la division des brins d'ADN dans des cellules originales entraîne la nécessité de la sexualité, où l'un dépend de l'autre pour édifier sa progéniture.

La sexualité est une aventure évolutive stupéfiante. Là où la reproduction a-sexuelle bourgeonne tout simplement d'un être vivant à partir d'un autre, la sexualité inscrit une incroyable complexité, défaisant l'ADN, fabriquant des cellules haploïdes spécialisées (ovules et spermatozoïdes), exigeant un échange génétique entre deux êtres différents et, au retour, une fécondation pour réorganiser un nouvel être totalement original. Et ce processus sexuel s'effectue à travers une profusion de moyens gaspillés. D'où peut provenir une lubie si onéreuse qui dilapide autant d'énergie organique à fabriquer tant de cellules inutiles, jamais fécondes, tant de matériel génétique à jamais perdu ?

Il faut imaginer la planète Terre à son commencement torride. Une naissance de flammes il y a quelque quatre milliards et demi d'années. Il faut imaginer que la croûte du sol ruisselait de laves sulfureuses. Dans ce bouillonnement de vapeur, d'invisibles rayonnements perforaient la chaleur et immisçaient perfidement leurs mortelles émissions. Au sein de cet enfer apparent, la vie est en train d'émerger. Le vivant provient de l'association de molécules primordiales dans les brouillards de gaz ou dans les plis du sol. L'attraction de minuscules gouttelettes de lipides va permettre que les toutes premières cellules vivantes édifient une fragile membrane protégeant le matériel génétique initial. Les premiers âges ne connaissaient peut-être qu'une molécule simplifiée, l'ARN, ou bien l'ADN y a côtoyé son précurseur, l'ARN, capable de sa propre réplication grâce aux ARN-enzymes. Une fois installé dans la cellule, l'ADN a pu imposer sa solidité moléculaire protégée par la membrane. Toutefois, cette délicate enveloppe reste une armure bien précaire pour prévenir les radiations fatales : le matériel génétique a dû certainement souffrir de ces diffusions irradiantes et nombre de perturbations ont pu s'accumuler dans le génome. Cependant, contrairement à l'ARN, l'ADN dispose d'une intéressante parade : il sait se réparer de lui-même.

L'ADN s'avère une molécule extraordinairement conservatrice. Chaque base convoque irrésistiblement son complément, chaque demi-brin invite son demi-brin complémentaire. Cette exceptionnelle aptitude à se restaurer est ce qui caractérise le vivant. Et si deux êtres s'associent pour mêler leur génome en diffusant un demi d'eux-mêmes pour reconstruire un troisième être, celui-ci porte alors son génome singulier, irrévocablement original, dont chaque brin peut compenser les altérations de l'autre. L'origine de la sexualité dérive de la capacité de restauration de l'ADN. La formation du noyau cellulaire chez les eucaryotes (ou cellules à noyau) constitue sans doute aussi une réponse aux agressions des rayonnements. La membrane nucléaire des eucaryotes s'avère même sans doute l'indice majeur illustrant le rôle réparateur de la sexualité. Il fallut encore bien des générations pour que ce dispositif s'impose sur la nouvelle planète, mais, en ouvrant son complément, la combinaison originale de l'ADN a introduit la diversité biologique.

La recombinaison est donc d'abord une sauvegarde de l'ADN, la restauration d'une molécule extrêmement conservatrice. La *théorie de la méiose réparatrice* de George Williams souligne que la recombinaison sexuelle limite les altérations parce que chaque gène ne s'exprime que si les deux demi-brins s'accordent ensemble, si chaque forme du gène (l'allèle) accepte l'autre. Une variation délétère de l'un des brins peut ainsi être neutralisée par l'autre brin suivant le *Muller's ratchet* ou *cliquet de Muller*, empêchant l'accumulation de mutations néfastes. Ainsi, chaque recombinaison protège l'individu contre les allèles défavorables. Mais si le matériel génétique s'évertue à se préserver, alors, comment naît la diversité du génome ? Il s'agit bien encore d'un paradoxe. L'ADN rétablit l'assemblage de ses gènes. Plus précisément, l'ADN se rassemble formant des unités génétiques distinctes, les chromosomes, retournant l'ADN sur lui-même en de curieuses pelotes. Les organismes qui possèdent deux jeux de chromosomes sont dits diploïdes et ils héritent d'un double patrimoine de gènes. C'est au sein de cet ensemble que Nattie Maria Stevens a montré l'existence de deux chromosomes singuliers, les chromosomes sexuels appelés X et Y qui diffèrent l'un de l'autre. Bien entendu, si les spermatozoïdes apportent un chromosome Y à l'ovule qui ne dispose que du X, la progéniture XY sera génétiquement mâle, si le spermatozoïde fournit un X, le descendant XX sera génétiquement femelle.

La présence du chromosome sexuel est cependant insuffisante pour exprimer le sexe et un ensemble d'hormones et de facteurs environnementaux interviennent pour construire l'identité sexuelle finale. L'hérédité duelle entraîne aussi des conséquences pour les autres gènes et les résultats des associations entre allèles sont prédictibles selon les lois de la génétique mendélienne. Mathématiquement, si les ascendants différent pour un caractère, l'assemblage des allèles parentaux commande des couleurs, des hormones, des enzymes, des morphologies intermédiaires ou qui expriment la dominance d'un des deux parents, mais la répartition des allèles dépend de la rencontre des cellules sexuelles lors de la fécondation. Il en découle une combinaison absolument originale. Chaque arrangement édifie un être singulier dont le patrimoine est unique. À cette première différence s'ajoutent d'autres variations. L'ADN répète ses césures de multiples fois, recommençant la combinaison de ses gènes. Ces divisions réitérées de l'ADN peuvent provoquer des inversions, des délétions et des erreurs de copie de manière aléatoire. Cependant, ces mutations ne sont pas illimitées. Pour chaque base, trois erreurs seulement sont possibles. La quantité de mutations réalisables reste un nombre fini, presque exactement égal à trois fois la taille du génome de l'individu.

Ces altérations dans les allèles ou mutations peuvent rapidement disparaître lors des recombinaisons génétiques, mais toutes ont une forte probabilité de se dégager au cours de ces tirages aléatoires mais réitérés. En fait, Christian De Duve dans sa *théorie du hasard contraint* réconcilie les forces du hasard et de la nécessité, les tenants du *neutralisme*, pour qui l'évolution est d'abord le fruit du hasard, et les *adaptationnistes*, pour qui les contraintes adaptatives de l'environnement sont primordiales pour expliquer le fait évolutif. De Duve souligne que même la très faible probabilité qu'un événement se produise n'empêche nullement cet événement de s'accomplir. Il suffit seulement de répéter l'opération à de multiples reprises : en effectuant un nombre de tirages égal à environ sept fois l'inverse de sa probabilité, le fait aléatoire obtient 99,9 % de chances de se réaliser. Grâce à la durée de l'évolution, le fait aléatoire ne l'empêche pas d'être inévitable. Comme le nombre de mutations est fini, toutes les mutations avantageuses peuvent se produire. Les mutations ne sont donc pas si rares. Les mutations efficaces sont là, prêtes à la réaction évolutive, et se sont déjà probablement toutes manifestées au cours des temps géologiques. Dès qu'elles deviennent avantageuses au contact d'une nouvelle contrainte, elles persistent et se maintiennent : une variation s'introduit dans le caractère héréditaire et inaugure le fondement génétique soumis à la sélection darwinienne.

Le gène est octroyé physiquement à la descendance et se transmet comme un petit morceau d'immortalité. L'histoire originale de notre monde réside dans cette introduction incroyable, le matériel génétique. Au milieu des étoiles qui brillent et qui s'éteignent, au bord de la galaxie et quelque part dans l'immense froideur de l'Univers, un simple petit brin d'éternité. Au cours de l'évolution, de cette histoire des choses, que d'ADN a été perdu ! Et, sur notre planète, à chaque extinction d'une espèce se réduit encore davantage le patrimoine du vivant ! Car chaque espèce possède sa part singulière de l'ADN, chaque organisme vivant dispose d'une organisation absolument originale. En cela consiste le trésor inouï de la biodiversité. Aussi, à chaque espèce disparue correspond une perte irrémédiable d'ADN, irréversible dans son originalité. Le dégât s'avère effectivement irréversible. Toute reconstruction ne peut plus être qu'un fac-similé.

La vie est une résistance. La transmission de la molécule à la descendance suit donc des voies particulières. Les organismes sexués qui possèdent un double jeu de matériel génétique, les organismes diploïdes, ne fournissent qu'un seul jeu de chromosomes à leurs cellules sexuelles : spermatozoïdes et ovules sont donc haploïdes. Chaque parent apporte une moitié des gènes en quelque sorte, un seul allèle par gène. Cela nécessite un processus extrêmement complexe de fabrication de ces cellules spécialisées. Le matériel génétique est réduit lors d'une division cellulaire spécifique, la *méiose*, au cours duquel un processus additionnel intervient, la recombinaison génétique. Les paires de chromosomes se joignent à certains endroits et se combinent, entraînant de multiples assemblages possibles. Néanmoins, au cours de la méiose, le matériel génétique ne se réplique pas, initiant la formation de ces cellules haploïdes, qui se spécialisent ensuite. L'association de ces deux cellules haploïdes lors de la fécondation restitue ensuite un nouveau patrimoine diploïde, complètement original dans sa combinaison.

La diploïdie constitue un important phénomène dans la reproduction. Puisque chacun des sexes procure un jeu de chromosomes, chaque descendant dispose de deux jeux. Chaque gène trouve sa localisation à un endroit particulier du chromosome. Ce lieu propre est désigné sous le terme de *locus* et chaque individu dispose de deux variations du gène, deux allèles, sur chaque *locus*. La combinaison des deux allèles formera le génotype. Si les deux copies alléliques sont parfaitement semblables, l'être vivant exprime un caractère unique dit homozygote, mais si les deux copies diffèrent en des allèles distincts, l'individu hétérozygote manifeste des caractères intermédiaires. Par exemple, dans une fleur, un allèle rouge et un allèle blanc peuvent extérioriser un génotype rose. Parfois, l'un des allèles domine l'autre, empêchant son expression, et le caractère ne se distingue plus d'un homozygote, rouge par exemple. Seule l'étude de l'ADN ou de l'hérédité en permet l'identification. L'allèle dominant interdit l'expression d'un allèle récessif.

Comme les gènes nucléaires sont hérités de génération en génération selon un ratio caractéristique, l'hérédité est dite mendélienne, en référence à Gregor Mendel qui découvrit les lois de la dissémination des caractères. En étudiant le croisement de petits pois de variétés différentes, Mendel a révélé à quelles proportions se léguaient les caractères héréditaires, procurant à la théorie de Darwin le fondement qui manquait. La recombinaison génétique est un phénomène aléatoire et, par conséquent, prévisible. Le double arrangement complémentaire de la méiose et de la fécondation établit les règles de la génétique mendélienne et détermine l'histoire des espèces sexuées. Bien sûr, l'hérédité mendélienne ne se restreint pas à un seul *locus* à la fois. L'ensemble du patrimoine est concerné – plus de 100 000 gènes chez l'espèce humaine.

Pourtant, les combinaisons génétiques ne sont pas aussi abondantes qu'il se pourrait. Le patrimoine génétique se structure dans d'étranges pelotes, les chromosomes, et il n'existe que 23 paires de chromosomes chez l'être humain. Par conséquent, les *locus* sont liés à d'autres *locus* regroupant plusieurs milliers de gènes sur un même ensemble. Alors que des allèles de *locus* portés par des chromosomes distincts sont disséminés de manière indépendante, selon le processus de *ségrégation indépendante*, les allèles véhiculés par des *locus* liés restent associés, provoquant des déséquilibres de liaisons. D'ailleurs, l'hérédité non mendélienne existe pour l'ADN transporté par certains organites telles les mitochondries, ces usines respiratoires de la cellule, le plus souvent transmises uniquement par l'ovule des femelles en une hérédité unisexuelle.

La théorie de Darwin serait probablement restée lettre morte sans l'apport de la génétique. L'absence d'une explication de l'hérédité constituait la lacune majeure de la théorie de l'évolution. La conciliation entre gènes, populations et espèces fut principalement l'œuvre de Ernst Mayr qui a développé la célèbre *théorie synthétique de l'évolution*. Le néodarwinisme est né de cette réconciliation et lui a ajouté ensuite l'analyse de la sélection sexuelle. La sélection naturelle ne pouvait pas être crédible tant qu'on ne pensait pas une hérédité mendélienne. Les anciennes théories avaient imaginé un héritage qui mêlait aléatoirement les caractères pour élaborer des nouveaux attributs intermédiaires. Chaque fois, par conséquent, le caractère héréditaire était supposé se modifier. Dès lors, il était impossible de concevoir une adaptation évolutive qui puisse fixer une caractéristique dans une population. Avec Mendel, nous disposons d'une connaissance de l'hérédité. La génétique mendélienne restitue une conception atomiste, assemblant des éléments discrets comme Démocrite le supposait. On sait que, selon l'acception scientifique, une valeur est considérée discrète si elle consiste en une unité sécable, contrairement à une grandeur continue. L'allèle est préservé et, en tant qu'unité discrète, il passe matériellement d'une génération à l'autre. Les hétérozygotes en associant deux allèles singuliers peuvent exprimer des caractères intermédiaires, mais ils transmettent sans altération chaque allèle particulier : le patrimoine varie, mais l'allèle, lui, ne change jamais.

En ouvrant sa double hélice, l'ADN introduit les fondements de la diversification évolutive. L'ADN fabrique aléatoirement de la diversité biologique à travers la recombinaison et à travers les mutations. Toutefois, la cible évolutive qui autorise le déploiement de la diversité est un autre mécanisme : la sexualité, la déroutante sexualité.

Inscrivant l'étroitesse du rapport entre gènes et évolution, le néodarwinisme est d'abord une biologie *adaptative*. L'idée majeure du néodarwinisme affirme que certains individus réussissent mieux que d'autres, c'est la *valeur adaptative des individus* (*fitness*) qui les différencie. Néanmoins, la théorie de la sélection sexuelle ne constitue ni une perfection ni un dogme. En ayant motivé un ensemble extrêmement fructueux de travaux scientifiques, le néodarwinisme a pourtant peu à peu imposé une certaine orthodoxie, notamment en écologie comportementale. Parmi ces conventions, figure l'idée que les choix sexuels seraient fondés sur l'appréciation de la qualité *intrinsèque* des individus, et que certains partenaires seraient les *meilleurs*. L'évolution des pratiques sexuelles serait donc l'exercice d'un tri entre les *bons* et les *mauvais*. La réalisation de ce choix univoque, qui exige des modèles complexes, associerait plusieurs gènes et entraînerait génétiquement une réduction de la *variance*. Les caractères extravagants résulteraient des *bons* choix réitérés par les femelles. Il n'y aurait pas de place évolutive pour les préférences multiples des femelles ou l'homosexualité animale, puisque la sexualité poursuivrait l'objectif premier de la reproduction. Enfin, la séparation géographique, ou *spéciation allopatrique*, resterait décisive pour former les nouvelles espèces et une telle spéciation ne pourrait se développer que graduellement.

Malgré tout, de nombreuses interrogations persistent de notre point de vue, des réfutations peut-être. Il apparaît, en effet, que les choix sont plutôt pluriels et labiles, provisoires parce que modifiables, et que la sexualité n'effectue pas le tri des *meilleurs* individus, puisque le conflit oppose même les mâles aux femelles. Et cette émergence du conflit sexuel introduit une nouvelle manière de penser l'évolution, depuis l'influence des pathogènes sur l'apparition de la sexualité et jusqu'à la *biodiversité amoureuse* et la théorie du *tir à la corde*. Les espèces semblent se former dans un gradient d'éloignement des individus les uns par rapport aux autres, opposant les divergences sympatriques à la disjonction allopatrique. En approchant d'une théorie du conflit généralisé, nous allons ici essayer d'en discuter, pas à pas.

Chapitre 3
« Au commencement était le sexe »

1. L'anisogamie

2. Investissement des femelles

3. La résolution des mâles

4. Une réconciliation impossible ?

La sexualité est si commune sur cette planète qu'il est tentant de la présumer banale. La sexualité ne se manifeste-t-elle pas comme le tendre rapprochement des sexes ? La précaire rencontre de deux êtres qui ne se connaissent pas encore mais qui déjà se reconnaissent ? Un moment simple et doux qui donnera naissance à la vie ? Mais alors, pourquoi le sexe alimente-t-il tant d'histoires ? En fait, la familiarité de ce mécanisme invraisemblablement complexe en dissimule presque les incroyables et si agaçantes conséquences.

La sexualité est une fantastique innovation évolutive qui s'est imposée chez près de 95 % des espèces vivantes connues. Pour comprendre la sexualité, elle doit d'abord être rigoureusement définie. La première caractéristique de la sexualité est initialement la production de cellules spécialisées au cours de la méiose. Lorsque les cellules sexuelles ne se distinguent pas l'une de l'autre, la transmission génétique s'effectue à travers une fabrication cellulaire égale, l'isogamie. Chaque cellule sexuelle est quasi identique à l'autre. Bien que construisant la réduction des jeux de chromosomes, ce processus reste le plus simple, rudimentaire même, et finalement peu retenu au cours des temps. L'évolution a contraint la plupart des organismes à s'orienter vers un autre choix, la sélection disruptive des gamètes. L'origine du dimorphisme des gamètes peut être trouvée dans une sélection naturelle contre les intermédiaires : les petites cellules ont autorisé un meilleur succès reproducteur, les grandes cellules également, tandis que celles de moyenne taille n'obtenaient pas un même bénéfice.

Les deux types de reproduction ont influencé la liaison entre petites et grandes cellules et la reproduction différentielle aboutit à une divergence obligatoirement complémentaire. Les gamètes sont alors totalement dissemblables. Ils sont différents dans leur mode de fabrication : les spermatozoïdes sont sans cesse élaborés après la puberté, tandis que les ovules voient leur constitution se bloquer à un certain stade de développement puis reprendre et s'arrêter avec l'âge. Ils sont divergents dans leur mobilité : les ovules, le plus souvent, sont évacués dans le milieu ou installés dans un nid, voire implantés dans l'utérus, alors que les spermatozoïdes commencent après leur expulsion une course folle qui ne connaîtra qu'un seul vainqueur. Ils sont dissemblables par le nombre, puisque même les quatre millions d'ovules que produit la morue *Gadus morhua* ou les deux cents millions d'œufs de la ponte du poisson-lune *Mola mola* constituent une quantité bien faible comparée aux milliards de spermatozoïdes éjaculés chaque fois par le verrat *Sus domesticus* qui peut, lui, recommencer presque toutes les quinze minutes. Ils sont distincts dans leur structure enfin, puisque le spermatozoïde minuscule se confronte à la taille géante de l'ovule.

En fait, tout tient dans le matériel transporté. Le spermatozoïde se réduit peu à peu à un simple véhicule de l'ADN, au plus sommaire des moyens de transport. Se libérant de toute charge étrangère, le spermatozoïde ne garde que l'essentiel pour son énergie, pour se déplacer et survivre. Il restreint ses efforts à son unique trajet sans retour pour livrer le patrimoine génétique et seulement le patrimoine génétique. Rien d'autre (ou presque) n'atteindra l'ovule lors de la fécondation. L'ovule, au contraire, gonfle à chaque division inégale, s'emparant du cytoplasme cellulaire de ces autres cellules condamnées à se dissoudre, les cellules polaires. Il s'édifie comme un grenier, préservant autant de provisions que possible, structurant la cellule et son entrepôt de réserve vitelline. Il conserve précieusement nombre d'organites cellulaires essentiels, mitochondries, et ribosomes. Dans de nombreux cas, l'ovule organise aussi une coque de protection, et produit ensuite une carapace qui garantira l'abri au futur embryon. Ainsi, l'anisogamie traduit l'investissement totalement divergent des mâles et des femelles : *il* privilégie la quantité, *elle* façonne la qualité. Cette divergence fondamentale installe la première marche de l'opposition inévitable.

La différence des cellules impose également une autre dissemblance, une divergence organique. Ce n'est pas peu dire que le sexe consiste aussi en une formation d'organes spécialisés. Le développement des organes sexuels, ou gonades, n'est pas le résultat inéluctable d'une simple programmation préalable. Les organes sexuels sont influencés par les hormones et même par l'environnement. Chez de nombreux poissons, les femelles atteignent ainsi le statut de mâles après avoir naturellement vieilli : les plus vieilles deviennent des mâles. Des petits gastéropodes marins, les crépidules *Crepidula fornicata,* ne deviennent femelles qu'à la condition qu'une autre crépidule escalade la coquille de l'individu précédent ; ainsi se collectionne sur les plages l'empilement des crépidules… Et même le ver de terre *Lumbriscus terrestris* ne dispose pas de gonades femelles matures au début de sa vie ; il doit auparavant échanger du sperme avec un autre mâle, conserver dans sa spermathèque le précieux liquide pour ensuite féconder ses propres ovules qu'il produira au fur et à mesure en alternant les phases mâles et femelles. Si les espèces hermaphrodites accueillent Hermès et Aphrodite simultanément ou successivement, démontrant que le sexe est un acquis épi-génétique, chez la plupart des autres espèces, les gonades se singularisent pour réaliser la formation des gamètes. L'industrie de la différence s'effectue à travers les ovaires et les testicules pour aboutir à l'ovule spécialisé, au spermatozoïde compétent. Les gonades effectuent la livraison des cellules sexuelles, mais elles accompagnent aussi leur devenir en produisant tout un ensemble d'éléments accessoires : mucus de protection des ovules, liquide spermatique nourricier, enveloppes ou cuirasses, filins ou piquets. Ainsi, le sperme des tritons est-il enveloppé et déposé sur un curieux promontoire, le spermatophore, que la femelle vient ensuite récupérer. La plupart des insectes protègent-ils leur ponte dans une oothèque constituée d'un manchon de matières sirupeuses se solidifiant à l'air libre.

Le sexe ordonne, enfin, la constitution de deux êtres absolument divergents. L'aventure du sexe a commandé à l'évolution l'élaboration d'individus spécialisés disposant de gonades distinctes. Les espèces à sexes séparés (ou gonochoriques) se particularisent par la division des individus en deux groupes dissemblables exposant de nombreux attributs sexuels disparates. Une même espèce est souvent irréversiblement fractionnée en deux tribus que tout sépare, tellement différentes et cependant complémentaires. La discrimination sexuelle s'édifie lentement durant les phases juvéniles, puis, sous l'influence combinée de l'environnement et des hormones, se construit l'être sexué, définitivement mâle ou femelle, dans son physique en tout cas. Car le sexe organique doit encore s'apprendre, découvrir et cultiver sa propre identité. Chacun doit se discerner comme mâle ou comme femelle et assimiler les spécificités de son comportement propre, souvent en observant celui des adultes. En ouvrant une brèche à l'intérieur de l'espèce, la sexualité complique même l'identité de l'individu. Le sexe révise l'épiderme, convertit les sens, élabore des parures, transforme le muscle, métamorphose les couleurs, modifie les voix, remanie les performances, change les attraits, bouleverse les comportements et brouille les cœurs.

La sexualité repose ainsi sur de multiples a-symétries : le dimorphisme des gamètes, la différence des gonades et la divergence des sexes. Le sexe constitue un processus de partage de la progéniture mais chacune de ces transformations évolutives dévoile un coût extraordinaire. La sexualité s'embarrasse d'une incroyable complexité. Pourquoi avoir exigé la sécession des mâles et des femelles ? Pourquoi avoir investi dans une séparation radicale des genres ? Des individus non sexués réussiraient également la recombinaison génétique par fécondation croisée. Donc, la sexualité n'a pas besoin des sexes. Voilà bien un autre paradoxe : les sexes ne sont pas nécessaires au sexe ! De nombreux organismes unicellulaires le démontrent. Les paramécies, par exemple, sont des êtres unicellulaires qui vivent et prolifèrent dans une simple goutte d'eau. Elles se reproduisent sans sexualité, par division binaire. Pourtant, de temps à autre, les paramécies font de la sexualité. Elles réalisent alors la conjugaison, associant deux partenaires quelconques dans une conjonction étrange où s'échange et se régénère le patrimoine génétique. La conjugaison accepte ainsi la symétrie de l'autre, sans qu'il ne isole dans un sexe séparé. Elle existe d'ailleurs chez de nombreux autres protistes comme les vorticelles et la plupart des bactéries utilisent le même procédé.

La différence des sexes ne constitue donc pas un impératif du vivant, mais un acquis évolutif, et un acquis bien dispendieux de moyens. C'est que, chez de nombreuses espèces, le travail sexuel est divisé. La séparation des sexes est liée à la division de leurs objectifs. En réduisant leur volume de cytoplasme, les spermatozoïdes ont perdu toute possibilité d'édifier un nouvel être. Cette spécialisation est compensée par leur multitude et leur mobilité. Les spermatozoïdes ne provoqueront que l'excitation fondamentale au développement. Les ovules au contraire conservent précieusement la capacité d'édifier un nouvel être possédant le volume cytoplasmique suffisant aux premiers stades de divisions embryonnaires. Toutefois, cette aptitude a été obtenue au prix d'un phénoménal alourdissement de leur masse. La sexualité trouve son origine dans une différence de taille, mais cela ne suffit pas pour justifier la division des sexes. Il faut chercher ailleurs, d'autant que l'établissement d'une telle a-symétrie a développé d'incalculables conséquences.

Les sexes sont-ils nécessaires ? Cette question naïve n'a pas d'autre réponse que négative et il faut la transformer en : « À quoi sert le sexe ? » La sexualité apparaît comme la manière la plus curieuse et la plus complexe de se reproduire incorporant les mécanismes les plus sophistiqués et compliquant jusqu'à l'absurde la survie. Et elle n'est pas vitale ! Des espèces peuvent survivre sans le sexe en utilisant tous les modes de la reproduction végétative. Des organismes aussi variés que certains unicellulaires, des crustacés ostracodes ou des rotifères bdelloïdes sont capables d'éviter de génération en génération toute sexualité. Beaucoup d'autres espèces esquivent le sexe de façon provisoire, mais ne peuvent survivre sans l'employer. Chez les pucerons, comme *Maculolachnus submacula* par exemple, des formes sexuées et a-sexuées alternent selon les saisons et la survie de l'espèce en dépend. Les abeilles, elles, ont besoin des mâles pour produire les ouvrières et les reines, mais se débrouillent sans eux pour engendrer des mâles ! Il existe aussi des espèces où seul l'un des sexes survit et se reproduit. Il y a eu production du sexe à un moment de l'histoire de vie de l'espèce, mais l'intérêt de la sexualité semble avoir disparu dans des systèmes univoques. Les exemples ne sont pas très fréquents mais existent depuis les phasmes aux vers parasites.

Ces anomalies révèlent bien des surprises. Ainsi, dans la steppe semi-aride du Caucase ou dans le bush du sud-ouest des Éats-Unis vivent des lézards unisexes. Ceux du genre *Cnemidophorus* sont des animaux colorés qui habitent en petites populations les zones subdésertiques. Il est possible d'assister à la parade sexuelle des animaux et de les voir s'adonner ensemble à des simulacres de copulations, mais à des simulacres seulement, car tous les individus qui se courtisent sont des femelles. Pour simplifier le phénomène, on peut dire que, grâce au mécanisme de la parthénogenèse, les femelles développent de six à une dizaine d'ovules non fécondés, produisant leurs propres clones naturels, tous femelles évidemment. Capables de se reproduire sans mâles, les femelles *Cnemidophorus* continuent pourtant d'effectuer de déroutantes parades sexuelles. Pourquoi aspirer ainsi à séduire l'autre lorsque les prétendants ont le même sexe ? Les modifications hormonales entraînent cet irrésistible comportement, qui influence la parthénogenèse, comme l'indice d'une sexualité perdue. Car le genre des lézards *Cnemidophorus* inclut aussi des espèces sexuées qui n'obtiennent leur progéniture qu'après une fécondation classique entre mâle et femelle. Cela étant, puisque les lézards parthénogénétiques réussissent à développer leur descendance, comment se fait-il qu'ils n'aient pas pris le dessus sur les *Cnemidophorus* sexués ? Les espèces parthénogénétiques doivent échapper au problème majeur des espèces sexuées : le coût de la production des mâles. Il s'agit bien d'un paradoxe majeur comme le souligne John Maynard-Smith : le coût de la production des mâles divise par deux le succès de la reproduction sexuée. Il faut nécessairement qu'un mâle s'associe à une femelle pour que celle-ci engendre. Une femelle sexuée sacrifie par conséquent la moitié de son génome dans la méiose, la moitié de sa progéniture potentielle pour produire des mâles. Au contraire, les espèces parthénogénétiques peuvent, pour le même coût, reproduire deux fois plus de descendants femelles qui, à leur tour, grâce à la fantaisie parthénogénétique, procréeront pour le même prix deux fois plus de femelles. À très court terme, les femelles dominent tellement les populations que les mâles devraient périr sous l'effet de cette concurrence exacerbée.

Les mâles, au demeurant, se contenteraient fort bien d'être peu nombreux dans les populations animales. Un seul mâle peut féconder un nombre disproportionné de femelles. Il suffirait de garder juste le nombre de mâles nécessaires à une fertilisation généreuse. En limitant la compétition, les mâles établiraient leur harem tandis que les femelles se disputeraient leurs faveurs. Ne vous trompez pas, ce monde apparemment idyllique pour un esprit masculin pourrait tout aussi bien convenir aux femelles en réduisant le gaspillage des ressources. D'ailleurs, nombre d'animaux consentent à organiser des sérails où l'étalon s'entoure d'un groupe de femelles disponibles. Le débonnaire gorille *Gorilla gorilla* admet volontiers de trôner sur un gynécée. Les girafes *Giraffa camelopardalis*, aussi, vivent en harem. De même, chevaux des steppes ou zèbres *Equus sp.*, la plupart des équidés dirigent jalousement un harem permanent. Cependant, le harem durable des chevaux n'existe que parce que les jeunes chevaux célibataires sont reclus dans des hordes dominées. Les mâles vainqueurs ne peuvent jouir de cette réussite que parce que d'autres mâles en sont provisoirement exclus. Il faut bien que les mâles en surplus vivent alors confinés loin des dominants, concédant de s'agréger en clubs de célibataires.

En fait, la majorité des espèces animales présentent un équilibre des sexes, un sex-ratio équilibré où le nombre de femelles et de mâles se partage à peu près à l'équitable. À la naissance, le sex-ratio reste à peu près proportionnel, du moins chez les espèces où le sexe est dirigé par l'expression génétique. Ensuite, la mortalité différentielle intervient, mais globalement, les sexes restent à l'équilibre au moment de la reproduction. N'est-il pas invraisemblable que l'égalité des sexes semble se nicher seulement dans leur répartition ? Pourquoi une telle distribution résulte-t-elle de l'évolution des sexes séparés ? Ronald Fisher a modélisé la réponse. Imaginons que les femelles vivent ainsi en surnombre. Le nombre de femelles domine dans les populations ne comportant que quelques rares mâles égarés. À chaque reproduction, chaque femelle obtient un nombre précis de nouveau-nés. Puisque les mâles fertilisent les femelles, les mâles acquièrent un nombre équivalent de descendants. Cependant, le succès des descendants mâles reste bien différent de la réussite de la progéniture femelle. En *moyenne,* les femelles engendrent toujours un nombre de descendants plus petit que les mâles puisqu'elles sont plus nombreuses pour un nombre constant de rejetons. Au contraire, les mâles conçoivent en *moyenne* une plus grande reproduction que les femelles puisqu'ils sont en nombre plus restreint pour un total identique de descendants. Par conséquent, à terme, la descendance d'une femelle qui concevra des petits mâles sera plus importante que la descendance d'une autre femelle qui n'aura procréé que des femelles. À chaque reproduction, les mâles vont alors augmenter dans les populations. Cet avantage des mâles entraîne mathématiquement que les sexes se retrouvent assez rapidement à l'équilibre.

Le raisonnement ne diffère pas en tablant sur un surnombre des mâles car, alors, leur excès les défavorise et leur succès reproducteur diminue en *moyenne*. De même, la démonstration du *principe de Fisher* est identique si un mâle fertilise plusieurs femelles successivement. Là encore, bien que certains mâles n'aient aucun descendant tandis que d'autres monopolisent toutes les femelles, la production moyenne de descendants n'est pas affectée. De ce point de vue, il n'y a donc aucun avantage à ce qu'un mâle puisse féconder plusieurs femelles. L'équilibre des sexes est motivé par un irréductible manège mathématique. Toute déviation de cette répartition ne peut se commander que parce qu'un des deux sexes en tire un bénéfice. Par conséquent, pourquoi admettre la présence des mâles s'il est envisageable de s'en passer ? Les daphnies se reproduisent sans mâles à la belle saison. Comme chez les *Cnemido-phorus*, les mâles n'existent pas chez les geckos parthénogénétiques du genre *Heteronotia*. La parthénogenèse franchit l'obstacle de la fécondation virile et s'en remet aux seules femelles, restreignant ainsi le coût de la production des mâles à son plus simple terme.

Les femelles parthénogénétiques renvoient donc les mâles au statut pitoyable de parasites inutiles, mais, finalement, sont-ils autre chose ? Cette embarrassante hypothèse constitue-t-elle une simple provocation ou, au contraire, contient-elle en filigrane une réalité masquée ? Où se situe le scandale ? Les femelles sexuées doivent apparemment supporter l'inanité et le gaspillage des mâles affaiblissant ainsi leur propre survie tandis que les femelles parthénogénétiques, affranchies de l'engeance virile, peuvent reproduire leur petit monde féminin. Le mâle parasite, suçant le sang des femelles, ne constitue même pas une image, mais une réalité physique chez certains poissons marins proches des baudroies comme *Linophryne brevibarbata* ou *Ceratias holboelli*. Il est vrai que, dans le monde froid des profondeurs océanes, la rencontre improbable des sexes et la rareté des ressources alimentaires favorisent encore le phénomène. N'empêche, assez différente des bases de la théorie de la sélection sexuelle, la conjecture revient à affirmer non seulement que les femelles n'ont aucun avantage à la présence des mâles, mais bien qu'elles subissent le coût de leur existence au préjudice de leur propre descendance. Superflus, les mâles s'entretiennent au détriment des femelles et des jeunes.

Il est déjà surprenant que les femelles admettent l'activité concurrente d'un mâle pacifique et discret. L'événement pourrait s'avérer source d'une plus grande indignation lorsque le mâle, plus grand et plus fort que les femelles, se repaît de davantage de ressources et exerce une autocratie tyrannique. Comment comprendre que des femelles tolèrent la désinvolture d'un pacha comme le lion, le despotisme coléreux d'un guerrier comme le cerf ou encore la brutale dictature d'un machiste comme l'éléphant de mer *Mirounga sp.* ? La réponse biologique à cette question incommodante reste cependant si élémentaire, si facile et si laconique qu'elle semble réduire à néant tout l'intérêt de l'aventure sexuelle. Car si les femelles consentent à l'intimidante présence des mâles, c'est bien qu'elles y sont radicalement contraintes par l'évolution. « Au commencement était le sexe », annonce Calaferte. Au commencement du conflit, en effet…

Chapitre 4
Les faveurs
de Pimprenelle

1. Le coût de la méiose
2. Le choix de la rétention
3. Le rôle du soin parental

Il faut désormais prévenir les perplexes : voilà que les mécanismes les plus intrigants, les plus absurdes se mettent en jeu, plaidant contre la sexualité et ses batailles. La division sexuelle du travail de reproduction semble étrangement s'engager au profit du seul bénéficiaire mâle, tandis que la femelle sexuée sacrifie la moitié de son génome dans la méiose en comparaison d'une femelle parthénogénétique. Que peut-il y avoir de si intéressant dans la recombinaison pour consentir à une telle privation ? Les femelles subissent à la fois le coût de la méiose et le prix de la production des mâles. Il existe bien un moyen de réduire la présence des mâles en pratiquant la sexualité sans les sexes. Alors pourquoi, en maintenant ce sexe superflu, l'évolution semble-t-elle perpétrer un insolite favoritisme envers les mâles ? L'anisogamie édifie apparemment plus qu'une simple a-symétrie, elle avantage les intérêts contradictoires du mâle. Comment ce coût du sexe peut-il être compensé ?

On ne peut pas douter de l'invraisemblable coût entraîné par la méiose. En quoi le fait d'associer son génome à celui d'un mâle peut-il être profitable à la descendance ? La recombinaison charrie en effet un lourd fardeau adaptatif. À quoi peut bien servir le mâle, s'il empêche une femelle, dont les gènes sont parfaitement adaptés à son milieu, de transmettre son génome femelle intact ? À chaque reproduction, la progéniture risque de perdre le bénéfice de l'adaptation accumulée au cours de l'histoire de vie de l'espèce. Il faut pourtant que ce fardeau de la recombinaison possède quelque avantage. La recombinaison permet de résister à l'évolution en limitant l'effet des mutations délétères selon le *principe du cliquet de Muller* (*Muller's ratchet*), repris par Kondrashov, avec l'image de la roue à rochet éliminant les allèles nocifs, mais, paradoxalement, la sexualité amplifie aussi l'évolution. Il existe un consensus parmi les scientifiques pour affirmer que l'intérêt de la sexualité réside plutôt dans le fait que la recombinaison contribue à augmenter le nombre de mutants, la quantité de variations. En modifiant les génotypes, la recombinaison favorise l'apparition de nouvelles formes capables de s'imposer dans un environnement différent.

C'est dans l'hétérogénéité et l'instabilité de l'environnement que les pratiques sexuelles trouvent leur bénéfice. La recombinaison accroît la flexibilité des adaptations dans la population. Profitant de caractères inédits hérités par la sexualité, des individus nouveaux peuvent se confronter à des conditions inhabituelles, coloniser de nouveaux territoires. Au contraire, les espèces a-sexuelles ne peuvent proliférer que dans des situations très stables et ne peuvent pas rapidement évoluer face à des contraintes étrangères. Il semble que la plupart des populations parthénogénétiques connaissent un taux d'extinction plus important dès que leur habitat montre une forte instabilité. Au contraire, le coût démesuré du sexe constitue un avantage pour les populations qui vivent dans un univers changeant. Et c'est parce que le monde a changé que la sexualité a imposé la vigueur de la recombinaison. La force de la sexualité, c'est qu'elle peut répondre à un avenir incertain. Voilà qui est cohérent avec le maintien intermittent d'une certaine sexualité chez nombre d'espèces parthénogénétiques.

La stratégie parthénogénétique facultative conforte la rapide colonisation d'un habitat stable, et la sexualité prend le relais dès que les contraintes de l'environnement s'aggravent. De nombreux parasites en démontrent l'intérêt. Ainsi, les parasites vivent dans le corps de leur hôte, un milieu extrêmement stable, et, le plus souvent, se reproduisent sans sexualité pour envahir les organes, mais fréquemment la sexualité intervient dans la phase finale, lorsque le parasite doit se disperser et découvrir de nouveaux hôtes, des situations inconnues. Les douves, par exemple, sont des trématodes qui parasitent l'hépatopancréas des gastéropodes et s'y développent par reproduction a-sexuée, puis infestent le foie des moutons et autres chevreuils. Le cycle se complique de plusieurs hôtes successifs mais, lors de l'infestation du dernier hôte, souvent le plus mobile, la phase sexuelle se développe. La sexualité des douves réapparaît lors de leur dissémination dans les excréments. Le sexe constitue bien un atout adaptatif pour la dispersion parce que l'individu est confronté à un environnement imprévisible.

Mais comment le coût du sexe peut-il être compensé si les seuls avantages se développent à si long terme ? Il faut bien envisager une intense sélection naturelle pour réduire la fécondité des parthénogénétiques, un environnement si changeant que toute prévision reste aléatoire. Et c'est le cas. Il l'est. L'environnement réalise plus que la somme des contraintes apparentes, il constitue l'ensemble infiniment complexe des multiples interactions entre chacun et tous les autres. L'évolution est aussi une écologie évolutive. Et cette fragile cohérence s'avère extraordinairement instable. Pour survivre, chaque organisme est sans cesse contraint à changer. C'est l'expérience d'Alice, que Leigh Van Valen a étendue dans son concept de co-évolution de la « reine rouge ». « Maintenant, dit la reine rouge, vous devez courir aussi vite que vous pouvez simplement pour rester à la même place. » Une course à la survie qui requiert une révolution permanente ! Chaque être vivant doit convertir ses performances simplement pour résister au changement des autres. Les autres et le milieu exigent cette inévitable plasticité. La variation génétique, favorisée par la recombinaison et la sexualité, compose alors un avantage *en soi*.

Cela dit, il existe dans cette perspective bien des anomalies sur lesquelles il faudra revenir. Ainsi, les populations parthénogénétiques de geckos du genre *Heteronotia* conservent tout de même une excellente diversité génétique. La théorie de l'intérêt *a priori* du sexe n'est donc pas parfaite. Il est néanmoins vrai que le sexe s'impose dès que la survie dans le milieu mérite quelques aménagements. C'est particulièrement le cas dans la guerre qui oppose les êtres vivants aux parasites et aux pathogènes. Virus et bactéries présentent un très fort taux de mutation et la vitesse de leur prolifération les rend capables d'infester de nombreux individus. Sauf si les pathogènes rencontrent chaque fois des individus assez différents par leur patrimoine génétique. Des individus résistants se trouveront presque toujours dans une population sexuée révélant l'importance évolutive de la diversité. C'est le sens de la *théorie du cliquet de Rice* (*Rice's ratchet*) défini par Bill Rice. En examinant la relation entre un insecte parasite et le pin *Pinus lambertiana*, Rice a démontré qu'un simple épisode de reproduction sexuée protégeait la progéniture en favorisant sa dissemblance. L'évolution reste une course au changement qui ne connaît pas de trêve. Sans cette variété génétique que permet la recombinaison, la bataille entre les pathogènes et les hôtes serait depuis longtemps perdue.

Le sexe s'avère par conséquent plutôt efficace. Il y a cependant un chromosome qui ne se duplique jamais. Disposant de seulement 78 gènes, le chromosome Y reste l'un des plus pauvres du génome humain. Il ne comporte que quelques gènes existant déjà au sein du chromosome X, auxquels s'ajoutent des séquences *ampliconiques* correspondant à la réplication en plusieurs exemplaires des mêmes gènes. Ce dispositif a probablement la charge de protéger les séquences génétiques de la virilité, car le chromosome Y ne se recombine pas. Existant en un seul exemplaire, il ne peut échanger aucun matériel génétique. Du coup, les mâles imposent leur inévitable participation à l'événement sexuel. Pourtant, les mâles se contentent généralement d'une contribution bien modeste. Au contraire, les femelles investissent énormément dans l'effort reproductif.

Bien entendu, le premier apport consiste dans la production d'énergie dont la cellule primordiale, le zygote, tirera la capacité de multiplication. Les femelles entourent la future cellule embryonnaire d'un assortiment considérable de fournitures et de substances de nourrissage. Les œufs ainsi conçus bénéficient de la réserve vitelline. L'apport de nutriments reste d'abord une entreprise des femelles. Ensuite, la ponte peut être évacuée dans l'environnement sans plus de soin parental. Il en est ainsi de la vie des éponges ou des oursins qui abandonnent à l'aventure des courants planctoniques le développement de leur progéniture. Il faut alors imaginer l'anéantissement massif des cellules, le gaspillage incroyable de cette dissipation. Il faut se résigner à un taux infime de survie des descendants, à peine compensée par un considérable effort pour multiplier la production d'ovules. En fait, la femelle est confrontée à un effrayant dilemme : augmenter les ressources consacrées à chaque ovule conduit obligatoirement à en diminuer le nombre. Alors chaque ovule devient plus précieux encore, une promesse de plus en plus rare. Pour limiter la perte d'ovules qui stagneront dans la stérilité, la solution consiste alors à ne libérer que des cellules déjà fécondées. Si la fécondation se passe très tôt après la production des ovules, chaque ovule fertilisé accroît considérablement le potentiel de reproduction. Le dénouement de cette situation amène à retenir l'émission des ovules jusqu'au moment le plus proche de la fécondation.

Les contraintes de l'évolution ont entraîné que la fécondation se mette en œuvre au plus près des ovules, à l'intérieur du corps des femelles. La fécondation interne réduit la perte de ces cellules si coûteuses à fabriquer. En contrepartie, leur nombre a également diminué car c'est à travers un compromis que s'élabore cet avantage. Ainsi, les poissons qui se reproduisent par fécondation interne exhibent une fécondité incroyablement plus faible que la morue, qui peut produire quatre millions d'ovules. Aucun animal à fécondation interne ne subit de tels déboires de fécondation ni une telle dévastation de sa progéniture. La fécondation externe exige une quantité inouïe d'ovules pour que quelques-uns réussissent. Au contraire, la fertilisation interne protège le développement préliminaire des œufs contre les périls immédiats. Néanmoins, les conséquences de la fécondation interne continuent d'entraver l'énergie des femelles. Avec la fécondation interne, les femelles doivent accepter la proximité des mâles et même souvent consentir à leurs attouchements. Cependant, certaines femelles, comme les femelles de scorpion, interdisent aux mâles une approche trop abrupte. Pendant sa curieuse danse de séduction, balançant ses pinces dans une envoûtante pantomime, le mâle doit déposer son spermatophore devant la femelle. Celle-ci se saisira, ensuite, de ce paquet de sperme pour se fertiliser elle-même. D'autres espèces, comme les tritons, pratiquent aussi la fécondation interne indirecte, en allant saisir, entre leurs lèvres cloacales, le spermatophore laissé par le mâle au cours de sa frétillante parade nuptiale. La chorégraphie, toute en couleur, doit se montrer efficace et le triton mâle exhibe sa crête dorsale et accentue les mouvements de sa queue avant le dépôt de la précieuse semence. Quelle que soit la technique utilisée, la fécondation interne prend toujours place dans le corps de la femelle, dans l'intimité de ses replis organiques.

Pourtant, dans de nombreux cas, l'énergie dépensée à l'élaboration du gamète initial constitue une part quasi négligeable du coût réel de la reproduction pour la femelle. Si la femelle héberge la fécondation du zygote, pourquoi ne pas en protéger aussi le développement primordial ? Le dispositif le plus simple consiste à élaborer une coque de protection autour de l'œuf. De très nombreux insectes, des poissons, des reptiles et tous les oiseaux produisent ainsi une coquille dont les différentes membranes abritent l'embryon. Souvent très élaborée, la confection peut comprendre une cuirasse kératinisée ou minéralisée et un ensemble d'annexes. La construction de cette protection organique implique la mobilisation de quantité de ressources, le plus souvent encore, entièrement acquittée par la femelle. Parfois, cette activité peut s'avérer plus partagée. Aussi bien chez les poissons, les grenouilles ou les oiseaux, il existe des mâles qui assurent une forte contribution au soin de la ponte ou à la fabrication d'un nid pour accueillir le développement de la progéniture. De bons pères en quelque sorte ? Certes, mais loin de toute naïveté : nous reviendrons plus loin sur leur vraie motivation.

Les femelles ne se contentent pas de la confection de coquilles. L'évolution va faire le choix de la rétention des zygotes. Chez de nombreuses espèces, les mécanismes ont évolué vers la constitution d'organes qui hébergent le développement interne des embryons. Ainsi, l'œuf amniotique a constitué un prodigieux avantage évolutif pour conquérir le milieu terrestre, l'amnios garantissant que chaque embryon dispose de son petit océan privé pour abriter son développement. En libérant la descendance le plus tard possible, les stades les plus immatures sont protégés des incidences extérieures les moins prévisibles. Face à un environnement précaire, le développement interne garantit un milieu organique toujours stable, favorisant une croissance optimale. Ainsi, le développement interne constitue une assurance de la stabilité primordiale des conditions de vie. Et ici, l'évolution va user de toutes les formes possibles, des artifices les plus insolites, des subterfuges les plus étonnants.

La première façon de préserver le développement embryonnaire consiste à retenir le zygote, c'est l'ovoviviparité. La rétention des œufs dans une chambre incubatrice favorise la croissance larvaire. Les cyclops sont de curieux petits arthropodes des eaux douces, munis d'un seul œil apparent, et les cyclops se promènent en emportant leur ponte dans deux sacs ovigères qui traînent de part et d'autre de leurs appendices caudaux. La rétention la plus habituelle s'effectue dans le tractus génital de la femelle. Les oviductes ou l'utérus accueillent les embryons jusqu'à un stade avancé de leur développement. D'autres organes du corps peuvent encore être utilisés. La rétention dermique constitue un exemple frappant de l'imagination évolutive. Ainsi, chez le crapaud *Pipa*, la ponte est répandue sur le dos de l'animal et chaque œuf est implanté directement dans le derme de la femelle. La larve continue sa croissance dans l'abri dermique. De nombreuses grenouilles exploitent la rétention dermique. Les hippocampes mâles accueillent également la ponte des femelles dans une poche ventrale dermique, si bien que le mâle paraît ensuite accoucher des jeunes poissons lorsque ceux-ci se libèrent de leur enveloppe. Les œufs peuvent aussi être logés dans des organes spécifiques. Ainsi, le crapaud *Rhinoderma* introduit les œufs dans les sacs vocaux des mâles et les têtards y grandissent. Enfin, la rétention buccale est fréquemment utilisée, les œufs et les larves poursuivant leur croissance à l'abri dans la bouche de leur géniteur. Il existe même une extraordinaire rétention stomacale chez la grenouille *Rhéobatrachus*.

La protection du développement embryonnaire atteint le comble de la sophistication quand l'embryon est non seulement accueilli mais quand il bénéficie en plus de dispositif de nourrissage. L'apport peut être indirect comme des desquamations de la muqueuse utérine ou encore s'il peut se gaver d'ovules non fécondés comme le font singulièrement de nombreux requins ou les salamandres de montagne. Mais chez de nombreuses espèces, la nourriture est directement filtrée à travers la paroi folliculaire dans le sang des femelles souvent grâce au dispositif d'un organe spécialisé. Les grenouilles « marsupiales » du genre *Gastrotheca* constituent un incroyable exemple de l'ingéniosité évolutive. Les têtards de grenouilles possèdent tous des branchies, mais elles sont ici disposées sur des expansions organiques qui s'apposent sur des zones extraordinairement vascularisées du dos des adultes. Ces expansions permettant alors les échanges de nutriments pendant toute la phase larvaire. Les *Gastrotheca* accouchent, ensuite, de petites grenouillettes en tout point semblables aux adultes sans connaître de phase aquatique larvaire.

Il y a enfin la viviparité complète qui exige la formation de cet organe spécialisé d'échange qu'est le placenta. Le dispositif très complexe prolonge la rétention en une vraie gestation durant les phases les plus précoces du développement. Très coûteuse pour les femelles et parfois même handicapante, la gestation profite clairement aux descendants, naturellement à l'espèce. La femelle peut améliorer le rendement de sa reproduction, corriger sa reproduction différentielle. Bien que rendant le développement très performant, l'évolution entérine ainsi le rôle reproducteur des femelles qui y consacrent une immense énergie. Plus même, sans laisser de répit aux femelles, la mise bas est ensuite relayée par l'allaitement. Puisant dans les ressources vitales, la lactation impose un effort de plus aux mammifères. Ici encore seules les femelles y sont vouées. Augmentant la dépendance entre femelles et jeunes, la lactation favorise la régularité des premiers nourrissages, fournit des compléments indispensables, renforce les défenses immunitaires et augmente la survie de la descendance.

Par quelle injonction évolutive les mâles peuvent-ils encore s'y soustraire ? Inutile d'alléguer des impossibilités physiologiques : tout ou presque est en place. Les hormones, chimiquement très semblables, sont disponibles aussi bien chez les mâles que chez les femelles, et la sécrétion de prolactine résulte directement d'une stimulation mécanique. Il n'existe pas d'éléments manifestes qui permettent d'expliquer cette différenciation si inégale des tâches. Chez les mammifères, les mâles ne s'investissent pas auprès des jeunes à ce stade précoce, ils en sont indiscutablement incapables. Doit-on reconnaître que la contribution des mâles à l'élevage direct de la progéniture n'est pas prévue par l'évolution ? Les mâles décidément évitent bien des responsabilités, mais pourquoi feraient-ils autrement ? Pourquoi l'intérêt des mâles serait-il identique à celui des femelles ?

Les femelles accroissent leur succès reproducteur en fournissant l'énergie du développement, en protégeant les premiers stades embryonnaires, en procurant les nutriments essentiels. Les mâles peuvent augmenter leur réussite simplement en multipliant les copulations. L'invraisemblable divergence d'intérêt se situe dans ce principe « *quantité* contre *qualité* » énoncé par Angus John Bateman. Tandis que les mâles intensifient leur succès en répétant les fécondations avec de nombreuses partenaires, les femelles se montrent exigeantes sur la qualité des mâles et améliorent leur réussite en entourant leur progéniture de tout le soin nécessaire. Il n'y a alors pas grand-chose de commun dans les objectifs poursuivis. Les femelles souhaitent aider au développement de la descendance et les mâles veulent profiter de leur vitalité. La logique des intérêts contradictoires exige que l'évolution édifie une grande divergence. La sexualité sépare les mâles et les femelles et oppose les intérêts. À qui Pimprenelle accordera-t-elle ses faveurs ? La guerre des sexes est déclarée, à l'étouffée.

Il faut maintenant dire de quelles perfidies sont coupables les abeilles *Apis mellifica*. Confrontées au besoin de mâles, les femelles de guêpes, de fourmis, de bourdons et autres abeilles vont réussir à tricher. La sexualité est évitable dans la chaleur stable de la ruche, mais la reine ou les reines pondent des femelles stériles et quelques reines sexuées. Ces ouvrières et reines sont toutes issues d'une fécondation sexuelle. Bien sûr, les bienfaits du miel et l'organisation complexe de la socialité des hyménoptères stupéfient nos sens, mais il existe un inavouable revers de l'évolution. Au cours de son vol nuptial, la reine a accumulé le sperme des mâles dans sa spermathèque et cette réserve servira toute sa vie à produire les ouvrières et quelques reines. Quand les provisions de semence viennent à manquer, la reine ne peut plus produire d'ouvrières et elle utilise ce caprice de la parthénogenèse pour engendrer des individus mâles. Le système des hyménoptères est donc haplo-diploïde, alternant les femelles diploïdes (dont les jeux de chromosomes proviennent du mâle et de la reine) et les mâles haploïdes (dont l'unique jeu de chromosomes ne provient que de la reine). Mais pourquoi produire des mâles avec de la parthénogenèse ? Pourquoi réserver cette possibilité à cette engeance ? Les reines sont vraiment des fourbes. Dans le système haplo-diploïde, les mâles haploïdes ne possèdent que l'héritage génétique de leur mère et meurent dès que la copulation est assurée. Les mâles ne sont que les véhicules ailés des attributs des seules femelles. La sexualité apparente des hyménoptères s'est ainsi débarrassée du coût évolutif des mâles en pratiquant quasiment une fécondation entre femelles. Bien qu'il y ait des mâles, ceux-ci n'existent pas génétiquement. Ces fantômes de mâles n'ont rien d'autre qu'un patrimoine génétique à demi femelle. Il existe bien une version chétive du gène de détermination sexuelle, mais son expression est limitée par la forte stérilité des mâles qu'elle entraîne. Voilà : chez les hyménoptères, la guerre des sexes a réellement entraîné l'extermination virtuelle des mâles.

Chapitre 5
Le Kama-Sutra des grenouilles

1. La revanche des mâles
2. Les organes d'intromission
3. De l'amplexus au missionnaire

Les mâles vont prendre leur revanche. À chaque saison des amours, l'avidité des mâles se manifeste. Tandis que, pour la plupart des espèces, la réceptivité et l'intérêt pour les activités sexuelles s'estompent chez les femelles après l'accouplement, les mâles s'obsèdent à prolonger leur recherche insatiable. Une nouvelle femelle réceptive attise aussitôt la convoitise charnelle. Cette tendance particulière est, en biologie, nommée l'*effet Coolidge*. Réalimentant immédiatement leur motivation sexuelle, les mâles semblent toujours disposés à répondre à une nouvelle opportunité.

Bateman a-t-il plaidé pour la vertu des femelles ? Cette question pourrait être reconnue comme bien étrange et cependant le *gradient de Bateman* alimente bien des controverses. En fait, un unique accouplement peut suffire aux femelles pour engranger une quantité de sperme nécessaire à la fécondation. En outre, les insectes disposent de l'astuce de la spermathèque qui autorise le stockage d'une telle quantité de sperme que l'animal n'aura plus besoin d'obtenir pendant plusieurs mois, plusieurs années même. Dans tous les cas, et une fois accomplie la fertilisation, la femelle peut éviter de continuer l'activité sexuelle. Chez de nombreux vertébrés, la reproduction et surtout la gestation s'y substituent. Le succès reproducteur des femelles tient alors dans leur aptitude à développer une progéniture viable. L'expérience d'Angus John Bateman sur le comportement sexuel des petites mouches des fruits, les drosophiles (*Drosophila sp.*), était basée sur la présence de marqueurs génétiques permettant d'attribuer la descendance à chaque parent. En suivant le déroulement de la reproduction, Bateman découvre que les mâles persistent à continuer à féconder de nouvelles femelles. Ces observations ont largement contribué à notre compréhension des stratégies sexuelles. Il s'agit de la première démonstration expérimentale de la différence d'intérêt entre les sexes. Bateman en conclut qu'on peut attendre qu'un individu du sexe limité (généralement le mâle) tente de maximaliser son succès reproducteur en multipliant le nombre de ses partenaires sans discrimination entre les individus ou en essayant de contrôler l'accès aux individus du sexe limitant. Au contraire, les animaux du sexe limitant (généralement les femelles) sont présumés accroître leur succès reproducteur en sélectionnant avec attention leur partenaire ou en augmentant le soin consacré à la progéniture. Le succès reproducteur du mâle dépend étroitement du nombre de femelles qu'il peut féconder. La multiplication des partenaires est donc une stratégie avantageuse pour le mâle.

L'un des principaux corollaires évolutifs du principe est que le sexe exigeant perd davantage que le sexe sans discernement. Le succès reproducteur des femelles s'avère en effet plus limité alors que les mâles volages peuvent remporter une généreuse réussite de reproduction. Même en augmentant leur nombre de partenaires, la femelle d'éléphant de mer austral n'obtient en moyenne que huit petits dans sa vie tandis que la progéniture du grand mâle dominant la plage peut s'élever à plusieurs centaines de descendants. Le sultan de Turquie disposait d'un harem de 40 femmes et l'empereur du Maroc eut officiellement plus de 880 enfants tandis qu'une femme ne peut que très difficilement dépasser les 25 grossesses. Cependant, tant que le sex-ratio reste équilibré, les mâles ne peuvent accroître leur reproduction qu'à la condition que d'autres mâles courent à l'échec. Alors qu'un mâle se réserve l'exclusivité d'une telle reproduction polygame, la plupart des autres mâles sont rejetés et vivent en groupe de célibataires. Par conséquent, la concurrence des mâles diminue *en moyenne* leur prouesse alors que le soin que les femelles apportent à leur progéniture augmente *en moyenne* leur prospérité, rétablissant en quelque sorte l'équilibre des stratégies sexuelles.

La seconde conséquence du gradient de Bateman est que la concurrence entraîne une plus grande variance dans le succès reproducteur des mâles, c'est-à-dire un gain plus variable entre les mâles qu'entre les femelles. Quand la majorité des femelles engendrent un nombre relativement semblable de descendants, certains mâles échouent alors que d'autres prolifèrent. Presque un quart des drosophiles mâles ne se reproduisent pas contre seulement 4 % des femelles. Les femelles vont donc d'abord compter sur elles-mêmes, souvent sans concession, et exercent un choix drastique tandis que les mâles envisagent le sexe comme une héroïque prouesse. La rivalité sexuelle des mâles les expose à une performance dont les femelles livrent la sanction.

À la suite de Priape, il est donc un attribut dont les mâles font une histoire de taille. Considérez l'étui pénien des Papous, qui pointe ainsi un pénis artificiel pour le moins prétentieux. Indispensables instruments de la fécondation interne, les organes d'intromission sont aussi diversifiés que répandus dans le monde animal. Les éléphants *Loxodonta africana* disposent d'un outil de près d'un mètre cinquante et pesant vingt kilos. Acquisition des mammifères, le pénis érectile constitue un dispositif ingénieux qui favorise la fécondation en amenant le flux de sperme à proximité de l'utérus. Le pénis est heureusement rétractable ou du moins érectile, car la possession de cet organe vulnérable, saillant hors du corps, fragilise aussi le mâle. Chez les mollusques, le dard, devenu inutile, peut être cassé ou détruit après la copulation. L'organe d'intromission est parfois pourvu d'un os pénien. Une petite baguette osseuse, le *baculum*, maintient l'organe de nombreux mammifères, comme chez le chien par exemple. La possession d'un pénis est la norme pour de nombreux vertébrés.

Cependant, la panoplie pénienne est partagée par d'autres espèces, ou plutôt d'autres organes équivalents facilitent la fécondation interne. Les tortues possèdent un pénis impair tandis que la plupart des reptiles présentent un organe double, les *hémipénis*, dont l'un seulement est fonctionnel à la fois. En fait, les gastéropodes ont inventé un dard sexuel, les insectes possèdent des *génitalia* et les requins ont mis en place les *ptérygopodes*. Les calmars et autres céphalopodes utilisent leur bras spécialisé, dit *hectocotyle*, pour amener par contractions successives le flux spermatique dans la cavité palléale des femelles. L'évolution des organes d'intromission connaît une complexité croissante bien que les causes des variations morphologiques entre les espèces restent encore peu connues. La divergence des anatomies est généralement attribuée à l'intensité de la sélection sexuelle, associant l'organe d'intromission au succès reproducteur des mâles. Cela suppose un effet sélectif dirigé vers une morphologie particulière notamment selon la *théorie mécanique de la clé-serrure* interdisant ensuite les échanges entre espèces distinctes. Quel que soit le mécanisme impliqué, il engage une amélioration du succès de fécondation mais n'explique guère ni la faible variation à l'intérieur de l'espèce ni la forte dissemblance entre espèces. Le scénario du conflit sexuel prédit au contraire que la différenciation des organes d'intromission dépend plutôt de l'aptitude à contrer les femelles, et notamment leur capacité interne à sélectionner ou refuser le sperme, car l'objectif est toujours d'accéder au plus près des gamètes femelles peu mobiles.

Le lieu de la fécondation interne ne se limite pas au tractus génital des femelles et peut intervenir dans d'autres endroits insolites pour peu que le mâle réussisse. Les sangsues perforent le tégument de leur partenaire libérant le sperme dans les fluides corporels. Ainsi, l'insémination traumatique des femelles reste monnaie courante chez les vers plats et il demeure des punaises dont l'effraction se fait à peu près au hasard, le mâle introduit son sperme quelque part dans l'abdomen de la femelle. Une telle déchirure peut provoquer bien des invasions pathogènes. Le traumatisme flagrant augmente le préjudice de la femelle assaillie. L'effraction paraît un moyen bien barbare, mais ce qui réduit vraiment son efficacité adaptative, c'est que l'objectif de fécondation peut alors échouer. Entraînés par les fluides du corps, les spermatozoïdes peuvent se disperser sans rencontrer les ovules. L'effraction sexuelle conserve sans doute la trace du conflit des sexes mais n'est pas répandue dans les populations animales. L'efficacité douteuse de cette action en réduit l'intérêt. Les organes d'intromission constituent en fait une remarquable innovation évolutive qui favorise sans nul doute la fécondation.

Une grande variabilité persiste cependant et chaque mâle n'est pas pourvu d'un organe de copulation d'une taille identique à son voisin. Cette différence se maintient probablement parce que la fonction de l'organe est plus indispensable que ne l'est sa taille. Néanmoins, il semble que plus la concurrence est rude entre les mâles, plus l'animal présente un organe imposant. La taille du pénis a probablement dû évoluer sous l'effet de la compétition spermatique entre les mâles favorisant les individus aptes à une fécondation proximale de l'ovule. La copulation consiste alors à se rapprocher d'une certaine synchronie entre les émissions de sperme et d'ovule. L'excitation des muqueuses facilite l'intromission mais il s'est d'abord bâti une coordination organique que la position sexuelle autorise.

Le plus extraordinaire, c'est que certains mâles s'accommodent fort bien de ne pas détenir d'organes d'intromission. Le phallus leur apparaît totalement superflu. Les grenouilles sont des espèces à fécondation externe et il paraîtrait légitime de ne pas s'émouvoir de l'absence de pénis. Les grenouilles ne sont cependant pas des espèces comme les autres. Émergeant à chaque saison le plus souvent à partir d'amours aquatiques, les grenouilles rejouent les tribulations de l'aventure évolutive, relatant comment peut naître une vie terrestre à partir d'une larve aquatique. Les grenouilles sont des troubadours et après avoir déplacé leur érotique rengaine sur la frange de l'étang, les mâles s'évertuent à séduire les femelles qui s'approchent pour les saisir dans un embrassement charnel. Les grenouilles mâles fécondent les femelles au moment même de la ponte et, pour cela, les enlacent dans une singulière étreinte que l'on appelle *amplexus*. Les grenouilles s'accouplent donc sans copuler.

En fait, chez les grenouilles, plusieurs prétendants se disputent la position requise sur les dos des femelles. Il n'est pas rare d'observer au printemps, ce curieux amoncellement de deux, parfois trois mâles agrippés sur le dos des femelles qui partent rejoindre la mare de reproduction. L'étreinte sexuelle constitue la marque ultime de la compétition puisque le rival est directement évincé. La ténacité des mâles est ici exceptionnelle, et seuls les coups répétés d'un autre mâle délogent l'impudent candidat à la paternité. Les grenouilles mâles s'accrochent fermement aux femelles, mais lorsque la meilleure position est déjà occupée, l'intrépide aspirant peut s'attacher autrement. Amplexus dorsal, latéral ou même ventral constituent le Kama-sutra des grenouilles. Obsédées par ce seul objectif, synchroniser l'émission de sperme et l'évacuation des ovules, les grenouilles maintiennent un amplexus où se touchent les cloaques. Les postures adoptées par les poissons à fécondation externe peuvent, elles aussi, s'avérer très acrobatiques. Ainsi, habitant de la forêt inondable, le poisson arroseur sélectionne la feuille d'un arbre, bien perpendiculaire à la surface, et l'atteint en sautant hors de l'eau, pour se poser dessus et y adhérer quelques instants. La femelle organise ensuite un ballet prodigieux synchronisant côte à côte le saut avec lui, pour fertiliser et fixer les œufs sur la feuille.

Les tritons à fécondation interne ne disposent pas non plus de pénis et, après une brève chorégraphie, déposent à distance leur sac de sperme. Cela n'empêche nullement Tim Halliday de traiter le petit triton *Triturus vulgaris* de nos mares de mâle libidineux. Le mâle effectue en effet une cour ardente, harcelant autant qu'il peut les femelles pour qu'elles consentent à incorporer son spermatophore.

Curieusement, le crapaud des torrents est la seule grenouille dotée d'un minuscule appendice ressemblant à un pénis, qui lui permet de féconder les œufs. Il semble que cet appareil facilite la reproduction dans ce milieu impétueux car nombre de spermatozoïdes seraient entraînés dans le courant torrentiel. L'appendice permet de guider le sperme vers la ponte qui s'évacue du cloaque de la femelle. Il existe également un original organe de copulation, le *phallodeum*, chez les apodes, un groupe zoologique parent des grenouilles. Habitant des contrées équatoriales, ces amphibiens archaïques ressemblent à de gros vers de terre et montrent un mode de vie tantôt aquatique pour certaines espèces, tantôt souterrain. La différence anatomique entre apodes et grenouilles tient principalement dans la forme serpentiforme du corps. Les apodes ne possèdent pas de membres. Alors, l'amplexus devient impossible si bien que l'accouplement ne peut pas se réaliser sans pénétration. C'est l'exigence de la fécondation qui a conduit les apodes mâles à disposer d'un organe d'intromission érectile spécifique, logé dans la partie postérieure du cloaque.

Les oiseaux, en revanche, ne détiennent pas de pénis. L'absence d'organe d'intromission est d'autant plus déroutante chez les oiseaux que leurs proches parents reptiles et autres tortues possèdent des appareils copulateurs. Tout semble indiquer que l'évolution a oublié de doter les oiseaux. L'hypothèse qui propose que cet organe handicape le vol ne semble guère convaincante. L'extravagance des parures de plumes qui caractérisent nombre d'espèces paraît bien plus désavantageuse. En outre, l'organe d'intromission des reptiles se loge discrètement dans le repli du ventre et son érection n'est pas permanente. Cet ensemble pourrait par conséquent bien convenir aux oiseaux. Les oiseaux se montent et approchent leur cloaque. La fécondation s'effectue par une soudaine évagination du cloaque qui expulse alors le liquide spermatique. Certains oiseaux détiennent toutefois un organe phalloïde interne caché dans une pliure du cloaque, curieusement présent à la fois chez les mâles et les femelles comme chez le tisserin *Bubalornis albirostris*. Les mâles de quelques espèces de canards, de cygnes, ou encore les émeus et nandous, sont cependant munis d'une belle imitation de pénis. La revue *Nature* publiait en 2001 la photo extraordinaire de l'érismature, canard des lacs argentins *Oxyura vittata*, qui loge dans les replis du cloaque, un énorme appendice de plus d'une dizaine de centimètres. Pourtant, l'organe fait défaut à la majorité du groupe des oiseaux. L'énigme d'une telle lacune n'est pas encore vraiment comprise.

L'amplexus des grenouilles révèle également l'importance de la position sexuelle. L'accouplement est un art ancien chez les grenouilles comme chez de nombreuses espèces animales et les postures les plus fantaisistes ont été mises à l'épreuve dans l'amplexus. L'initiative de la copulation ne revient pas toujours aux mâles et les femelles n'hésitent pas à solliciter l'accouplement. La fécondation exige en fait une bonne coordination. Les contraintes de la fécondation ont toutefois organisé des positions plus favorables que d'autres. Par exemple, les hémipénis des reptiles leur permettent un accouplement latéral, tantôt dextre tantôt senestre selon que l'approche ait été consentie d'un côté ou de l'autre du corps. Chez les cigales *Ledra* aussi, l'accouplement est latéral, les deux individus s'appuyant l'un sur l'autre, côte à côte, afin que le mâle puisse atteindre l'orifice génital de la femelle située au milieu de son corps. Le dauphin mâle se place sous la femelle pour effectuer un bref coït ventre contre ventre.

La plupart des espèces à fécondation interne s'accouplent en choisissant une position postérieure, la femelle exposant son sexe tandis que le mâle y accède par-derrière dans la classique posture dite de la levrette.

La position consiste en une monte parfois très acrobatique et dont les mâles doivent acquérir la technique. La difficulté tient à l'accès à la région génitale des femelles. Les mâles babouins et macaques ne peuvent s'y hisser qu'en s'appuyant sur les mollets de leur partenaire. D'autres attitudes se sont développées comme la position dite du missionnaire où les deux partenaires, allongés l'un sur l'autre, se font face dans l'étreinte. Cette position, curieusement, est beaucoup plus adoptée chez les bonobos *Pan paniscus*, notamment les plus jeunes ou chez les gorilles *Gorilla gorilla* que chez leurs cousins chimpanzés *Pan troglodytes*. Cet accouplement paraît très efficace pour stimuler l'ensemble de la région génitale.

La technique de l'accouplement, souvent plus complexe qu'il n'y paraît, exige une réelle expérience. Les castors *Castor fiber* s'accouplent en s'asseyant l'un sur l'autre. La gravité complique la fécondation, et le mâle doit propulser sa semence avec force. Des espèces peu avantagées comme les gorilles connaissent un vrai problème et la copulation doit s'effectuer la femelle assise sur le sexe du mâle. La femelle des léopards des neiges *Uncia uncia* se laisse glisser et s'allonge, le ventre sur le sol, relevant légèrement son arrière-train tandis que le mâle s'installe derrière elle. La femelle est également très active chez de nombreux félins et s'étend sur le sol. Les libellules, enfin, réalisent une performance très étonnante en s'agrippant l'une à l'autre. Profitant des journées les plus ensoleillées, les libellules ne cachent rien de leurs amours géométriques. Leurs deux corps filiformes se déploient pour composer une figure amoureuse très acrobatique désignée par la forme particulière qu'elle suggère, le cœur de copulation.

Les femelles accueillent ces différents appareils saillants, mais rien ne devrait les empêcher d'exhiber des dispositifs semblables. Chez de nombreuses espèces, les femelles disposent d'organes spécialisés dans la ponte des ovules ou des cellules fécondées. Beaucoup d'insectes femelles présentent des ovipositeurs ou tubes de ponte. La femelle des bouvières, petit poisson des rivières, possède un ovipositeur érectile de plusieurs centimètres qui lui permet d'injecter sa ponte dans le conduit respiratoire des moules d'eau douce. Les larves s'accrochent alors aux branchies de la moule pendant leur développement. Par conséquent, rien ne semble empêcher les femelles d'acquérir un organe de copulation spécifique. Si les femelles ne possèdent pas d'organes d'intromission, c'est simplement que l'ovule est trop précieux pour prendre le risque d'une mobilité trop précoce, en tout cas avant la fécondation.

Les pressions évolutives ont entraîné cette différence, les mâles propulsent leur semence que la femelle accueille. Une nouvelle difficulté émerge. Le problème majeur de la fécondation interne et de la copulation associée réside dans l'acceptation d'un attouchement si intime. Un seul partenaire peut fertiliser l'autre. La place manque en quelque sorte, renvoyant la compétition à des phases pré-copulatoires. Le mâle doit activement se proposer d'obtenir le consentement à la pénétration. Ensuite, le pénis des mâles doit s'avérer bien stimulant pour exciter l'accueil du sperme par la femelle. Le sexe des femelles se contracte et réagit. Avec le désir, l'intumescence du vagin le dilate, les parois s'humectent. Le vagin constitue un milieu acide, peu propice à la survie des spermatozoïdes. Entre la vulve et le col utérin, moins de 10 % des spermatozoïdes survivent au trajet. Le conduit génital des femelles édifie nombre de barrières, un parcours difficile dans un mucus hostile où sont criblés les spermatozoïdes. Même après l'éjaculation, les femelles organisent une sélection continue.

Si le sexe reste un moyen d'éviter la solitude, le principe de Bateman met surtout en évidence la divergence des intérêts. Si le nombre d'accouplements augmentait la fécondité des femelles, le gradient de Bateman serait inversé. Néanmoins, les femelles ne sont pas toutes réservées et les mâles ne sont pas tous inconstants. Bien qu'il puisse être tentant de restreindre le conflit sexuel à sa seule expression inégale, le conflit existe simplement parce que l'un des sexes affecte la *reproduction* de l'autre. Le fondement du conflit sexuel tient essentiellement dans la divergence d'intérêts entre mâle et femelle, comme le souligne William Rice, même si chacun des sexes n'est pas moins infidèle que l'autre, même si les femelles ne sont pas moins scélérates que ne le sont les mâles. Les interactions entre sexes sont déterminantes. Les mâles s'avèrent également en cause dans la polygamie des femelles et les femelles motivent aussi bien la multiplication des expériences sexuelles des mâles. Nous allons voir que, révisant les bases de la théorie de la sélection sexuelle, le désaccord radical entre les aventures évolutives du mâle et de la femelle introduit une réflexion nouvelle sur la biologie évolutive. Toute l'histoire naturelle de la sexualité est l'histoire de ces tentatives bancales pour apaiser les armes et de ces reprises instinctives des hostilités entre deux êtres que tout sépare, foncièrement, et que tout conduit à réunir, inévitablement.

Chapitre 6
La bataille du sperme

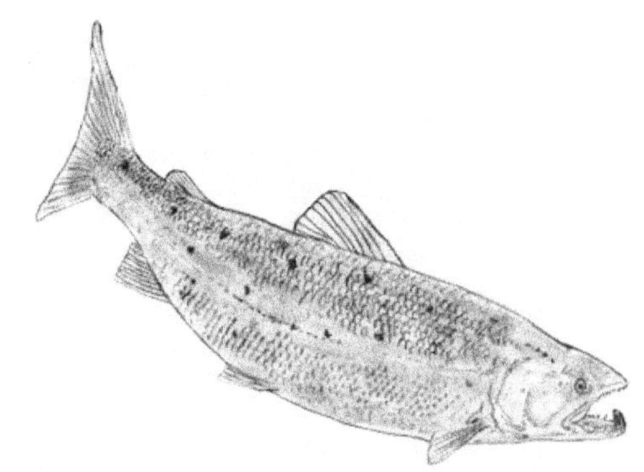

1. Les coûts de l'éjaculation
2. La rivalité des mâles
3. Pourquoi répéter la copulation ?

Les mâles meurent jeunes. La carrière des Don Juan s'avère à la fois courte et difficile. Il peut sembler étonnant que l'évolution ait le plus généralement promu une si brève fortune aux mâles quand les femelles leur survivent plus longtemps. Une vie entière d'énergiques batailles, de risques et de dangers accentue encore la menace d'une mort prématurée. Comment l'évolution peut-elle maintenant promouvoir une si grande inégalité ? De quelle adaptation peut-il s'agir ici quand cette fin sélective semble manifester un tel échec évolutif ?

Le dangereux style de vie des mâles est tendu vers leur horizon guerrier. La prise de risque et la montée d'adrénaline leur sont-elles donc indispensables ? Les mâles sont-ils courageux ou téméraires ? Pourquoi ne pas imaginer une vie paisible consacrée à la sérénité ? Le brame est une saison violente où s'affrontent, dans de terribles compétitions, les mâles les plus robustes, mais échafaudons une heureuse conjecture : un beau cerf qui, refusant tout combat, s'adonnerait à la douceur de la contemplation. Saison après saison, échappant à tout engagement, ce mâle pourrait réussir à survivre à tous ses congénères batailleurs. Toutefois, la survie individuelle n'est pas à elle seule une épreuve évolutive suffisante. Même mourant à un âge canonique, ce mâle ne laisserait rien de ses propres gènes si le risque des combats l'a écarté de la place de brame. Les mâles des générations suivantes seront toujours les enfants des vainqueurs du brame. Les raisons de la mortalité avancée des mâles ont fait l'objet de plusieurs modèles scientifiques. Les saumons terminent leur vie au bout de la fécondation dans le cours d'eau qui a vu leurs parents frayer. De la même manière, de nombreux insectes mâles meurent de dépérissement après leurs ébats amoureux. La vie est un délai très court pour les imagos des éphémères et papillons. De toute façon, chez la plupart des espèces, la survie des mâles reste toujours plus aléatoire que celle des femelles. Bien sûr, chaque mâle qui entre en conflit avec les autres pour se reproduire accroît le risque de mourir sans atteindre la saison de reproduction suivante.

Chaque mâle peut s'accoupler et potentiellement se reproduire presque autant de fois qu'il le souhaite si seulement les autres mâles le laissent ainsi s'activer. La capacité de reproduction des mâles est donc absolument dépendante de l'effort des autres mâles. Le reproducteur est le vainqueur de la compétition. Le choix entre être vaincu ou différer la reproduction est falsifié puisqu'il entraîne le même échec immédiat, mais le mâle ne dispose pas d'autres alternatives. La mortalité excessive des mâles dépasse largement la mortalité des femelles aussi bien chez les moutons sauvages *Ovis aries* que chez les singes rhésus *Macaca rhesus* et, le plus souvent, cette mortalité est directement ou indirectement associée à la véhémence des interactions concurrentes.

Les mâles sont donc le sexe faible. Il a parfois été suggéré que le chromosome Y, qui déclenche le sexe dit hétérogamétique, puisse participer à la plus forte fragilité parce que sa présence empêchait la duplication du chromosome X. La vulnérabilité des mâles ne peut cependant pas se révéler seulement dans la différence des chromosomes. Cette *théorie chromosomique de la déficience des mâles* se heurte au fait que, chez de nombreuses espèces, les mâles ne disposent pas d'un sexe hétérogamétique de type XY. Les oiseaux et les serpents, par exemple, sont des mâles homogamétiques, possédant les chromosomes ZZ, alors que les femelles d'oiseaux sont hétérogamétiques disposant d'un patrimoine ZW. Par conséquent, la mortalité des femelles devrait excéder celle des mâles. Or, il n'en est rien ; chez les oiseaux, les mâles connaissent apparemment les mêmes déboires que chez les autres espèces.

La cause de la mortalité excessive des mâles apparaît plutôt dans la divergence des stratégies de reproduction. Non seulement les mâles peuvent se confronter à leurs adversaires dans des tournois audacieux, mais la plupart, et singulièrement les plus jeunes, se précipitent dans des conduites intrépides. Les mâles proclament souvent bruyamment leur disponibilité et manifestent avec arrogance nombre de comportements imprudents, notamment lorsque des prédateurs veillent. Les attitudes risquées se succèdent gratuitement ou simplement pour l'épate dans un jeu d'intimidation des autres et de recherche de preuves pour soi-même. Les androgènes, et particulièrement la testostérone constamment sécrétée par les testicules, en sont la cause première. Ajustées par l'activité nerveuse qui induit de subtils processus de régulation, les hormones sont charriées par le sang en infime quantité et provoquent de prodigieux changements organiques. Les androgènes sont des hormones spécialisées dans l'expression des caractères virils. Les androgènes développent l'attrait du risque et fatiguent le cœur. La vulnérabilité des mâles se trouve naturellement incorporée dans leur développement hormonal. La fragile position des testicules projetés hors du corps du mâle n'est pas toujours permanente et beaucoup d'animaux protègent ces délicats organes à l'abri de replis organiques.

La taille des testicules des rongeurs, par exemple, régresse en dehors de la saison des amours et ils remontent se loger dans le corps induisant une quasi-castration partielle. De même, les testicules peuvent receler une action continue ou n'activer leur sécrétion que durant la saison des amours. Toutefois, ces artifices ne réduisent pas le fardeau vital de la production des androgènes. Le coût de la stratégie virile entraîne une diminution de la durée de la vie. Les androgènes sont, de plus, claire-ment impliqués dans l'agressivité et le développement des conduites belliqueuses. La pugnacité des mâles est renforcée par les sécrétions androgènes, facilitant la combativité territoriale, mais augmentant aussi le risque des blessures. C'est dire que l'évolution a retenu cette mobilisation hormonale pour favoriser la rivalité des mâles, pour déployer la bataille du sperme.

Il faut cependant se souvenir de la course inutile des gamètes mâles. Entraînant un inouï gaspillage, les mâles peuvent éjaculer des milliards de spermatozoïdes. Dans une seule année, ce sont des milliers de milliards de cellules superflues qui sont ainsi abandonnées à une déri-soire épreuve. Un seul spermatophore du triton *Tachira* comporte un million et demi de spermatozoïdes. Chez la souris domestique *Mus domesticus*, un simple éjaculas représente environ cinquante millions de spermatozoïdes, mais rassemble six cents millions de gamètes chez le chat et jusqu'à quatre-vingt-dix milliards chez le porc. L'éjaculation d'un petit oiseau comme le malure australien totalise déjà plus de huit milliards de spermatozoïdes ! À quoi peut bien servir de multiplier ainsi les quantités de spermatozoïdes puisqu'un seul, définitivement, accédera à la fécondation ? En termes de pure économie, l'évolution semble bien dispendieuse, et bien que le coût de production reste faible, la dépense est indéniable. En outre, la fabrication de ces cellules est redondante.

Le nombre élevé de spermatozoïdes démontre une fois encore l'intensité de la bataille du sperme. En noyant l'ovule sous le flot réitéré de gamètes, le mâle assure mieux sa propre paternité. Le mâle transforme sa sexualité en avidité de sexe et la redondance des spermatozoïdes accentue

la probabilité d'être l'auteur de la fertilisation. La quantité de spermatozoïdes améliore les chances de réussite de la fécondation. Une fois encore,
les mâles vont tendre vers la quantité, ultime dessein de leur vitalité. La
compétition spermatique existe parce que les spermatozoïdes se disputent la fécondation ou plutôt, parce que les éjaculas des mâles entrent en
compétition. Dès lors, le mâle doit allouer une plus grande quantité
d'énergie à la fabrication du sperme pour réussir la fécondation. Un
moyen simple consiste à augmenter la taille des spermatozoïdes. D'habitude, la grandeur des spermatozoïdes ne dépasse guère le micron, mais il
existe des formes de grande taille chez le crapaud discoglosse *Discoglossus
pictus* par exemple. Chez les mouches du genre *Drosophile*, les spermatozoïdes munis d'un grand flagelle dépassent souvent le millimètre, mais,
chez certaines espèces de drosophiles, ils peuvent atteindre près de six
millimètres de long. Leur nombre doit alors être réduit, mais le combat
avantage ces super-spermatozoïdes. Un tel investissement n'est toutefois
autorisé que si la femelle se montre très disponible.

De toute façon, la réussite de la fécondation dépend souvent plus
de la prolificité des mâles que de la longueur des gamètes. En fait, le
rapport nombre de spermatozoïdes/nombre d'ovules s'établit autour
d'un déséquilibre qui varie de dix mille pour un à quelques milliards
pour un, déséquilibre relatif à l'importance de la compétition spermatique. Une telle production engage tout de même un certain épuise-
ment et les mâles peuvent être exténués après la saison de reproduction.
Le cerf élaphe met plusieurs jours à reconstituer ses forces et la vipère
péliade perd du poids. La différence de coût de production entre spermatozoïdes et ovules n'est donc pas si évidente. Les mâles restent
cependant gouvernés par l'impératif de la copulation.

Dès lors, s'il faut produire de grandes quantités de spermatozoïdes,
le volume des testicules devient un paramètre capital. Et le macaque
dispose vraiment d'une grosse paire de testicules ! Les testicules des
singes écureuils doublent, eux, presque de volume à la saison des
amours. La taille des testicules traduit l'aptitude à produire de grandes

quantités de semence, révélant aussi l'importance de l'épididyme ou du conduit séminal, zones où sont entreposées les cellules sexuelles. Les mâles de chimpanzés exhibent des parties génitales de grande taille, tandis que les gorilles sont dotés au contraire d'attributs bien modestes relativement à la grandeur de l'espèce. Il faut cependant nuancer cette appréciation, la différence de taille rend cette comparaison délicate. L'étonnant dimorphisme sexuel du gorille est d'ailleurs sans nul doute lié à la sélection sexuelle. En tout cas, le volume des organes sexuels semble directement affecté par l'intensité de la compétition spermatique. La bataille du sperme influence la sélection des organes sexuels. L'avantage évolutif est donné aux mâles qui sont capables de produire un grand volume de sperme.

Encore faut-il guider ce flux jusqu'à destination. La maturation des spermatozoïdes est assez lente et s'effectue à travers deux changements complémentaires. Tout d'abord, la capacité de mobilité qui trouve ses ressources non seulement dans le flagelle, mais aussi dans les mouvements latéraux de la tête du spermatozoïde. En second lieu, la réaction de la partie antérieure, dite acrosome, qui modifie la structure du dispositif permettant de pénétrer l'intérieur de l'ovule. Ce réveil de l'ovule se déroule au contact de la zone pellucide de l'ovule. La mobilité et la capacitation des spermatozoïdes restent essentielles. L'événement indispensable consiste préalablement dans leur éjaculation. La compétition spermatique affecte donc les organes d'intromission et autres annexes organiques. Les génitalia qui équipent les mâles chez les insectes se sont foncièrement modifiées au point que leur anatomie permet de différencier les espèces.

La poussée spermatique dépend d'une forte excitation du pénis. L'organe est souvent orné d'épines ou autres renflements qui favorisent à la fois la stimulation de la femelle et permettent un nettoyage sommaire des conduits génitaux. Une forte excitation des muqueuses s'avère nécessaire pour que le sperme dépasse la barrière vaginale. L'organe de nombreux mammifères est aussi pourvu d'aiguillons qui récurent partiellement le vagin. Ce nettoiement superficiel a pour principal objectif d'évacuer le sperme d'un éventuel prédécesseur ou du moins d'inciter la femelle à rejeter cette semence concurrente. Chez les loups et autres canidés, la turgescence du pénis le loge si étroitement dans le vagin de la femelle qu'il s'y trouve coincé même après l'éjaculation. Le couple, ainsi relié par l'organe, doit patienter quelques minutes avant de redevenir indépendant. Cette situation rend les individus particulièrement vulnérables, notamment si les fautifs ne sont pas les dominants de la meute, seuls autorisés à convoler, car chez les loups, seul le couple dominant est légitime. De fait, de nombreux dispositifs unissent au sens presque propre les deux protagonistes de l'aventure sexuelle. Les attributs des libellules agrion comportent une région qui se congestionne et enfle, fixant les deux cochets de l'organe à l'orifice de la femelle. Cet attachement, pour amoureux qu'il apparaisse, bénéficie avant tout au mâle. Il empêche ainsi que le dérangement ou l'effraction d'un concurrent vienne lui disputer la fécondation. L'empressement sexuel garantit la fidélité provisoire de la femelle.

Tous les modèles de concurrence spermatique aboutissent à une même prédiction : la compétition favorise certains au détriment des autres. C'est ici que s'introduit ce que Darwin a nommé la *loi évolutive de la rivalité* (*law of battle*). Les mâles entrent en concurrence les uns avec les autres et cela pour l'émission du sperme. Du point de vue biologique, il reste cependant précieux d'établir une distinction entre le *risque* de la compétition spermatique et l'*intensité* de cette bataille. Le risque consiste en la probabilité qu'a un individu de se voir supplanter par un autre ; l'intensité réside dans le nombre de mâles impliqués dans cette rivalité. Il y a, bien sûr, une corrélation entre les deux événements, mais les résultats attendus ne sont pas exactement identiques. Alors que la sélection d'organes spécialisés peut réduire le premier problème, l'intensité de la compétition exige la mise en œuvre d'autres techniques de rivalité. Ici se développent des tactiques alternatives et différentes selon les caractéristiques des individus. Chez les poissons par exemple, la bataille à laquelle se livrent les grands mâles dominants est épiée par les moins forts qui ne manquent pas une occasion de profiter de la lassitude ou de l'étourderie des premiers. Ce qui détermine en premier lieu l'intensité de la compétition est à la fois la simultanéité de la présence des mâles et des femelles et le déséquilibre du sex-ratio. Au fur et à mesure que la densité augmente, les mâles se voient davantage contester leur statut de dominance.

L'idée qui prévaut est que la compétition spermatique reste une affaire de rivalité entre mâles. Néanmoins, la concurrence ne peut intervenir que si les femelles restreignent le potentiel reproducteur des mâles. L'ovule doit être fécondé par un unique spermatozoïde car la polyspermie peut supprimer la fertilité. Le problème de la préséance de la fécondation constitue une difficulté majeure pour les mâles. Chez de nombreux mammifères comme l'écureuil arctique, le mâle qui s'accouple le premier féconde la femelle. Au contraire, le mâle copulant en dernier dispose d'un avantage de fécondation chez les tritons. Chez les insectes, le sperme des différents individus se mélange dans la spermathèque, mais d'une manière très imparfaite. Aussi le sperme du mâle qui a assuré la dernière copulation se trouve-t-il en situation idéale pour féconder les ovules. Chez certains insectes, les spermatozoïdes mis en réserve précocement meurent avant de pouvoir être utilisés ou voient leur fertilité diminuer. En fait, les spermatozoïdes de grande longueur accèdent souvent plus facilement que les autres à la spermathèque des femelles comme cela a été mis en évidence chez les scatophages. C'est sans doute là que se trouve l'explication de l'étrange existence de ces spermatozoïdes géants des insectes. Ce n'est cependant pas toujours le cas, et chez de nombreux mammifères, le sperme du premier arrivant est le plus fécondant. Cette préséance se retrouve chez les moustiques, chez qui Spielmann et ses collaborateurs ont mis en évidence que le premier mâle dépose avec son sperme une substance qui élimine le sperme de tout nouveau concurrent.

Souvent, la copulation entraîne l'ovulation conduisant les animaux à répéter et à prolonger les activités sexuelles. Ainsi, la ténacité du mâle est déterminante puisque l'ovulation est déclenchée par la copulation chez les belettes *Mustela nivalis* et chez les putois *M putorius*, ce qui fait durer l'accouplement plusieurs heures. Le record s'affirme chez les crotales dont les étreintes peuvent durer plus de vingt heures ! Au contraire, chats et babouins sont adeptes de la méthode brève avec quelques secondes seulement consacrées à l'événement. Les mâles revendiquent pourtant de répéter la performance de leur vigueur sexuelle. Il est difficile de comprendre pourquoi un mâle peut apparemment perdre du temps et rater des opportunités amoureuses en multipliant les étreintes avec la même femelle. Les petites mésanges de nos contrées renouvellent des dizaines de fois leur éjaculation avec la même partenaire, et les lions *Panthera leo* peuvent copuler près d'une centaine de fois avec la même lionne. Dans le contexte de la concurrence spermatique exacerbée, cette performance ne peut pas constituer une simple fantaisie, car l'évolution réduirait très vite la manifestation d'un seul caprice. Or même le criquet australien *Ornebius aperta* peut copuler plus de cinquante fois avec la même partenaire. Et que dire de l'appétit sexuel des rongeurs capables de recommencer des centaines de fois !

Ces accouplements répétés augmentent le succès d'insémination et probablement le succès de paternité des mâles. De plus, le nombre de copulations peut être décisif pour la fécondité, probablement en apportant un volume suffisant de liquide spermatique et une plus grande quantité de spermatozoïdes. Chez la drosophile, une simple copulation apporte un stock de spermatozoïdes qui s'épuise en huit jours ; aussi l'accroissement du nombre d'accouplements augmente-t-il la fécondité, comme chez le hanneton. De la même manière, chez les mammifères, la probabilité de fécondation s'élève avec le nombre de copulations. D'ailleurs, les copulations réitérées constituent également un bon moyen de diluer le sperme d'éventuels prédécesseurs. Les grillons et les libellules comme *Coenagrion* s'activent ainsi à multiplier les accouplements avec une même femelle pour transférer une grande quantité de leur sperme. La concurrence entre les mâles s'avère généralement acharnée parce que le succès reproducteur des mâles dépend d'abord de l'aptitude à écarter les rivaux. Cette situation de défiance entraîne qu'un compromis évolutif doit s'établir entre la recherche de nouvelles partenaires et la garantie d'une fécondation réussie.

Car la paternité demeure une énigme pour les mâles. Le problème essentiel du mâle tient dans l'assurance de sa paternité puisque, en dépit de son acharnement, il n'est jamais certain d'être réellement le père de sa progéniture. La femelle, bien évidemment, ne connaît pas cette inquiétude, et le mâle est réduit à lui accorder sa confiance. Et cette confiance est d'autant plus relative que les femelles ne s'embarrassent guère d'une fidélité absolue. La méfiance est plutôt la règle sur laquelle butte encore le conflit des sexes. Aucun mâle ne peut avoir une garantie de paternité sur sa descendance. L'importance de la compétition spermatique a souvent été sous-estimée dans la biologie évolutive, sans doute parce qu'il était plus commode de supposer que les femelles soient monogames. Or la recherche de multiples partenaires est désormais tout à fait attestée dans la littérature scientifique aussi bien chez les mâles que chez les femelles.

La compétition spermatique entraîne une augmentation de la variance du succès reproducteur des mâles. La bataille du sperme augmente la reproduction différentielle en favorisant certains au détriment des autres. Elle constitue donc une force qui développe encore la sélection sexuelle. Pourtant, cela n'explique pas pourquoi les mâles persistent à multiplier les copulations bien après la fécondation de la femelle. Certes, la rivalité détermine le succès de reproduction du mâle. On pourrait donc supposer que la compétition spermatique se borne à modifier le succès des seuls pères. Il n'en est rien. La concurrence acharnée à laquelle se livrent les mâles est, en effet, aussi confortée par l'activité des femelles. La compétition spermatique affecte par conséquent la variance du succès reproducteur des deux partenaires comme cela a été démontré chez l'hirondelle rustique. Or, quand le travail d'un des sexes pour optimiser son succès reproducteur entraîne une réduction de la réussite de l'autre sexe, il en résulte une augmentation du conflit sexuel. Les femelles ne peuvent pas se désintéresser tout à fait de l'antagonisme des mâles. Elles vont souvent l'attiser ou, du moins, chercher à en bénéficier.

Chapitre 7
L'art délicat de la séduction

1. L'histoire évolutive du désir
2. L'érotisme et la reproduction, une fitness relative
3. Plaire ou combattre

Il faut cependant bien que la sexualité dépasse la contradiction primitive des intérêts et accorde les partenaires. La réconciliation doit être possible et la rencontre des sexes commence par le rendez-vous des cœurs, préviennent les romanciers. De cela, les biologistes évolutionnistes parlent peu ; le mot désir est souvent absent du glossaire de l'écologie comportementale, comme un critère trop grossier. Pourtant, le désir ne s'insinue pas si aveuglément que cela, pas si fâcheusement qu'on ne puisse le reconnaître.

Reprenons, les mâles se bagarrent et les femelles attendent. Bien entendu, cette caricature prête aujourd'hui à sourire. En effet, les femelles continuent d'être très attentives à la bataille des mâles. D'ailleurs, si ceux-ci se disputent les faveurs des femelles, ils cherchent tout autant à les impressionner. Les mâles tentent d'inventer un art de plaire. Considérons toutefois la vanité des hussards et autres barbares de l'amour. L'un des pires n'est autre que l'otarie à fourrure, mais certains dauphins rivalisent d'arrogance avec l'otarie, sans parler de la brutalité des canards ! Ignorant toute notion de consentement, ces mâles de canard, d'otarie ou de dauphin harcèlent la femelle pour la faire céder à toutes les exigences. Ils ne s'embarrassent guère de préliminaires et enfourchent la femelle dès que leur intimidation leur a laissé le champ libre, effrayant tous les rivaux potentiels. Mais le monde animal comporte heureusement des troubadours. Déployant des trésors de patience, ces mâles prévenants emploient l'art délicat de la sérénade pour solliciter un câlin. Pourtant, est-ce seulement la présence des unes qui déclenche le désir des autres et réciproquement ? Pas si sûr.

En introduisant la *loi de l'attirance* (*law of preference*), la *théorie de la sélection sexuelle* de Darwin allègue que le choix des femelles constitue l'autre aspect déterminant de la reproduction. C'est que les femelles font face à une pénalité sévère si leur choix ne s'avère pas suffisamment performant. Les mâles peuvent montrer une motivation sexuelle peu sélective parce que leur activité avec une partenaire peu performante ne réduit pas l'efficacité de leurs autres succès. Au contraire, les femelles ne peuvent pas augmenter leur succès en misant sur plusieurs partenaires et peuvent échouer dans leur reproduction, manquant toute autre chance si la sélection de leur congénère entraînait un fiasco. L'attention des femelles est donc forcément tournée vers les mâles et, dans le monde animal, ce sont en général les mâles qui tentent de séduire tandis que les femelles les sélectionnent. Les mâles arborent toute une panoplie de couleurs ou d'attitudes pour captiver les femelles, pour attiser leur désir. Ils ne pratiquent qu'un faible discernement, sollicitant de nombreuses femelles disponibles, tandis que les femelles élitistes analysent et comparent le moindre attribut viril. Elles ont dès lors tout intérêt à rester attachées à ce mâle favori, prévient Darwin. Alors que l'objet de l'amour prétend à la réconciliation des genres, le désir se construit déjà dans une dissemblance fondamentale – mâle libertin, disponible et femelle exigeante, fidèle exposent encore une fois leur divergence d'intérêt.

À l'origine cependant, le désir sexuel pourrait simplement consister dans une réaction à la présence de l'autre. Les organismes les plus primitifs semblent indiquer que le désir s'édifie en tant que principe stimulant l'établissement d'une élémentaire synchronie des activités. Le déclenchement hormonal accentue encore cette primitive réceptivité. Excitation soudaine et déroutante induite par la découverte de l'autre, le désir apparaît comme la recherche d'une simultanéité des comportements sexuels. Il compose une stratégie de coïncidence spatio-temporelle mettant en relation les protagonistes. L'histoire évolutive du désir se perd dans la nuit des organismes marins à fécondation externe, fixés dans leur monde océanique. Éponges, anémones, mollusques, vers et tuniciers encouragent la rencontre incertaine de leurs cellules sexuelles en élaborant la simultanéité de leur émission. Cette poursuite du synchronisme des événements utilise tous les canaux sensoriels possibles. Jusqu'aux phases de la Lune qui inspirent ainsi les vers marins *Eunice viridis.* La Lune déclenche la montée concomitante des individus à la surface et la libération des gamètes. De même, ancêtres des vertébrés, les tuniciers marins vivent en colonies, fixés sur les roches, si proches et pourtant irréversiblement séparés les uns des autres. Il a fallu une adaptation pour que la sexualité existe sans pâtir de cette vie sessile. Les tuniciers coordonnent la rencontre de leurs gamètes par l'émission de molécules chimiques libérées au gré du courant. En aspirant l'eau, le congénère détecte les molécules qui atteignent son atrium et excitent le ganglion nerveux dorsal. À son tour, le ganglion stimule les organes sexuels et l'évacuation des gamètes. L'appel olfactif est puissant et la détection de l'activité sexuelle de l'autre constitue une sollicitation suprême. Ainsi s'exprime le désir des éponges, des anémones et des tuniciers.

Tout le cheminement des stimulations olfactives dans les systèmes nerveux les plus complexes pourrait trouver son origine dans cette recherche de la coordination primitive des tuniciers, que la vie sessile sépare définitivement les uns des autres. Ensuite, quand les organismes ont développé des formes mobiles, des individus naviguant l'un vers l'autre, l'innovation de la sexualité a élargi la rencontre des partenaires en attisant toujours cette chimie sensuelle. Le chemin du désir est un message sensoriel qui tente d'agencer la synchronisation des activités sexuelles. Les terminaisons nerveuses sont sensibles à des dosages infinitésimaux des messages excitants. De nombreux insectes comme les papillons de nuit *Bombyx* émettent une phéromone, le *bombycol*, que les mâles peuvent percevoir à plusieurs kilomètres à une concentration de seulement 0,01 microgramme. Ce dialogue olfactif entre congénères se perfectionne et se spécialise. Les femelles dévoilent des molécules olfactives qui accompagnent l'évolution de leur état physiologique et signent ainsi leur réceptivité. Les chaleurs des femelles sont agrémentées de l'émission de substances olfactives qui témoignent de leur situation. La plupart des femelles de primates, humains *Homo sapiens* compris, exhalent ainsi une phéromone indicible, comme la *copuline*, qui stimule presque irrésistiblement le désir des mâles. L'attrait de ces femelles grandit au fur et à mesure que leur condition approche de l'ovulation, de la fécondation possible que les phéromones annoncent.

Voilà, les mâles sont directement menés par le bout du nez. L'érotisme est manipulé par les odeurs et les phéromones fabriquent l'attraction des sexes. Chez de nombreux vertébrés, un circuit olfactif parallèle se substitue au circuit principal. L'excitation sensorielle active la région du palais et excite directement le bulbe olfactif accessoire. Cette stimulation aphrodisiaque incite l'animal à retrousser ses lèvres dans une curieuse grimace, le *flehmen*, qui permet de dégager le canal naso-palatin et d'exciter les terminaisons nerveuses de l'organe voméronasal. Les chevaux, les rongeurs et les carnivores manifestent souvent ce comportement apparemment étrange, les lèvres tirées vers le haut, bouche à demi ouverte et narines tendues. La grimace de *flehmen* du tigre *Panthera tigris* est tout aussi spectaculaire. L'exploration de ces émanations aguichantes permet aux mâles de déceler l'œstrus des femelles et, bien sûr, d'y succomber de désir. Les femelles induisent discrètement cette approche envoûtante. C'est sans doute ainsi que le système olfactif principal est déjoué et que la détection des phéromones échappe à la conscience. Il est probable que l'origine du baiser chez l'homme est à chercher dans le *flehmen*, dans l'art d'amener les phéromones jusqu'à l'organe du palais.

Avec la chimie inodore des phéromones, le courant passe entre les êtres, déclenchant dans le cerveau la sécrétion ensorcelante de *lulibérine*. Le système dopaminergique s'active et le désir s'enflamme, noyant le cerveau d'érotisme. La recherche d'une intimité plus grande commence. Le mâle ne supporte plus de ne pas frôler la femelle, de ne pas effleurer son corps. La sexualité impose le désir qui permet la synchronisation des comportements appropriés à la fécondation. Les odeurs exhalées par les femelles réveillent aussitôt l'activité sexuelle des souris, et les mâles raffolent de ces messages chimiques destinés à exciter leur appétit sexuel. Même en l'absence de femelles, les rats, soumis en laboratoire à une machine excitant leur désir, se bousculent pour répéter encore et encore la stimulation voluptueuse. La fascination fonctionne dans les deux sens et le parfum gouverne le désir des mâles tout aussi discrètement que la réceptivité des femelles. L'introduction d'un bélier au milieu du troupeau provoque rapidement l'apparition des chaleurs des brebis. Les femelles s'émeuvent de l'appel viril. Les organes olfactifs sont privilégiés par les fluides corporels. Cependant, les vocalisations peuvent conférer une excitation semblable. Le brame est une période tout emplie de bruits et de fureurs. Le cerf s'exprime bruyamment et ses vocalisations déclenchent l'ovulation des biches. En fait, chez la plupart des animaux, les femelles n'attendent pas les incitations du mâle, elles invitent au sexe dans un ensemble d'attitudes dites de *proceptivité*. Outre l'émission de phéromones, tout un assortiment de manifestations traduit leur sensibilité. Chez l'araignée *Cupiennius*, la femelle aromatise son fil de soie pour attirer le mâle. Les mimiques faciales des femelles de singes capucins comportent, par exemple, des sourires, une légère érection de la chevelure et de grands yeux étonnés. Les mâles ne résistent guère à un tel érotisme.

Cependant, la séduction n'est jamais une mince affaire pour les mâles. Les araignées mâles sont bien minuscules face aux femelles, jusqu'à mille fois plus menues, mais ce sont de talentueux ensorceleurs. Quand il s'approche de la toile de la femelle, le mâle d'araignée annonce délicatement sa venue en faisant vibrer les fils d'une manière particulière et terriblement envoûtante. Car le désir peut être fatal. Dans cette situation cornélienne entre mort et amour, la prudence ne suffit pas à garantir la reproduction. Le mâle doit réellement être un merveilleux séducteur, car, si son approche ne convainc pas la femelle, il devient simplement une proie comme une autre, un facile repas de plus pour la femelle. L'art de plaire tient bien dans l'aptitude à la persuasion et la sanction du maladroit est terrible. La sélection sexuelle est une exigence qui introduit la préférence absolue des femelles, mais la sélection sexuelle peut aussi se conclure par la mort.

En fait, les messages amoureux constituent un échange essentiel entre les congénères. La sélection sexuelle porte fondamentalement sur les caractères sexuels secondaires des mâles, les organes, formes et coloris, les conduites et parades qui appâtent ou qui disqualifient. Le chant répété du pinson, la crête morcelée du triton crêté, le ventre rouge de l'épinoche et la queue du paon *Pavo cristatus* s'affichent pour éblouir les femelles. « Cornes et costumes chamarrés », tous ces traits morphologiques ou comportementaux se sont développés pour plaire : des attributs aussi grotesques que le gonflement de l'énorme baudruche rouge de la gorge de la frégate ; des actions aussi burlesques que le rythme saccadé de l'unique pince du crabe violoniste ; des sons aussi peu mélodieux que l'appel ronflant de la petite grenouille rousse ; des cabrioles aussi ridicules que les bonds invraisemblables de l'ignicolor à longue queue *Euplectes progne* ; des chorégraphies aussi saugrenues que les excentriques trajectoires des grèbes huppés *Podiceps cristatus* ou des grèbes de l'ouest *Aechmophorus occidentalis* ; un déploiement aussi prodigieux que l'allongement de la défense unique du narval *Monodon monoceros* ; des sollicitations aussi insolites enfin que les invitations électriques de la raie torpille *Torpedo torpedo*. La nécessité du désir a échafaudé une incroyable diversité de couleurs et de sons, d'apparences et de manières au cours de l'histoire évolutive des êtres vivants. La femelle est à l'affût de l'érotisme des attitudes, mais aussi de la puissance de l'armement. Les caractères sexuels secondaires s'exposent à la fois comme des armes et comme des attributs d'élégance. Nous avons déjà annoncé que Darwin distinguait deux fonctions à ces particularités viriles, une fonction intrasexuelle, pour les traits qui confortent les combats, et une fonction intersexuelle, pour les emblèmes qui concourent à la séduction des femelles. Ainsi, les cornes du bouquetin se développent chez les mâles et stimulent les joutes montagnardes tandis que, exposant la couleur de son plumage, le faisan attire sa dulcinée. « Tout est pour le mieux dans le meilleur des mondes », exulte Pangloss, mais Candide reste perplexe.

L'origine évolutive des caractères sexuels secondaires semble aisée à reconnaître. Les bois des cerfs ont été sélectionnés entre mâles pour l'intimidation des assauts, les plumes des paradisiers auraient été distinguées par le choix des femelles. L'idée que les ornements des mâles aient évolué sous l'effet de la sélection active et renouvelée des femelles est largement répandue dans le monde scientifique. À mesure que la femelle répétait ses exigences, les mâles d'ignicolor à longue queue pourvus de la queue la plus allongée se seraient mieux reproduits, développant la particularité de père en fils. De même, la séduction du paon bleu *Pavo cristatus* tient dans le nombre d'ocelles que comporte sa queue et la préférence des femelles va aux mâles dont la queue est la mieux dotée d'ocelles multicolores. Même l'éléphant *Loxodonta africana*, celui dont Pline l'Ancien dans son *Histoire naturelle* vante l'intelligence, dépend de la taille de ses défenses. Sans nul doute, ce choix réitéré des femelles a influencé le déploiement des caractères secondaires des mâles. Toutefois, les femelles sont-elles vraiment à l'origine des atours galants des mâles ?

Le cerf est majestueux, mais aussi intrépide. La dichotomie entre attributs guerriers et fanfreluches ne résiste cependant pas à l'analyse. Les caractères ne sont pas toujours clairement séparés et les études révèlent que beaucoup d'espèces utilisent les mêmes signaux pour contribuer aux deux fonctions de charme et de bataille. Le chant du rouge-gorge *Erithacus rubecula* est à la fois une alerte pour les mâles voisins et une séduction de la femelle. Ainsi, l'analyse par Berglund et ses collaborateurs, d'une cinquantaine de signaux différents émis par les mâles, a révélé que près de 77 % d'entre eux associaient significative-ment les deux fonctions d'armes et de parures. Dès lors, il est difficile de croire que la manifestation de ces traits trouve son origine dans l'unique effort de sélection des femelles. Les attributs des mâles pour-raient provenir de la rivalité des mâles entre eux, développant leur concurrence et les outils pour se disputer la disponibilité des femelles. Dans leur plein développement, ils assurent la victoire ou ils réduisent leurs possesseurs à la défaite.

Cornes, bois et cris, ces instruments sont érigés pour le duel et ne peuvent pas mentir. Leur édification présente un coût énergétique fort : il faut puiser dans les sels minéraux pour bâtir les bois du chevreuil *Capreolus capreolus* et la bataille présume un mâle puissant en bonne santé. En outre, l'efficacité de ces armes est éprouvée au cours de multiples joutes épisodiques. Les femelles disposent donc d'un signal assez sincère pour apprécier la valeur des lutteurs. Un mâle ne peut pas tricher dans la bataille ou du moins toute falsification sur sa vigueur accroît le risque d'être fortement châtié lors des querelles. La sélection sexuelle dériverait de cette fonction initiale. Le choix des femelles inter-viendrait en second lieu en renforçant l'intérêt du caractère en tant qu'indicateur de la qualité des mâles. La *sélection intrasexuelle* (*law of battle*) est fondamentale et la *sélection intersexuelle* (*law of preference*) en découle probablement, affirment les néodarwiniens. Encore faut-il que les femelles montrent une étrange prédisposition à ces caractères. Il reste que les femelles font payer les mâles en les incitant à accentuer leur concurrence. C'est dire que les femelles attentives profitent de l'inévitable rivalité des mâles ou encore que l'antagonisme est généreusement attisé par les femelles.

La réconciliation des sexes reste décidément difficile. L'expression du désir envenime les relations et encourage le conflit entre les sexes. De plus, comme le fredonnait François Ier, « souvent femme varie, bien fol est qui s'y fie »… Les femelles prolongent la sélection en réformant leur avis initial. C'est ce que les biologistes nomment l'*effet Bruce*, du nom d'Hélène Bruce, la scientifique qui l'observa chez les souris. Les souris femelles *Mus domesticus* ne résistent guère aux avances des mâles avenants. Friponnes, elles se laissent séduire trop souvent, révélant leur discrète trahison. Voilà notre souris qui, après une cour brève, mais assidue à la manière des souris, consent à convoler et se voit fécondée par un premier mâle. Elle entame tranquillement les premiers jours de sa gestation. Mais voilà qu'un second mâle étranger se présente, si engageant, si séduisant que sa simple présence bloque la gestation amorcée : la souris n'accepte plus cette première descendance. On ne sait de la vue ou des parfums ce qui anime cette séduction irrésistible. Le cycle œstrien est complètement perturbé et la souris avorte de cette première grossesse. Après un bref délai de seulement trois ou quatre jours, la souris manifeste de nouveau ses chaleurs. Aguichante, notre félonne peut maintenant, s'il est encore disponible, s'accoupler avec succès avec ce nouveau prétendant…

L'*effet Bruce* n'est pas automatique, bien que sa détermination soit largement méconnue. Il exige une incroyable mémoire, probablement olfactive, du premier mâle, mémoire qui autorise la discrimination entre les deux partenaires. Ce souvenir étaye le verdict de la différence entre deux mâles. Les femelles ne sont pas plus candides que déloyales, mais le conflit des sexes émerge de toute sexualité. L'*effet Bruce* affiche le remords des femelles exigeantes, en sacrifiant un premier événement reproducteur. Il est tentant de présumer la supériorité du deuxième mâle selon les théories néodarwiniennes. Toutefois, du mâle ou de la femelle, il est bien difficile d'affirmer à qui ce regret tardif profite.

Chapitre 8

L'isolement amoureux

1. Le sexe est-il ce qui sépare ?

2. Les hybrides ne sont pas étonnants

3. Le conflit d'espèces et le vol des gènes

La jalousie est une chose bien partagée. Les femelles aussi, bien entendu, connaissent la fièvre des rivales et entrent en compétition entre elles pour l'obtention d'accouplements. Néanmoins, chez les femelles, la manière s'avère souvent différente des pugilats violents que les mâles déclenchent. Il est admis que la contestation des femelles n'entraîne pas souvent de réels combats, ou bien qu'elles ne se livrent que des batailles provisoires. Il faut aussi signaler que la pénurie de mâles ne constitue pas un événement très fréquent dans les populations animales. L'antagonisme des femelles apparaît plutôt chez les espèces où la présence des mâles n'est pas simultanée à la reproduction. Les femelles impatientes se dépêchent alors de harceler les premiers mâles. Ainsi la gallinule poule d'eau *Gallinula chloropus* exige-t-elle que l'élevage soit aussi dispensé par les mâles et elle peut assaillir toute concurrente qui flatterait imprudemment un mâle hésitant. De même, les femelles des petits tritons montrent un certain agacement lorsque les mâles s'attardent. Le déficit de mâles séduisants ne constitue toutefois pas la seule raison qui pousse les femelles à se quereller. La compétition se montre plus féroce quand les ressources sont limitées. Chez la gerbille *Meriones unguiculatus* par exemple, les femelles défendent agressivement leur petit bout de royaume, et les plus expérimentées bousculent rudement les plus fragiles pour tenter d'usurper leur domaine. Néanmoins, ce ne sont pas ces escarmouches femelles qui entraînent l'isolement amoureux.

La biologie actuelle est une biologie spécifique, c'est-à-dire qu'elle reconnaît l'espèce en tant qu'unité fondamentale du vivant. L'individu constitue une unité apparente assez facile à déterminer. Mais qu'est-ce qui permet d'identifier une espèce puisque mâle et femelle diffèrent tant ? Qu'est-ce qui fait la limite des espèces, c'est-à-dire comment en clôturer le concept ? Eh bien, c'est encore une affaire de sexe ! Depuis que Georges Louis Buffon a proposé que l'identification des espèces se fonde sur leur aptitude à se reproduire – « on doit regarder comme la même espèce celle qui au moyen de la copulation se perpétue et conserve leurs similitudes » –, les définitions se sont précisées et un consensus s'est réalisé autour du *mécanisme d'isolement reproducteur*. Une espèce consiste ainsi, selon le mot d'Ernst Mayr, « en un groupe de populations potentiellement interfécondes et reproductivement isolées des autres ». La barrière spécifique établit par conséquent la stérilité entre deux espèces. Toutefois, les grenouilles ne sont guère disciplinées, et on voit le mâle du petit crapaud ponctué *Pelodytes punctatus* s'évertuer à réaliser d'infructueux amplexus avec un mâle de grenouille agile *Rana dalmatina*, bien que cette étreinte ait peu de chances d'aboutir : leur reproduction reste impossible, ils sont génétiquement trop différents. De fait, les espèces se distinguent par cette séparation des amours. Les barrières de l'amour s'érigent soit avant la copulation (isolement pré-zygotique), soit après cette tentative (isolement post-zygotique). Admettons que la population puisse être assimilée à un groupe d'individus vivant dans un lieu commun. Si, entre populations, le dispositif de la parade n'est pas compris par le partenaire sexuel, l'accouplement ne se réalise pas ou bien plus rarement, les échanges de gènes ne s'effectuent plus et les populations divergent. De même, que des populations soient géographiquement séparées par un obstacle infranchissable, et elles formeront à terme deux espèces distinctes. On considère en général que l'incroyable variété des épreuves pré-copulatoires provient de l'économie de moyens qu'elles permettent. Pourquoi en effet s'engager dans la dépense d'une reproduction si la divergence conduit à l'échec ! L'exhibition de séduction, d'une acceptation des attouchements, de rivalités ou même de combats teste la compatibilité des individus pour obtenir une progéniture féconde. La parade nuptiale des espèces morphologiquement proches comprend presque toujours un élément si différent que la confusion n'est guère possible. Prenez le chant timide, répétant un léger cri aigu et étouffé, de la petite grenouille agile de nos champs. Son appel nuptial ne peut guère se confondre avec le bref ronflement rauque, grave bien que sûrement très séduisant, de la petite grenouille rousse. Pourtant, les deux espèces partagent les mêmes habitats de nos campagnes et sont si semblables dans leur physionomie et leur couleur que seule une petite gymnastique de la jambe permet d'identifier la plus longue, discriminant les deux grenouilles. De même, les pouillots sont des oiseaux discrets qui possèdent un chant bien plus mélodieux. Leur silhouette ne varie presque pas de l'un à l'autre, mais le chant *decrescendo* du pouillot fitis *Phylloscopus trochiclus* n'a rien de commun avec la note réitérée du pouillot véloce *Phylloscopus collybita*. La gorge-bleue *Luscinia svecica* expose l'azur de son plastron, alors que le rossignol philomène *Luscinia megarhynchos* expose son ventre blanc et que le rouge-gorge fait dans l'orangé, un peu comme si la nature construisait spontanément ces séparations. La couleur, la morphologie s'avèrent aussi des éléments de contre-séduction. Il existe, bien entendu, des individus qui pourront tenter l'aventure d'une reproduction croisée, mais alors cette tentative échoue ou bien, en dépit d'une fécondation réussie, la progéniture ne se développe pas ou encore la descendance s'avère stérile. L'isolement post-zygotique clôt le débat : il sépare les espèces en accordant une progéniture possible entre espèces différentes, mais cette postérité reste définitivement moins bonne. Ce qui referme apparemment l'espèce sur elle-même consiste encore dans la reproduction différentielle.

Le sexe serait donc ce qui sépare. Selon la théorie évolutive, le même caractère ravissant devient absolument indifférent à l'autre espèce : les espèces divergent en fait de ne pas bien se séduire. La différenciation génétique s'établit ensuite. La *théorie de la reconnaissance* énoncée par Lande assure que la sélection par choix sexuel de caractères portés par plusieurs gènes ou traits polygéniques est la clé de la spéciation. Une explication utilisant un nombre réduit de gènes n'est en effet guère satisfaisante et la contribution de Lande au débat s'est clairement affirmée. En simplifiant, la préférence des femelles sélectionne les caractéristiques des mâles à travers la stabilisation des traits sexuels. La perte de variance du caractère, même compensée par de nombreuses mutations, semble alors inéluctable et conduit à la séparation des espèces. Néanmoins, un tel mécanisme reste encore peu démontré jusqu'à présent. La perte de la variance des caractères reste d'ailleurs un très gros écueil dans la théorie.

Il est vrai que la clôture de l'espèce n'est pas facile. Puisque l'isolement reproducteur débute par un affaiblissement de la capacité à se reconnaître, Paterson a proposé que le *mécanisme de reconnaissance* (ou « système de reconnaissance spécifique », *specific mate recognition system*) entre individus soit regardé comme le facteur clé de l'isolement spécifique. Chaque espèce exhibe en effet un ensemble de manifestations cohérent pour l'espèce elle-même. L'albatros hurleur *Diemodea exulans* lève la tête au ciel, écarte les ailes, tapote des pieds ; la cigogne *Ciconia*

ciconia enroule le cou, claque du bec et l'ordre d'apparition de cette démonstration est crucial pour la séduction du partenaire. La reconnaissance de l'autre s'inscrit dans l'attrait de cette composition stéréotypée qui élabore un système propre à l'espèce. Toute altération de ce système de reconnaissance diminue la séduction des partenaires et indique un isolement en cours. Ce principe du système de reconnaissance spécifique présente l'intérêt majeur de placer le processus de spéciation (formation d'une espèce nouvelle) dans un gradient d'isolement plus ou moins constitué et qui se dessine de manière évolutive. Cette proposition de Paterson accorde alors aux mécanismes pré-zygotiques une efficacité bien plus élevée qu'aux dispositifs post-zygotiques pour dissocier les espèces. Cependant, si le concept connaît ainsi une jolie clôture, la barrière spécifique paraît bien mince et délicate à appréhender. Et surtout, comment ont pu se mettre en place de tels confinements ?

L'histoire des espèces serait l'histoire de leur isolement. Puisque les individus ne peuvent plus se rencontrer, des populations longuement isolées dans l'espace sont immédiatement regardées comme deux espèces distinctes, même en dépit de ressemblances morphologiques. La théorie évolutive s'est d'abord solidement ancrée dans la barrière bio-géographique. Darwin considérait l'isolement insulaire comme le mécanisme fondamental de spéciation. Les barrages de l'habitat provoquent l'isolement initial qui fait diverger les populations vers des espèces distinctes : c'est la *spéciation allopatrique*. Ainsi, les punaises *Pameridae* se différencient en plusieurs espèces à cause de leur dépendance envers des plantes hôtes différentes. La plante semi-carnivore *Roridula* englue dans ses poils quantité d'insectes, mais, ne disposant pas d'enzymes digestives, elle ne peut s'en alimenter. Les punaises résident sur la plante et leurs longues pattes leur permettent d'échapper au piège de glue des poils végétaux. Elles se montrent très friandes des insectes capturés et, dans cette association baroque entre la plante et l'insecte, ce sont les excréments de la punaise qui nourrissent la plante.

À chaque espèce de *Roridula* est associée une punaise spécifique. L'isolement bio-géographique paraît donc une « bonne » séparation.

Cet isolement est déliné sous la forme de deux paradigmes, le *paradigme de vicariance* qui relate qu'une population peut être morcelée en deux espèces distinctes, par exemple lors d'un événement géologique comme l'ouverture d'une faille, d'un océan, et le *paradigme de dispersion* qui énonce qu'une petite population peut se détacher de l'espèce d'origine et, sous l'effet de nouvelles conditions d'existence, peut finir par former une espèce nouvelle. Il ne suffit cependant pas que deux populations soient séparées pendant un certain temps. Il faut encore que cette dispersion enclenche un processus de différenciation qui inscrive définitivement la rupture spécifique. Le mécanisme impliqué dans la séparation des espèces est la dérive génétique. Par le jeu aléatoire des recombinaisons, chaque population fait varier son patrimoine génétique au point qu'il devienne peu à peu inconciliable avec l'autre. L'accumulation des différences morphologiques, comportementales ou chimiques morcelle inexorablement les tentations sexuelles. Ainsi s'isoleraient définitivement les espèces singulières.

Il faut donc une barrière physique à l'espèce pour entraver la rencontre des amours. La mécanique semble si bien rodée que la spéciation allopatrique est souvent apparue beaucoup plus simple et plus fréquente que la *spéciation sympatrique*. Un processus *sympatrique* suppose en effet que des populations restent en contact, dans la même région et que, cependant, l'une et l'autre divergent. Il faut alors que quelque chose empêche le flux de gènes entre l'une et l'autre, que quelque chose détourne la recombinaison. Une telle cassure paraît d'autant plus improbable qu'elle nécessite que les individus eux-mêmes limitent leur prétention sexuelle… L'apparent mystère de la rupture sympatrique a longtemps fait pencher les biologistes vers la présupposition de la rareté de ce phénomène, voire de son impossibilité. Les événements sympatriques sont restés controversés, d'autant plus qu'est exigée la preuve de l'inexistence d'une allopatrie passée. Bien que l'accueillant comme plausible, Ernst Mayr, en particulier, a émis de nombreux doutes sur ce mécanisme et notamment sur les hypothèses de J. Seger. La spéciation sympatrique serait, pour les plus radicaux des biologistes, une assertion peu heuristique, et une exception indigène dans le meilleur des cas.

En fait, deux problèmes majeurs semblent rendre impossible la spéciation sympatrique, c'est-à-dire la divergence d'individus qui habitent ensemble. La première difficulté provient de l'antagonisme entre la recombinaison génétique et la sélection des caractères. En effet, la sélection des caractères spécifiques à la nouvelle espèce serait contre-carrée par la recombinaison génétique entre les individus. Puisque les individus ne sont plus séparés dans l'espace, ils peuvent continuer de se reproduire et d'échanger leurs gènes, empêchant chaque fois la fixation de caractères spécifiques. Le second obstacle réside dans la coexistence même des deux populations pendant le cours de leur divergence : la concurrence qui persiste pendant la différenciation semble condamner la divergence selon le modèle de l'exclusion compétitive. L'analyse des phylogénies des mammifères ne montre aucune possibilité de spéciation sympatrique et une telle différenciation reste impossible chez les animaux mobiles, affirment Losos et Glor. Décidément, la biologie néodarwinienne l'assure, la spéciation ne peut pas être sympatrique.

Pourtant, l'imprévu est arrivé. La spéciation sympatrique s'avère, en fait, extraordinairement plus répandue que ce qui était supposé, bouleversant tout le paradigme. Le loup arctique *Canis lupus* apporte une première réponse. Le loup arctique est blanc et ce phénotype apporte bien des avantages dans l'environnement glacial du Grand Nord. Le phénotype blanc constitue sans nul doute une adaptation. Cependant, cette spécialisation du phénotype ne s'est pas mise en place sous l'effet d'une rupture géographique. Aucune barrière ne sépare défi-nitivement les loups blancs des autres loups. Néanmoins, réplique-t-on, la divergence ne réalise pas ici de spéciation, le loup arctique reste un loup de la même espèce que notre loup commun. La spécialisation pourrait-elle être induite par le biotope de l'espèce ? Comme les four-milions *Chrysopa lucasina*, les chrysopes de Seger *Chrysopa downesi* et *C. carnea* diffèrent en exploitant respectivement des conifères pour l'un et des arbres feuillus pour l'autre, et l'un présente une reproduction précoce tandis que l'autre reste tardif. Voilà le scénario d'un événe-ment qui sépare l'histoire de vie des deux espèces sur deux segments temporels différents. Voilà que se dessine un modèle temporel de l'isolement en sympatrie, comme le disent les cigales. Car les cigales prennent tout leur temps pour grandir. Les cigales *Magicicada* forment des espèces sœurs dont le cycle larvaire varie d'une espèce à l'autre. Ainsi, *M tredecim* poursuit sa croissance larvaire durant treize ans, mais *M septendecim* continue plus longtemps encore, révélant une éclosion tous les dix-sept ans seulement : les deux espèces ne peuvent donc éclore ensemble que tous les deux cent vingt et un ans, réduisant de beaucoup leur rencontre éventuelle. La variation d'un seul gène pourrait influencer ici la durée de la vie larvaire. Mais les cigales ne sont pour-tant pas assez convaincantes. Cette divergence temporelle, ou *allo-chronie*, ressemble encore trop à une allopatrie, bien qu'ici l'espace géographique n'ait plus d'influence. En outre, il manque encore la preuve de la spécialisation de niches écologiques. Pourtant, apparaît déjà une immense différence : comme nous allons le voir, la rupture du flux de gènes isolant les deux espèces n'est plus due à un obstacle, elle est liée à un désavantage des intermédiaires.

Jusqu'à présent, l'idée qui prédomine reste l'hypothèse d'une sélec-tion disruptive par le choix sexuel : un trait sexuel serait préféré de manière répétée par un phénotype, un autre trait par un autre et cette réitération des choix entraînerait inévitablement la divergence. Ainsi, le lac Malawi dévoile une *spéciation sympatrique* incroyable. Les poissons du lac Malawi ont tous divergé à partir d'ancêtres communs et les auteurs de cette découverte attribuent cette spéciation à l'apparition de formes sexuelles mutuellement exclusives, chaque espèce de poisson récidivant dans son assortiment amoureux. Toutefois, bien que la divergence sympatrique apparaisse clairement, la plupart des modèles ne rendent pas le scénario de la répétition des préférences très probant pour rendre compte de la formation des espèces. En fait, il semble bien que le caractère écologique de la spéciation reste totalement sous-estimé. Des différences écologiques peuvent-elles donc produire des divergences ?

Le lac Victoria révèle bien des surprises, nous dit Hori Michio. Au sein d'une faune piscicole extraordinairement diversifiée apparaissent des poissons crabiers, des mangeurs d'escargots et des petits poissons mangeurs d'écailles. Ces modestes habitants des lacs africains comme *Perissodus microlepis* sont de gloutons spécialistes des écailles des autres poissons. Lorsqu'ils s'approchent discrètement pour arracher l'objet de leur festin, un choix cornélien s'impose : doit-on prendre une écaille du côté gauche ou bien du côté droit ? L'hésitation est malheureuse. L'exigence de l'exécution très agile d'un tel larcin a entraîné une véritable spécialisation de la forme de la bouche. Il existe des poissons droitiers et des poissons gauchers, chacun constituant une inévitable espèce, puisque le descendant d'un éventuel croisement échoue fatalement au test de dextérité. Gaucher ou droitier, tel est le dilemme. Il est donc reconnu que les espèces diffèrent d'abord par leur *spécialisation* dans la niche écologique. Avec l'exclusion compétitive, une seule espèce peut se maintenir sur une niche écologique, grâce à une spécialisation.

La nouvelle explication insiste sur le rôle initial de la compétition pour des ressources limitées dans des populations dont les phénotypes distincts sont dépendants de ces ressources. Comme chez les poissons salmonidés des lacs glaciaires, la spécialisation correspond à une adaptation locale à des contraintes alimentaires. L'événement commence par l'établissement d'un polymorphisme, l'espèce présentant une certaine diversité de formes qui s'accorde et se différencie selon la variété des niches écologiques disponibles. Un phénomène semblable apparaît, chez le putois *Mustela putorius*, petit carnivore de nos campagnes. Ici s'associent deux caractères, la taille et la couleur. La divergence manifeste entre petit putois noir et grand putois typique se réalise sous l'effet des contraintes de l'habitat, les animaux plus sombres et plus petits fréquentant les cours d'eau forestiers. En fait, il est probable que les exemples de divergence sympatrique soient multiples.

Seulement voilà, le sexe vient ici perturber l'adaptation en mélangeant tous les gènes. Le sexe empêche l'évolution vers une nouvelle espèce. La recombinaison trouble la fixation des spécialisations. Avant la divergence, les animaux peuvent encore s'hybrider. Bien entendu, il est possible de rétorquer que les femelles exercent alors un choix drastique, rigoureux et réitèrent leur préférence. Cette sélection réduit les séductions entre individus divergents. La barrière spécifique se consoliderait ensuite par l'influence de la dérive génétique. Cette *hypothèse de l'accouplement par assortiments répétés* a été développée dans de nombreux travaux et a été récemment modélisée par Serge Gavrilets. Des femelles de deux phénotypes différents et généralement contradictoires, blanc et noir par exemple, exercent alors un choix dirigé vers le partenaire qui manifeste les mêmes caractères, isolant peu à peu les deux phénotypes distincts. La couleur blanche ou brune de la collerette des combattants variés, petits oiseaux limicoles, trouverait son origine dans cette sélection assidue des femelles.

Il est cependant bien des cas où le choix sexuel ne semble pas entraîner une telle dissemblance. Chez les putois au moins, l'assortiment sexuel n'est guère convaincant, les femelles s'accordant à accepter à peu près n'importe quel mâle. Il faut bien se souvenir que les exceptions biologiques ne confirment jamais la règle ; elles interrogent au contraire la validité de l'hypothèse proposée. Les putois ici dérangent l'assortiment sexuel. Dans un travail de recherche très détaillé sur plusieurs espèces d'oiseaux, Morrow et ses collaborateurs admettent également ne pas trouver de liens entre la sélection sexuelle pré- ou post-copulatoire et la spéciation. Puisque la sexualité empêche que se stabilisent les spécialisations locales, il faut bien encore admettre un effet sélectif intense des contraintes du milieu. La différence de valeur sélective des milieux favorise la divergence confirmant le pluralisme des mécanismes d'évolution. Les putois intermédiaires, par exemple, se retrouvent à cumuler les handicaps : trop petits pour s'affirmer face aux grands putois typiques, ils sont trop grands et pas assez noirs pour séduire les petites femelles sombres. Au contraire, les putois noirs sont eux parfaitement adaptés aux ruisseaux forestiers. Le contraste entre les formes divergentes mais adaptées à des environnements différenciés renforce la sélection : c'est la sévère dissemblance entre les milieux qui assure la différence selon le mécanisme dit du *polymorphisme de ressources*. Voilà bien l'immense différence entre allopatrie et sympatrie : la rupture génétique séparant les deux espèces ne provient pas d'un obstacle physique, elle est due à une sélection contre les intermédiaires. La spéciation écologique, c'est-à-dire le caractère écologique de la divergence, peut s'avérer une spéciation sympatrique. Les ressources intermédiaires n'existant pas ou de manière insuffisante, les individus qui manifestent des caractères intermédiaires sont contre-sélectionnés, leur reproduction échoue ou ils ne peuvent survivre. Il n'y a définitivement pas de place entre deux termes contrastés, affirment les putois noirs. C'est aussi la leçon des petits poissons mangeurs d'écailles.

Néanmoins, les hybrides ne sont pas si étonnants. Issus de deux parents d'espèces différentes, ils forment des lignées intermédiaires qui peuvent imposer leur aptitude singulière dans d'autres espaces de la niche écologique. Les hybrides sont contre-sélectionnés seulement quand le contraste de l'environnement prescrit la différenciation des niches. Que le polymorphisme de niches vienne à se restreindre et les intermédiaires peuvent survivre, voire prospérer. Pendant longtemps, l'hybridation a été considérée comme un phénomène peu important, réservé à quelques monstruosités curieuses, mais sans grand avenir évolutif. Elle ne peut pas convenir, par ailleurs, à l'orthodoxie du néodarwinisme, car elle contredit la spéciation allopatrique.

Les hybrides, il est vrai, ne présentent souvent qu'une aptitude reproductive bien maigre, quand les individus ne sont pas malingres ou impuissants. La *règle de John Haldane* illustre la stérilité unisexuelle des hybrides. En fait, dans une lignée hybride, les individus d'un sexe sont amoindris et moins viables que ceux de l'autre sexe. Le sexe le plus sévèrement atteint par cette déchéance est celui qui dispose des hétérochromosomes XY ou ZW. Ce dérèglement résulte des interactions du patrimoine de deux parents trop différents provoquant un conflit au sein du génome. Aussi, de nombreux biologistes n'envisageaient le devenir des hybrides qu'en termes d'impasse évolutive. Pourtant, les travaux scientifiques qui révèlent l'importance des événements d'hybridation se sont considérablement développés. D'abord pour les végétaux, ensuite pour les insectes, les grenouilles et bien d'autres encore. Ainsi les fauvettes du genre *Hippolais* se séduisent par leur chant dans une vaste zone d'hybridation. Ainsi les pinsons de Darwin du genre *Geospiza* possèdent jusqu'à 5 % d'hybrides et forment un complexe de trois espèces distinctes où hybrides et parents spécifiques se répartissent les ressources. Car ce qui a fait diverger les pinsons de Darwin, c'est l'exploitation de ressources différentes, accusant la nécessité d'une adaptation singulière. Les pinsons de Darwin ont acquis trop de différences adaptatives pour se comprendre. Les hybrides naturels ne se restreignent plus à une fantaisie excentrique. La stratégie hybride s'installe au milieu des espèces, détournant les gènes au profit de l'être vivant.

Ce qui compte, en effet, c'est la spécialisation du phénotype au milieu et certains hybrides savent tricher avec les limites du génome. Ainsi, les grandes grenouilles rieuses *Rana ridibunda*, dites *hybridogénétiques*, abusent les petites grenouilles vertes *Rana lessonae* par leur appel nuptial pour en utiliser le génome en s'hybridant ; l'hybride se débarrasse ensuite des gènes de la petite grenouille, ne fabriquant que des spermatozoïdes et ovules comportant son patrimoine de grande grenouille rieuse. Ce qui s'apparente ici à un vol des gènes ou *klepton*, selon le mot d'Alain Dubois, permet à la grenouille de vivre dans des habitats auxquels son génome est peu adapté. À l'origine, l'un des parents, la grenouille rieuse, a besoin d'une vie amphibie dans l'eau des rivières. Comme les marais et les mares ne sont guère accueillants pour elle qui exige un courant oxygéné, le vol de gènes procure une étrange solution au problème de l'habitat ! Les hybrides vivent au milieu de nous et l'étude des zones hybrides reste très riche d'enseignements sur l'émergence et le maintien de la diversité biologique. Même des espèces extraordinairement rares et protégées comme le vison d'Europe s'hybrident naturellement. Lorsque la pénurie des partenaires oblige à cette extrémité, le vison convole avec le putois. Si les putois et les visons se comprennent encore, c'est parce qu'ils gardent la même origine ; s'ils s'ignorent le plus souvent, c'est parce que leurs adaptations aux contraintes du milieu divergent. Ils sont donc suffisamment proches génétiquement pour s'hybrider, mais ils diffèrent par leur adaptation spécifique à l'hétérogénéité du milieu. L'hybridation du vison est d'ailleurs facilitée avec le petit putois noir qui exploite les mêmes rivières. Ici encore, il est possible de présumer que la *spécialisation* a très probablement précédé la *spéciation*. Les espèces vivantes peuvent se reconnaître entre elles et consentent à l'amour ; l'environnement écologique seul inflige sa terrible sanction. Ce qui endigue l'espèce est à la fois sa disposition amoureuse et la tolérance du milieu. En fait, notre putois noir étaye l'idée de la préséance de la *spécialisation phénotypique*, introduisant une hypothèse nouvelle.

Que la spécialisation du phénotype soit l'événement majeur qui conduise à la spéciation reste encore une théorie évolutive bien dissidente, mais, de pinsons en visons, il est probable que cette conjecture audacieuse, et encore présentée comme rebelle, trouve de plus en plus d'exemples. Les espèces s'installent dans leur niche avant d'être des espèces. En dépit de l'importance des mécanismes de reconnaissance entre les individus, l'isolement sexuel n'est pas un phénomène parfait. Sur les mêmes côtes, les littorines *Littorina saxatilis* diversifient leur morphologie en se spécialisant en fonction des micro-habitats. D'ailleurs, le caractère bien subjectif des divisions spécifiques se trouve souvent délogé par l'analyse multidimensionnelle des variations individuelles. Les espèces varient d'une population à l'autre.

La difficulté de circonscrire l'espèce tient à l'un des attributs essentiels du vivant : la *variation*. Les espèces ne semblent plus former des réalités individualisables, mais bien plutôt des escales génétiques temporaires, plus ou moins identifiées dans un continuum d'espèces, depuis les éponges jusqu'aux mammifères et à l'être humain. La nouvelle conception de l'évolution s'approche de plus en plus d'une audacieuse biologie *a-spécifique*, où les espèces ne constitueraient que des moments de stase génétique, une biologie *a-spécifique* parce que l'espèce n'est plus le fondement irréductible mais l'issue provisoire des relations conflictuelles entre les êtres, et entre les êtres et leur milieu. Dans cette biologie évolutive nouvelle, l'espèce atteint son statut fragile et éphémère maintenant un équilibre délicat où chacun dépend des autres. Dans cette évolution ou révolution permanente, chacun recommence l'adaptation. Non pas que l'existence de l'espèce se dissolve dans une seule « concession à nos habitudes linguistiques » selon le mot de Haldane, bien que Lamarck et Darwin envisageaient également l'espèce comme une confusion biologique : l'espèce ne se fixe et ne s'isole que dans un court moment de stabilité génétique, renforçant ses manifestations séduisantes. Elle ne se ferme sur elle-même que parce qu'elle est pétrie de sentiments et que le contraste des contraintes de l'environnement impose la différence.

L'isolement amoureux se dessine au milieu du conflit des espèces entre elles et au sein de l'espèce elle-même. La séparation des amours gage la diversité biologique, et l'espèce résulte de sa spécialisation. Loin d'une conception monolithique du vivant, nous découvrons que différentes solutions ont été éprouvées par l'évolution face à des défis contradictoires, confirmant la variété, le pluralisme des mécanismes d'évolution. « Les gens n'ont de charme que par leur folie », disait Gilles Deleuze.

Chapitre 9
Jeux interdits

1. À quoi s'intéressent les femelles ?
2. Les immatures : des pervers polymorphes
3. Compétition locale et transsexualité

Ainsi, l'adaptation aux contraintes de l'environnement constitue une force clé pour l'émergence d'une nouvelle espèce. Il faut le dire aux bébés, car la progéniture n'est nullement excitée par l'enjeu évolutif de sa propre sélection. Pourtant, et bien que les parents restent très attentifs à satisfaire leur descendance, le conflit guette entre les exigences des petits et les besoins des parents, et ce désaccord provient de la prédisposition des petits à détourner les ressources au détriment de leurs parents.

Ayant charge de famille, les parents investissent dans le soin parental. Il en va du succès de la reproduction. Chez certaines espèces, l'investissement consenti se limite au choix d'un site qui accueille le développement des jeunes : le bousier édifie la boulette qui hébergera sa descendance. Mais il est des soins que les parents doivent partager au sein de la progéniture et la distribution s'avère bien déséquilibrée. La becquée est ainsi une œuvre très inégale. Chez la plupart des faucons, comme chez beaucoup d'oiseaux, le premier-né accapare la meilleure pitance alors que ses petits frères et sœurs se contentent des restes. Tout s'arrange pour les suivants si la nourriture est abondante, mais seuls les premiers peuvent survivre quand l'approvisionnement reste faible. Ce ravitaillement disparate entraîne un meilleur succès reproducteur, puisque le développement des jeunes sera proportionnel aux ressources disponibles. Les deux parents n'effectuent pas la tâche d'une manière très partagée. La femelle prodigue souvent les premiers soins, mais, dans tous les cas, la dépense parentale peut s'avérer rude. Le parent doit choisir entre se nourrir ou accorder la subsistance à ses rejetons. En cherchant la nourriture pour sa progéniture, le parent use davantage son énergie et s'expose plus longtemps aux prédateurs. En pratique, il se doit de n'accorder que le soin nécessaire. En outre, l'investissement d'un parent dépend en partie de l'investissement de l'autre. Il est de nombreuses espèces où le parent ne peut d'ailleurs pas compenser la déficience de l'autre. La *théorie de l'allocation partagée des ressources* suppose que les femelles attribuent un meilleur soin parental si le mâle est plus séduisant. Certes, l'attrait du mâle augmente l'investissement de la femelle chez le canard colvert, mais il est difficile de vérifier si les mâles les plus attirants ne sont pas aussi ceux qui attribuent eux-mêmes le plus de soins. En fait, nombre d'études ont échoué à établir un lien entre le soin paternel et la qualité intrinsèque du mâle.

L'investissement parental reste à la fois contrasté et inégal. La femelle s'intéresse au jeune en début de développement, mais, au fur et à mesure que celui-ci gagne son autonomie, le coût du soin augmente pour la femelle. Au contraire, le jeune bénéficie du détournement de soins et la prolongation de l'attention maternelle peut favoriser à terme sa propre reproduction. Le conflit entre jeunes et mères est souvent visible lors du sevrage, et incite à voir un rôle prépondérant de la femelle dans l'éclatement du noyau familial. La plupart des rapaces diminuent en effet l'apport alimentaire lorsque le jeune est prêt à l'envol. L'hypothèse de l'implication maternelle dans l'éclatement familial devrait trouver tout son sens chez les espèces les plus solitaires, la femelle incitant rapidement les jeunes à la dispersion. Cependant, chez le furet *Mustela furo*, cela n'est guère manifeste. La complication vient du fait que l'investissement dans un descendant mâle n'est pas égal à celui d'un descendant femelle.

Selon la théorie de Fisher, l'effort reproducteur devrait cependant être également partagé entre fils et filles. Le raisonnement suppose en effet que, chez les espèces sexuées dont les chromosomes parentaux déterminent le sexe de la progéniture, chaque parent délivre la moitié de son génome à la future génération. La stratégie parentale devrait alors évoluer vers un investissement égal envers les deux sexes. De fait, les poissons-chats sont des modèles de parents attentifs, les deux parents escortent tous les alevins et les soustraient à la voracité des anguilles, tortues ou hérons. Pourtant, la symétrie peut ne pas être parfaite puisque la conception des mâles et des femelles engendre un coût différent. Si le descendant femelle exige plus de soins pour accumuler l'énergie nécessaire à la production des œufs ou de ses propres petits, on pourrait s'attendre à ce que les parents consentent une priorité de leur effort dans l'élevage des jeunes femelles. Les jeunes femelles, en effet, portent l'avenir de l'espèce dans leur vitalité. Alors, pourquoi, le plus souvent, l'inverse se produit-il ? N'y cherchons pas malice. Nombre d'études montrent que les parents de la plupart des espèces animales investissent généralement davantage dans le développement des jeunes mâles. Cette différence d'intérêt provoque même un déséquilibre du sex-ratio dans les populations humaines, comme en Inde par exemple où le nombre d'hommes excède déjà le nombre de femmes. Les mâles seraient-ils si malingres que cet accroissement des égards leur est indispensable ?

Le doute n'est pas permis. Quelque chose avantage ici les jeunes mâles. Il est vrai que leur comportement intrépide risque d'aggraver leur mortalité dès les premières affirmations de leur indépendance. Si cette stratégie d'augmentation du soin parental existe aussi bien chez la mère que chez le père, c'est bien que ce privilège présente des atouts. Dans cette inégalité de l'allocation parentale se lit encore la divergence d'intérêt qui sépare les deux sexes. Produire un œuf mâle ou femelle n'est guère dissemblable. Toutefois, à l'exception des espèces qui abandonnent leur progéniture, le coût de production de l'un ou l'autre sexe peut considérablement diverger. De plus, l'aptitude à la reproduction n'est pas symétrique entre les mâles et les femelles. En produisant un mâle, les deux parents accroissent les probabilités de transmettre leurs propres gènes puisque le succès reproducteur du mâle dépasse le succès des femelles. Il y a bien des exceptions, me direz-vous. En effet : plus la variance du succès reproducteur est large, plus augmente le risque de produire un mâle qui échouera ; dès lors, chez les espèces où peu de mâles réussissent à se reproduire, les parents attachent moins d'importance à leur soin initial ; au contraire, plus le succès de la progéniture mâle s'avère possible, plus l'intérêt des parents grandit pour l'élevage des jeunes mâles, entraînant un sévère biais d'allocation. Seulement, le mystère du mécanisme persiste et les résultats varient. Chez les oiseaux, la révélation de ce conflit d'intérêt reste assez significative : une conséquence inattendue de l'attractivité des pères les plus séduisants est l'augmentation de la proportion de fils dans la progéniture ! En fait, les femelles des espèces polygames, comme le cerf, trouvent encore le moyen d'assurer un biais dans leur investissement parental. Supposons que la femelle ait sélectionné un père meilleur que la moyenne, un mâle affichant des caractères dominants. Elle peut alors trouver un très fort intérêt à produire et élever un fils si elle dispose des ressources vitales, puisque ce fils, en vrai digne descendant de son père, peut ensuite développer une grande réussite sexuelle. L'argument présente alors des implications simples : une femelle en bonne condition physique alliée à un grand mâle dominant peut augmenter ses soins envers ses fils ; au contraire, elle devrait accentuer son investissement vers ses filles si elle ne dispose ni d'une santé irréprochable ni d'un époux séducteur, la disponibilité des ressources alimentaires invitant alors la mère à exercer ce choix de soin parental comme cela a pu être montré chez le rat des forêts.

Les jeunes vont donc penser très vite au sexe. Il s'agit de démontrer que l'investissement parental sera rentabilisé. Les jeunes s'investissent dans le sexe comme des « pervers polymorphes » soucieux de comprendre les jeux des adultes. Ils restent souvent d'attentifs observateurs de l'activité sexuelle des adultes. Très précocement, les jeunes primates manifestent des comportements de « monte » aussi bien sur des partenaires de l'autre sexe que du même sexe. De même, les juvéniles des ongulés s'intéressent au sexe et à la reproduction dès qu'ils le peuvent et les dindons sauvages *Meleagris gallopavo* juvéniles essayent leur parade et multiplient les ébauches d'accouplements. Ces tentatives sexuelles, souvent bien inoffensives, sont le plus généralement accueillies avec bienveillance par les adultes, car ces prouesses affirment les futurs reproducteurs. Pour la plupart des espèces, la précocité des comportements sexuels constitue une promesse de postérité. L'être humain a parfois développé une certaine indulgence pour l'éveil à la sexualité. La masturbation se pratiquait au Moyen Âge par les nourrices afin de vérifier les aptitudes reproductrices des enfants et le peuple des *Muria* d'Inde du Sud encourage les enfants à s'initier entre eux à la sexualité. Toutefois, dans la plupart des espèces animales, la sexualité est rarement instruite par les adultes. Les jeux sexuels se déroulent entre juvéniles. Les jeunes se débrouillent entre eux pour apprendre comment rivaliser et comment s'imposer. L'état juvénile interdit physiologiquement la reproduction, mais ne comporte pas une suspension de la sexualité.

Le sexe n'est pas simple. Longtemps, les anguilles gardent la double possibilité de se tourner vers l'un ou l'autre sexe : la maturité physiologique n'est atteinte que quelque temps avant la grande migration vers l'océan. Et si de nombreux poissons atteignent très tôt leur maturité, les tritons, eux, ne veulent pas grandir. Les petits tritons refusent de devenir adultes : c'est le syndrome de Peter Pan, ou néoténie ; certains vont alors conserver les caractéristiques de la forme larvaire, branchies et vie aquatique. Le maintien de la forme juvénile a été décrit un peu partout et nous avons même trouvé le triton qui ne veut pas grandir en Anjou ! Pourtant, le statut reproducteur reste une acquisition difficile et dépend de la position hiérarchique dans le groupe. L'autorisation sociale à l'activité sexuelle est très souvent liée à l'âge et à l'expérience des animaux. Chez les babouins, les esquisses de comportement sexuel ne sont tolérées que chez les très jeunes mâles. Les jeux sexuels peuvent aussi se dissimuler loin de la vue du groupe. Le désir juvénile investit des cachettes rustiques pour ébaucher les prémices du sexe. À la recherche de partenaires consentant à leur apprentissage sexuel, les juvéniles peuvent requérir de plus jeunes individus, voire des jeunes d'autres espèces. Ainsi, le jeune éléphant peut-il imposer ses jeux à son camarade rhinocéros... Souvent, la manifestation sexuelle prend un aspect ludique pour éprouver sa consistance. Les organes se touchent et se caressent dans d'amusantes expérimentations, et le sexe se sépare de la reproduction.

La maturité sexuelle peut, à l'inverse, s'avérer très précoce. La lapine entre en œstrus dès le deuxième mois. De même, les petits campagnols de nos champs peuvent pulluler en se reproduisant une fois toutes les huit à dix semaines ! Mais il y a plus extraordinaire. Quelques espèces de mites haplodiploïdes présentent des femelles qui peuvent être fécondées à l'intérieur du corps de la mère ou aussitôt après la naissance. Ces jeunes femelles agissent comme de réels parasites. Fertilisées par les mâles dont la plupart meurent avant de naître, ces femelles émergent déjà disposées à pondre. Les fils naissent donc en quantité infime, juste assez pour renouveler l'opération, environ un pour douze femelles. Un phénomène assez proche existe chez les guêpes du figuier. Le couvain est déposé dans le fruit. Les mâles y fécondent les femelles avant d'émerger comme adultes. Il existe alors une forte compétition entre les jeunes mâles si la ponte initiale ne provient que d'une même mère tandis que si deux ou trois guêpes ont pondu, la progéniture comprendra plus de mâles. Cette opération dite de *compétition locale pour l'accouplement* (*local mate competition*) montre que la contribution des fils à la génération future n'est pas dépendante de leur nombre. La concurrence entre eux s'accentue au contraire et les parents peuvent alors avoir intérêt au développement de plus de filles. Ainsi, il semble que chacun ait avantage à accroître le nombre de pontes dans la figue. Il est un autre corollaire insolite de cette compétition locale. Quand une seconde femelle vient à pondre dans un fruit où séjourne un premier couvain, chacun de ses œufs d'où émerge un mâle entre de nouveau en concurrence acharnée avec les mâles de la première ponte. Si la femelle ne dépose qu'un seul œuf, elle prend le risque que celui-ci éclose d'un mâle vite étouffé par ses rivaux. Alors, la seconde guêpe peut potentiellement augmenter sa chance en entreposant plus d'œufs, dépassant la quantité que la première femelle a déposée, entraînant une course à l'abondance. La technique aboutit à influencer le sexe de la progéniture.

Le contrôle du sexe des descendants est extrêmement courant chez les guêpes, fourmis et autres hyménoptères, et probablement encore davantage chez les insectes les plus sociaux. Aussi de nombreux chercheurs ont-ils attribué à ce conflit sexuel, et notamment entre reines, ouvrières et mâles, une fonction évolutive. La compétition locale favorise un plus fort investissement parental envers les jeunes femelles, mais il a aussi été confirmé que le degré de parenté peut influencer une production spécialisée de mâles ou de reines selon la colonie. Un tel contrôle du sexe existe aussi chez les vertébrés. Chez la fauvette des Seychelles *Acrocephalus*, les jeunes femelles aident la mère à nourrir ses autres nichées. La fauvette est alors capable de pondre plus d'œufs qui donneront des descendants femelles dès que le territoire est suffisamment riche en ressources alimentaires. Au contraire, les mâles pourront coloniser d'autres zones si la compétition s'avère plus rude. Les femelles des mésanges s'avèrent également capables de modifier le sex-ratio selon les conditions de l'environnement. Une telle discrimination entre les spermatozoïdes X et les Y mâles a également été démontrée chez les araignées sociales. Quoi qu'il en soit, le conflit des générations s'exprime toujours fortement.

Les escargots cachent un secret. Si le devenir d'une femelle ou d'un mâle, c'est selon, offre quelques bénéfices, les enfants d'Hermès et d'Aphrodite se sont simplifié la vie. En associant les deux caractères, les hermaphrodites vivent une activité bisexuelle débridée. Habituellement, les escargots hermaphrodites ne se fécondent pas eux-mêmes mais s'accouplent avec des partenaires singuliers. L'hermaphrodite successif garde ainsi l'avantage de l'échange du sperme et ensuite seulement, il fertilise ses propres ovules. Il arrive que les lombrics trichent lors de la phase mâle en ne fournissant pas de sperme à l'autre partenaire tout en s'accaparant sa semence. De nombreux coquillages ou des poissons des massifs coralliens comme *Holocanthus* occupent un sexe et ensuite l'autre. Le bénéfice de cette bisexualité reste cependant discutable. Bien que quelques espèces persistent à rester l'un et l'autre en même temps ou encore peuvent modifier le bouleversement dans n'importe quel sens, ordinairement, le sexe change en vieillissant. Les petits poissons clowns sont mâles à l'éclosion et prennent ensuite le temps de se transformer en femelles. Devenir femelle en se développant, après avoir été mâle, permet d'acquérir plus d'énergie. L'obtention d'une plus grande taille s'avère très favorable à la production des ovules. Pourtant, l'évolution a multiplié les exemples contraires, et la permutation de sexe se produit plutôt à partir de petites femelles se changeant en grand mâle. Cette identité sexuelle flexible permet ainsi au poisson *Xanthias* de naître femelle, mais la plus ancienne du groupe se change en mâle en quelques jours. Sans doute est-ce avantageux que les mâles soient ainsi moins nombreux puisqu'un seul peut féconder plusieurs femelles. Les poissons les plus âgés et les plus grands règnent alors sur le harem. Le processus paraît finalement assez gourmand d'énergie et relativement chronophage. Bénéfices quand commencent les femelles ou profits évolutifs quand débutent les mâles ?

La loi évolutive qui préside à ce processus reste, par conséquent, assez énigmatique et l'explication des avantages tend à dévoiler un raisonnement circulaire. Les crapauds mâles *Bufo calamita* peuvent aussi être amenés à la transsexualité et possèdent un organe capable, s'il est stimulé, d'engendrer des ovules. Alors pourquoi n'être pas simultanément mâle et femelle ? Il reste difficile de comprendre si l'hermaphrodisme accuse encore un épisode évolutif archaïque ou s'il offre quelques bénéfices. Les escargots gardent leur secret. Les hermaphrodites, en tout cas, révèlent bien la dimension duelle de la sexualité dans le même individu. La séparation des sexes est un acquis original de l'évolution.

Ensuite vient l'abominable xénope. Ce petit crapaud aquatique base sa vitalité sur le conflit des générations. Les mâles et les femelles adultes prospèrent dans les petits cours d'eau des régions subarides. Le xénope *Xenopus laevis* s'adapte au désert et montre une incroyable stratégie de survie. Le petit crapaud supporte des pénuries alimentaires invraisemblables. Il dispose pour cela d'une arme secrète : sa sexualité. Notre xénope aime tout particulièrement festoyer de viande, son régime carnivore se compose d'insectes, de petits crustacés et autres proies. Lorsque viennent les saisons sèches et que les proies animales peu à peu disparaissent, le crapaud mâle esquive la disette en se mettant frénétiquement à courtiser les femelles. Mâles et femelles entament une reproduction qui peut s'avérer sans avenir pour la progéniture. Les crapauds femelles pondent des cordons d'œufs d'où émergeront leurs têtards. La descendance des crapauds xénopes fait bombance de végétaux aquatiques. Les petits se développent en exploitant la nourriture végétale. Si les conditions mauvaises ont perduré, les adultes ne pourront survivre. À ceci près que les xénopes adultes disposent maintenant de petites proies appétissantes qui nagent et grossissent autour d'eux. Les xénopes vont consommer leur propre progéniture. Ce ne sont pas les petits qui sauront détourner les soins parentaux à leur profit, ce sont les parents qui sacrifient la reproduction pour assurer leur nourriture, si les ressources restent rares. Le cannibalisme des xénopes constitue une affaire de survie, mais, bien qu'ils aient évité la concurrence entre têtards végétariens et adultes carnivores, les xénopes s'obstinent à accroître l'inévitable conflit des générations.

Chapitre 10
Les débuts de l'amour courtois

1. Les sérénades amoureuses

2. La poésie du désir, ou à quoi sert la diversité ?

3. Le cerveau, un outil de séduction ?

La saison des amours est une période bruyante. Le grillon appuie son aubade sur l'archet, la grenouille dégorge sa longue sérénade et l'oiseau gazouille sa rengaine nuptiale. À écouter le printemps qui s'éveille, il est difficile de ratifier l'idée sommaire que les amours animales restent grossières. Les animaux ne connaissent pas la sexualité vulgaire. L'édification du désir ne se contente pas d'appétits indicibles et obscènes. Le récital est élaboré, nuancé de demi-tons, construit d'harmonies recherchées. Pour quoi faire ? Comment de telles symphonies sont-elles devenues si complexes ?

L'invitation amoureuse devrait manifester sans équivoque la réceptivité des individus ; l'ambiguïté pourrait, au contraire, rendre confus le message de séduction. Le sexe n'est donc pas trivial du point de vue évolutif. À l'origine, le crissement du criquet perturbe le silence. Cette configuration qui fait trancher un élément sur un fond indifférencié constitue la base de la *pertinence du signal*. L'appel a besoin du contraste pour se découvrir, il attire l'attention en se distinguant du bruit de fond ambiant. Les premiers criquets naissent bien après la disparition de la génération précédente. Donc rien ne leur permet d'apprendre les rudiments de la stridulation. Le chant élabore un double commencement, une nouvelle génération arrive, une nouvelle reproduction s'amorce. Les criquets n'apprennent pas, mais démontrent un point capital de l'élaboration du signal : celui-ci est arbitraire. Quelle que soit la construction sonore, olfactive ou visuelle, l'appel amoureux n'est qu'un caprice parmi d'autres possibles, une fantaisie initiée au milieu du brouhaha et qui, d'aventure, fut sélectionnée. Le chant a eu l'heur de plaire. D'autres peuvent l'acquérir auprès de congénères enseignants, mais l'arbitraire de l'appel s'imposera. Rien n'exige cette gesticulation canaille, ni ce parfum coquin, ni cette sonorité fantasque, rien si ce n'est que l'exhortation constitue la plus efficace des invitations à l'amour.

Le paradisier secoue sa parure avec séduction. La sollicitation sexuelle s'avère assez précise, spécifique de l'espèce. Les individus se reconnaissent à distance sans se connaître encore. Sur la mare où s'exprime le chœur désaccordé des crapauds et grenouilles, chacun tente d'orienter sa course vers le séducteur de sa propre espèce. Le signal agit brusquement comme une identification irrésistible. L'appel amoureux en exposant son objectif galant doit manifester les qualités du prétendant. Il faut savoir s'apprêter, saisir l'art de présenter son bon côté en quelque sorte. L'art de conter fleurette s'apparente de la stratégie de l'apprivoisement. Pour courtiser, le prétendant expose sa valeur sous le meilleur jour. Comme chez beaucoup d'espèces, le mâle tire sa séduction de sa condition générale. Sur l'arène de présentation, le grand tétra affiche à la fois sa puissance et son élégance pour obtenir les faveurs des courtisanes. La livrée du faisan, les enivrants arômes du léopard, les mugissements rauques de l'ours, possèdent une fonction similaire :

affirmer la qualité intrinsèque du séducteur. Chaque caractère présente un indice particulier pour entraîner la femelle à l'amour. Une apparence trop terne, des bois mal reconstruits, une voix hésitante, autant de signes susceptibles d'alerter sur les carences alimentaires, sur la difficulté de survivre. De même, chez le crapaud américain comme chez beaucoup d'autres espèces, la durée des émissions sonores invite à considérer la ténacité et donc la qualité du mâle qui chante. La persévérance du cérémonial de cour exprime ainsi la valeur du prétendant.

Pour attiser le désir, l'appel doit être limpide. On ne doit pas confondre un signal d'alarme et une invitation érotique. Les étapes du badinage suivent un ordonnancement rigoureux selon un code complexe qui ritualise l'aventure amoureuse. La sollicitation amoureuse se distingue considérablement de tout autre appel, à l'exception, nous l'avons dit, des signaux de rivalité. C'est dire que le sexe se construit parallèlement au conflit. Le cri amoureux prend alors la signification du danger. Le mâle chez les guppies *Poecilia reticulata* affirme ses couleurs et doit s'avérer prêt à accepter le combat des rivaux, car la femelle préfère les plus courageux. En pavoisant, le mâle apaise la femelle de sa parade sexuelle aguichante et exige que les autres rivaux gardent leur distance. Le signal a cette double fonction contradictoire intrasexuelle et intersexuelle. Ambiguïté de l'intimidation et de la séduction qui toutes deux se jouent comme un combat virtuel. Il suffit d'écouter le feulement du tigre ou même de constater comment le petit troglodyte mignon s'évertue à tonitruer son trille. Le rituel stéréotypé des oiseaux, comme les grèbes huppés *Podiceps cristatus* par exemple, illustre bien cette tendance antinomique entre l'agression du concurrent et l'accueil sexuel de la femelle. Le signal amoureux des mâles exprime toujours un brin de menace. Entre attraction et répulsion, la proclamation amoureuse complique son propos, car, en dévoilant sa présence, l'animal prend l'énorme risque d'être décelé par le prédateur ou assailli par ses rivaux.

Le pinson *Frigilla coelebs* a quelque chose d'important à dire. L'absence de discrétion pourrait être défavorable du point de vue de la réussite évolutive. Le signal amoureux expose au péril. Le prédateur peut y trouver son compte. Pourtant, l'animal accepte le danger pour attirer sa belle. La sérénade accomplit ainsi une part de la sélection. Il faut retenir l'appel le plus efficace pour captiver la femelle sans intéresser le prédateur. L'audace est mesurée par la femelle qui exerçant son choix, définit le vainqueur de ces joutes presque pacifiques. Que l'appel puisse, en outre, écarter les rivaux constitue un même avantage ! Aussi le signal sexuel peut accumuler les deux fonctions sans perdre de son effet. Le couplet du rossignol philomène s'adresse également aux mâles et aux femelles. Encore fait-il la différence entre mâles limitrophes et mâles étrangers. Les notes affirment la prédominance du mâle, mais les voisins territoriaux s'en désintéressent. L'effet biologique du *très cher ennemi* (*dear ennemy effect*) concourt à limiter la compétition entre individus également puissants pour adresser l'intimidation d'abord aux intrus effrontés qui oseraient violer l'espace amoureux, pour énoncer une mise en garde aux étrangers impudents qui risqueraient d'enlever la belle. Chez les grenouilles agiles *Rana dalmatina*, les mâles redoublent ainsi d'effort dès qu'intervient un mâle immigrant alors que leur récital reste très poli envers les concurrents voisins, du moment qu'ils savent rester à leur place. L'habitude de les entendre partage sagement l'espace que le nouveau venu pourrait revendiquer. Tous les mâles alors s'époumonent pour expulser le rival impertinent. L'effet du *cher ennemi* se joue aussi chez le lézard à collier *Crotaphytus collaris*. En revanche, si le *statu quo* est brisé entre voisins, les fauvettes se vengent en allant elles-mêmes chanter chez l'adversaire, répliquant sèchement « œil pour œil ».

Que le signal soit énoncé dès l'émergence ou qu'il soit acquis plus tardivement, la mémoire des autres joue un rôle décisif dans la communication animale. Le sexe et la vie sociale sont liés, la tolérance de l'autre s'établit par la compréhension de son signal. La vie sociale des espèces peut édifier la coopération sur la même base que s'est installée la rivalité. L'habitude de la présence de l'autre construit la base préliminaire de l'association sociale. Sur le site des amours, une certaine courtoisie se définit donc au sein des choristes. La joute amoureuse se bâtit sur cet équilibre à la manière des jeux floraux de la cité des violettes et, loin de la « beste à deux dos » et autres activités grivoises de Grandgousier avec la princesse Gargamelle, la séduction instaure l'art subtil du troubadour. Du coup, l'efficacité du signal ne tient pas seulement de l'arbitraire. Le rossignol n'égrène pas une ritournelle indécise, le crapaud discoglosse ne s'égosille pas dans une complainte sans structure, la baleine à bosse ne souffle pas une litanie hésitante. Les vocalisations élaborent plutôt des mélodies complexes, nuancées d'harmonies. Chez de nombreuses espèces de batraciens, l'appel amoureux peut même associer les rivaux, un temps assagis, dans la synchronie d'un chœur musical. Le signal est audible à grande distance, mais la fréquence amoureuse peut articuler des notes aussi graves que les infrasons des éléphants ou aussi aiguës que les vibrations ultrasonores des chauves-souris. Les signaux d'attraction agissent sur les récepteurs sensoriels à distance. Cependant, qu'il soit sonore, habillé de lumière, de couleur, de parfums ou de gestes, le signal ne se réduit pas à un tintamarre obscur.

L'enjeu de l'appel amoureux exige une certaine sophistication. Même chez les animaux, la poésie pure s'extirpe du désir libidineux. La première étape de l'élaboration harmonieuse consiste dans l'alternance de l'émission et de l'interruption du signal. La répétition et son rythme réitèrent la valeur du signal en appuyant la présence du prétendant. De très nombreuses espèces se contentent de ces expressions cadencées, modifiant le délai des pauses. L'aubade est constituée des répétitions formant une ritournelle envoûtante à la manière du *Boléro* de Ravel. La différence des espèces tient alors dans la fréquence du signal, harmonies de ténor ou de basse. La simplicité de ces sons peut entraîner des imitations audacieuses chez les oiseaux. Les grenouilles vertes hybridogénétiques, voleuses de gènes, s'évertuent également à copier le répertoire de la petite espèce parentale, la grenouille de Lessona, pour tenter de s'accaparer les femelles abusées et poursuivre leur œuvre hybride. Toutefois, les oiseaux et de nombreux mammifères ont élaboré des mélodies plus complexes. Ainsi, les femelles de la fauvette phragmite des joncs *Acrocephalus schoenobaenus* se montrent beaucoup plus attirées par les mâles dont le répertoire est le plus diversifié. En fait, chez de nombreux oiseaux, la variété de l'appel en augmente l'intérêt. La parade aussi peut se compliquer. Ici, la modification d'un ou plusieurs des signaux varie la rengaine pour fabriquer la succession des couplets et refrains, jusqu'à former un ballet très complexe. Une mélodieuse chanson se façonne plus ou moins lyrique. Les biologistes reconnaissent cinq modes d'expressions, visuels, tactiles, sonores, olfactifs et électriques. La poésie peut aussi se construire de mimiques, de coloris divers utilisant toutes les ressources sensorielles pour captiver l'attention amoureuse. La cour fantasque des manakins *Chiroxiphia* forme une incroyable chorégraphie effectuée à une vitesse extraordinaire et comprenant des acrobaties tête en bas et des marches à reculons, mimant un invraisemblable *moonwalk*. Certes, tous les sens sont mis à contribution pour la sexualité, mais, pourquoi faire du beau quand l'efficace est seul utile ?

Dans l'approche évolutive néodarwinienne, la complexité des strophes est regardée comme l'addition d'une sélection orientée, chaque strophe s'ajoutant à l'autre à travers l'exercice du choix du meilleur mâle. Le principe de préférence impose la puissance de son effet. Néanmoins, l'esthétisme des signaux amoureux a longtemps intrigué les biologistes. La sélection réitérée des manifestations séductrices pourrait conduire à rendre toujours plus complexe la chanson. Comment ? Entre rivalité et séduction, les mâles s'égosilleraient dans leurs vaines exaltations, additionnant les strophes, variant les cadences. Face à ces exercices, les femelles élaboreraient un choix subtil en préférant les plus complexes. Au final, l'évolution se réduirait par conséquent à un caprice féminin. Et quel caprice ! Les femelles adopteraient l'originalité, la fantaisie même.

À quoi peut mener une telle sélection ? Pourquoi préférer la complexité de la missive amoureuse ? La *théorie du bon choix* des femelles semble seulement repousser la question. Compétence pour le ridicule et l'alambiqué ! L'efficacité du signal devrait plutôt en figer la rigidité, l'étroitesse. Au contraire d'un divertissement, un appel énergique et clair serait beaucoup plus compétent pour attiser la réceptivité des femelles. Nous retrouvons encore le problème de la variance. Plus la sélection agit sur la variance du signal, plus celui-ci devrait voir se réduire sa diversité pour en figer efficacement la valeur. Chez de nombreuses espèces où sévit une sévère sélection sexuelle, un des éléments simples de l'appel possède plus d'efficience que les autres. On a pu montrer que tel trille final, tel claquement ou telle note émouvaient davantage que la chanson entière. De plus, l'expérience du locuteur s'affiche plutôt dans sa capacité à énoncer la note juste. Une bataille de Sainte-Colombe en quelque sorte, cherchant la note juste contre la génération créative. La complexité du signal peut-elle porter une signification évolutive sur la qualité du choriste ? Il faut pour cela que le signal complexe soit plus honnête que le signal simple. L'aptitude à psalmodier des rengaines devrait s'effacer devant la hardiesse de la création. Une hypothèse qui laisse d'autant plus perplexe que chaque nouveauté vient altérer la signification de l'appel amoureux ou en tout cas en compliquer sérieusement la compréhension. Pourtant, oui, l'innovation constitue un terrible outil de séduction. Alors, comment cela se peut-il ?

Le cerveau est un organe sexuel par excellence. Ici se traitent les décisions. Jusqu'à présent, l'appel amoureux est considéré comme un envoûtement que s'échangent des partenaires. La communication amoureuse est perçue à la manière fonctionnelle d'un télégraphe, ou du moins comme un petit concert au milieu d'une *cocktail party*. Selon cette hypothèse rudimentaire, la communication composerait un message entre un émetteur actif et un récepteur plus ou moins passif. Comme une excitation électrique poursuivrait son chemin le long d'un fil, comme une bulle emplie de significations serait envoyée dans les airs, le signal se transmet au milieu d'un bruit de fond qui le détériore. D'autres chercheurs sur la communication en doutent cependant. Don Juan croit imprimer volontairement du sens à un message, mais il n'est point de missive univoque. L'appel amoureux s'avère bien ambigu, car chacun habite son monde perceptif singulier. En même temps que le petit morceau de son appel censé attirer l'attention, un ensemble de gestes, odeurs, postures révèle les particularités de l'animal. Décidément non, la communication amoureuse n'a rien d'un message télégraphique et la dépêche n'est pas altérée par son seul contexte.

Même sans rien dire – « on ne peut pas ne pas communiquer », comme le dit Paul Watzlawick –, le comportement n'a pas de contraire : si je me tais, je claironne à l'autre ma volonté de silence. Par sa seule présence, le costume signale son état, son appartenance au groupe ou sa solitude. Les hommes le savent bien, eux dont l'accoutrement rappelle l'appartenance à la même bande, affiche le sexe et le statut social, expose le métier ou l'activité. Chacun demeure dans son univers sensoriel particulier. Considérez l'uniforme involontaire des lycéens pour soutenir leurs références ! Communiquer n'a pas de contraire. Communiquer, c'est appartenir à un monde, s'insérer inévitablement au milieu des autres. Dès que bouge la moindre parcelle de mon visage, quelque chose est signifié au monde. Le fait de parler ou de se taire interpelle l'autre dans l'interaction. Il suffit qu'un individu détecte la présence d'un autre pour déjà attraper toute une communication silencieuse. Le ton de la voix, les odeurs du pelage, la chaleur du corps même, tout cela signifie et signifie encore quelque chose. Nul besoin d'intention de signaler pour que le signal existe, l'interaction est suffisante. En rougissant se révèle déjà mon embarras. William Tavolga a déterminé l'existence de six intensités des interactions entre individus : niveau végétatif, niveau tonique, niveau phasique, niveau signalétique, niveau symbolique et enfin linguistique, suivant en quelque sorte la phylogénie des espèces. Au contraire d'une théorie fonctionnaliste de la communication, l'invitation amoureuse se manifeste dans un ensemble très flexible et chez un individu singulier. L'appel consiste à revendiquer sa différence, à se singulariser des autres en soutenant les stigmates de sa propre histoire de vie. Bien des traits évoquent le passé de l'individu et sous-tendent son avenir. Apparaissent toutes ses batailles, toutes ses réticences, tous ses rayonnements. L'appel n'est pas le seul à communiquer, le désir est mêlé dans tout ce que le corps dit sans le vouloir.

Souvent, des signaux redondants affichent le message avec plus de force comme pour en assurer l'honnêteté. Si plusieurs appels distincts répètent fidèlement le même message, celui-ci obtient apparemment une signification sincère. La répétition apporte une clarification honnête au signal. Au contraire, un appel doublé par un message contradictoire invite à le considérer comme un semblant. Au cours du jeu, les animaux corrigent leur message par une communication sur la communication. Tout ressemble à une poursuite sauvage, à une féroce bataille, et pourtant, en mordillant, la loutre *Lutra lutra* prévient que ce qu'elle manifeste n'est pas vrai. La loutre *fait semblant* de se battre, ce n'est qu'un jeu ; le compagnon feint la crainte, il n'a pas peur. Le message contradictoire révèle : « Je ne suis pas en train de te mordre. » Toutes dents dehors, la poursuite continue sans qu'aucun des deux protagonistes ne s'alarme de la détermination de l'autre, car ce qu'il affirme est autre chose que ce qu'il paraît exprimer et chaque loutre le sait. Les systèmes naturels conservent chaque adaptation et répètent avec une vigueur différente les nuances du signal. La redondance n'est d'ailleurs qu'apparente, car chaque expression peut servir de bravade, peut cacher une qualité. La missive sexuelle reste donc nécessairement complexe parce qu'elle affirme : « En dépit de ce que tu vois de moi, je dispose de nombreux atouts. »

La complexité du signal incorpore l'ensemble du message dans un joli paquet-cadeau, très pragmatique, enjolivant le réel immédiat. La parade amoureuse s'inscrit dans une interaction, dans un *jeu évolutif*. Le message alambiqué constitue une *publicité* qui montre les aptitudes du mâle à s'ajuster à ce qu'attend sa partenaire. Comme chez la phragmite des joncs, la complexité du signal peut alors entraîner une augmentation de la réussite sexuelle. En fait, en dépit de la qualité du système sensoriel, la dégradation du signal dépend aussi de son environnement. Le choix du site d'où émettre l'expression reste donc aussi capital. Cette suite de caractères, site d'émission, type d'appel, mécanismes sensoriels sont associés dans l'évolution de leur forme, et la variation des conditions en favorise la diversité. La mélodie amoureuse expose la complication de ses harmonies dans une pléthore de charmes lyriques.

Le sexe a définitivement affecté le cerveau. Ainsi la poésie des troubadours enveloppe la trivialité du prétendant dans une aventure amoureuse douce et sensuelle. L'évolution de l'homme a-t-elle privilégié le cerveau comme outil de séduction ? Oui, sans doute l'importance du succès évolutif d'une telle résolution harmonieuse a influencé l'évolution du cerveau humain vers toujours plus de complexité. Le fait est que la compétence à la rivalité érotique préserve ainsi l'aptitude à maîtriser les innovations. La flatteuse intelligence de l'homme ne serait probablement que le sous-produit de son aventure sexuelle. C'est dire que, quelque part au sein des neurones de Neandertal, s'organisait d'abord le futur succès des *crooners* et seulement, par ricochet en quelque sorte, l'importance de la relativité générale. À contempler le monde moderne, la priorité des intérêts semble en effet confirmer encore aujourd'hui le même ordre de séduction.

Chapitre 11

« Des sexes, je n'en connais que deux : l'un qui se dit raisonnable, l'autre qui nous prouve que cela n'est pas vrai »

Marivaux, *Le Prince travesti*

1. L'invraisemblable dimorphisme sexuel
2. La sélection des caractères extravagants
3. La biologie est-elle sexiste ?
4. La raison du plus fou

Ébauché à partir du désir, le développement de l'amour courtois semble esquisser un début d'apaisement du conflit sexuel. En s'offrant lui-même, le mâle séducteur appelle la sélection des femelles. Cependant, la révélation de ce rôle évolutif des femelles n'a pas manqué de troubler les biologistes.

Il faut d'abord plaider pour la sagacité des poulpes. Dotés d'un système nerveux extrêmement sophistiqué, poulpes, calmars et autres pieuvres disposent, de plus, d'un des regards animaux les plus perspicaces, couplé à l'une des cérémonies de cour les plus magiques du monde animal. C'est que le développement évolutif d'un œil avisé répond au magnétisme érotique des pieuvres. Le sortilège des poulpes tient dans leur insolite usage de la couleur. Sous l'effet de multiples impulsions nerveuses, les poulpes modifient la teinte de leurs chromatophores pour arborer des ondes de lumières colorées sur tout le corps. En affichant ce captivant rythme bigarré, le poulpe tente de charmer la femelle. Ainsi, la parade nuptiale dévoile son hypnotique élégance, méthodiquement décryptée par la femelle. L'évolution contradictoire de la séduction conduit l'un à déployer une ensorcelante fascination tandis que l'autre discerne scrupuleusement la signification du rituel. En exposant sa théorie sur les caractères sexuellement sélectionnés « cornes et costumes chamarrés », Darwin a insisté sur l'importance de ces traits dans la séduction des femelles. Les mâles, comme chez le dindon sauvage *Meleagris gallopavo*, revêtent d'invraisemblables livrées bariolées et exhibent d'intrigantes chorégraphies. Certaines espèces partagent également ces attributs entre les sexes. Ainsi, les tourterelles *Streptopelia turtur* ou les perruches mâles et femelles *Psittaculla sp.* ne se distinguent pas tellement les unes des autres. Accenteurs mouchets *Prunella modularis* ou gardons *Rutilus rutilus* montrent des tenues plutôt discrètes. En revanche, il existe de très nombreuses espèces où les deux sexes diffèrent de manière extraordinaire. Cette divergence morphologique, ou *dimorphisme sexuel*, connaît bien des prolongements écologiques et comportementaux. Le mâle se pare de caractéristiques ostensibles, superflues, hasardeuses même puisqu'elles accroissent sa vulnérabilité. Non seulement ces traits extravagants encombrent et exposent le mâle, mais celui-ci redouble d'imprudences en manifestant des conduites tapageuses.

L'excentricité est donc le caprice extrême de l'évolution. La dissemblance entre mâle et femelle semble bien résulter de l'intérêt contradictoire de la sexualité. Sous l'effet de la sélection sexuelle, deux êtres de la même espèce évoluent de manière différente. De façon différente ? Et la tendance n'est pas identique selon les espèces concernées ! Il existe des espèces où les femelles géantes fréquentent des mâles lilliputiens comme chez les araignées. Le cas extrême est révélé par le ver marin bonellie *Bonellia* dont les mâles minuscules logent à l'intérieur de la femelle. Véritables phénomènes de foire, ces mâles microscopiques fécondent ainsi la femelle de l'intérieur. Il y a des espèces chez qui la différence sexuelle apparaît subtile, sinon invisible, comme chez les cygnes chanteurs *Cygnus cygnus*. Des espèces, au contraire, associent des femelles naines à de vrais colosses mâles, comme c'est le cas de nombreux mammifères. Le morse mâle *Odobaenus rosmarus* pèse le double de la femelle. Pourtant, si le putois, dont le mâle dépasse largement le poids de la femelle, montre un dimorphisme sexuel semblable, un petit carnivore de la même famille, la fouine *Martes foina*, exhibe une différence beaucoup plus raisonnable. Que faire de ces incommodes distinctions ?

En fait, la grande taille des mâles est généralement attribuée à l'exigence de la combativité qui avantagerait les individus les mieux dotés. Sous l'effet d'un processus de *course aux armements*, le développement de la grandeur des mâles semble s'être affirmé au cours de leur histoire de vie. Le processus aboutit à une certaine stabilité dès lors que le coût évolutif attaché à l'augmentation de la taille n'engendre pas un bénéfice plus solide dans la rivalité. Pourtant, l'évolution du dimorphisme sous l'influence de la concurrence entre mâles n'explique pas toute la divergence avec les femelles. En outre, l'effet est contredit par l'examen du dimorphisme chez d'autres mammifères et chez les oiseaux. Chez de nombreux rapaces comme l'autour des palombes *Accipiter gentilis* par exemple, la taille de la femelle surpasse nettement celle du mâle. Comment expliquer cette anomalie ? Cette antinomie ne déroute cependant pas de nombreux chercheurs qui admettent que des tendances contradictoires peuvent conduire à ces différences selon les groupes animaux. Par quel curieux mécanisme ? Le commentaire des biologistes s'avère parfois étrange. Les minuscules araignées mâles seraient dotées de pattes plus longues leur permettant de mieux découvrir les femelles. Comme les modestes dimensions des araignées mâles les exposent au risque d'être dévorées par leurs femelles, on comprend mal pourquoi l'évolution ne conforterait pas aussi bien un accroissement de taille qui produirait un effet dissuasif. Réciproquement, la grandeur des mâles de belettes et de putois rend les femelles très vulnérables à leur harcèlement alors qu'un équilibre des forces favoriserait l'exercice du choix sexuel.

Particulièrement bien étudié chez les carnivores mustélidés comme la belette, l'examen de la variation de taille semble plutôt plaider pour l'effet conjugué des contraintes écologiques et évolutives. Si la grandeur des mâles n'est pas soutenue par un avantage écologique, il paraît peu probable que les seuls effets de la sélection sexuelle aient entraîné des résultats aussi contraires chez les groupes animaux. Le dimorphisme sexuel est une propriété invraisemblable de l'évolution biologique. Révélant l'importance de sa composante sexuelle, il est presque toujours associé à l'organisation d'un système de polygamie des mâles. Les espèces socialement les plus monogames ne présentent que peu de variation, alors que les plus polygames affichent des caractères dimorphes extraordinairement prononcés. Ainsi, le sexe des tourterelles ou des manchots ne se distingue pas, alors que tout sépare les faisans mâles et femelles, les cerfs, les orangs-outans, les paons, les lions. Dans la plupart des cas, cette divergence sexuelle affecte largement la vie des individus et influence considérablement la portée du conflit des sexes. Aussi, il semble peu probable que la différence résulte seulement du choix de l'autre sexe. À l'opposé néanmoins, l'existence des autres caractères extravagants et fanfreluches chamarrées doit probablement être cherchée dans l'attrait qu'ils suscitent. Que vient faire ici le conflit d'intérêt ?

L'arrogance des attributs met en effet le spectacle sur la scène évolutive. Il faut admettre que les mâles arborent bien ostensiblement leurs insolites étendards. Les mâles exhibent ces emblèmes fantaisistes, appelés *hypertéliques,* pour se faire remarquer des femelles. L'effet de certaines caractéristiques sur le choix des femelles ou sur l'intimidation entre mâles a fait l'objet de vérifications expérimentales sur un grand nombre d'espèces. L'existence de ces traits hypertéliques continue cependant de nous intriguer. À quoi peut être dû le développement excentrique des couleurs d'apparat, des mélodies élaborées ou des ornements saugrenus ? La réponse paraît en fait assez facile. Ces caractères possèdent la curieuse propriété de se renforcer par eux-mêmes, ce que Ronald Fisher a appelé le *processus d'emballement* de la sélection sexuelle (*run away process*). Si la préférence des femelles va à l'un de ces atours singuliers, le mâle augmente son succès reproducteur. Ensuite, les descendants de ce mâle particulier qui présenteront également ce trait favorable deviendront à leur tour des mâles très attractifs pour les femelles. Autrement dit, la femelle préfère évidemment un mâle séduisant, ce mâle aura une grande descendance. En choisissant préférentiellement un Don Juan, les femelles vont favoriser la propagation de ses caractéristiques dans leur progéniture.

L'emballement poursuit à son rythme la tendance vers l'hypertrophie des caractères. Ainsi les mâles sont-ils dotés de ces traits ostentatoires et singuliers qui deviennent, sous l'effet du processus d'emballement, des attributs extravagants. Pourtant, ces caractères hypertéliques exigent tant d'investissement énergétique, contribuent tant à la vulnérabilité de leurs porteurs, que la sélection naturelle devrait les faire disparaître à un stade très précoce de leur apparition. Il s'agit de *mauvaises adaptations*. Selon l'intuition de Fisher, la raison qui favorise le développement de ces caractéristiques resterait le choix orienté des femelles. La préférence des femelles s'avère, par conséquent, d'une formidable influence sur le cours de l'évolution des espèces. La stratégie préférentielle des femelles agit sur l'évolution biologique. Pourtant, la théorie évolutive a découvert bien tard cette importance, au début des années 1990 seulement, soit plus d'un siècle après la publication de *L'Origine des espèces*. Il faut dire que, bien que Darwin ait ensuite énoncé les principes de la sélection sexuelle, son attitude scientifique restait prisonnière des préjugés sociaux comme pour bien des hommes de son temps. « *Man is more courageous, pugnacious and energetic than woman, and has a more inventive genius* », affirmait-il.

Engoncés dans les préjugés victoriens, les scientifiques de ce siècle ne pouvaient concevoir le choix des femelles autrement que comme un caprice provisoire, une incartade confuse, une lubie passagère. Seule la voix isolée d'Antoinette Blackwell avait jeté un premier trouble, vite effacé dans ce monde biologique de la fin du XIXe siècle. Même après les découvertes génétiques des années 1920, la biologie évolutive continue d'accorder toute son attention aux processus sélectifs et au rôle compétitif du combat des mâles. Que de textes, que d'images, que de reportages sur l'expression de cette concurrence ! La rivalité des mâles primait dans toutes les recherches scientifiques sur la sélection sexuelle et, apparemment confirmée à la suite des travaux de Bateman, la multiplication des partenaires était comprise comme une disposition naturelle des mâles.

Il faut attendre les premiers travaux de David Buss, Sarah Hrdy et Patricia Gowaty pour enrichir la *théorie de la sélection sexuelle* et découvrir que les femelles pouvaient également mettre en œuvre des stratégies sexuelles complexes. En attribuant aux femelles un rôle principalement passif, l'importance évolutive des stratégies de discrimination était négligée, comme le relève Patricia Gowaty. La science reste inscrite dans son époque et dans le sexe. Exprimée à travers un regard étriqué, la biologie évolutive offre une vision réductrice des stratégies biologiques des femelles. La science n'est pas pertinente en soi, son seul bonheur réside dans sa tentative honnête vers la lucidité. Il ne s'en est pas fallu de beaucoup pour que ce sexisme entraîne les féministes et les militants progressistes vers des critiques extrémistes rejetant tout de la théorie évolutive, heureusement provisoirement. L'existence historique d'une théorie biologique biaisée par le sexisme social constitue un fait malheureux et bien prévisible, qu'on ne peut contester. Le jugement sexiste des textes du XIXe siècle fait apparemment figure d'anachronisme ; il reste toutefois encore aisé de détailler comment ce discours persiste aujourd'hui. Fort heureusement, la démarche scientifique est autre que cela. Les avancées de la biologie évolutive ont été profitablement mises à l'épreuve des faits. Précisément, en révélant le conflit d'intérêt entre les sexes, la biologie évolutive souligne que l'attitude des mâles montre une tendance naturelle à contrôler la sexualité des femelles, fondement biologique dont l'écho invente ensuite les justifications sociales de l'oppression. Les recherches scientifiques sur l'évolution ne peuvent ouvrir une perspective raisonnable sans interroger les faits biologiques, même et surtout les faits dérangeants.

Au bout du compte, l'hypertélie et l'anisogamie constituent les deux extrémités par où s'introduit la sélection sexuelle. En insistant sur l'investissement parental, Robert Trivers a initié les bases de la future *théorie sociobiologique*, fondement de la conception néodarwinienne de l'évolution. Voilà comment. Le sexe le plus discriminant est celui qui accepte d'octroyer la plus grande partie du soin parental. Il n'existe cependant pas de loi biologique univoque qui oblige les femelles à l'entretien de la progéniture. Les mâles développent une plus grande sélectivité des partenaires chez les espèces où le soin parental est principalement consenti par le mâle. Il en est ainsi du jacana des marais *Jacana jacana*. Le mâle couve et entretient les pontes et il se montre assez attentif à choisir la femelle qui déposera la couvée. Cette constatation établit une preuve à rebours : le sexe qui effectue la plus grande part du soin parental est le plus sélectif. Pourtant, à examiner la plupart des espèces animales, la conclusion évolutive reste que les femelles se consacrent plus à l'investissement parental tandis que l'effort reproducteur des mâles se destine davantage à la recherche des copulations. La tendance évolutive qui conduit à la gestation semble étayer nettement cette perspective. Les femelles concèdent cet investissement souvent plus fortement que les mâles parce que la production de l'ovule reste plus coûteuse que la fabrication du sperme. C'est du moins le sens de la théorie néodarwinienne.

Cependant, la prépondérance de cette affirmation du rôle de l'anisogamie masque subrepticement qu'elle se fonde sur une supposition encore assez peu justifiée : le prix de la confection des ovules. Les ovules sont-ils réellement plus coûteux à produire que ne l'est le sperme ? Bien qu'il existe une abondante littérature qui insiste sur la différence de *quantité* de cellules engendrées, l'argument reste spécieux, car rien ne prouve que le nombre produit est lié à l'énergie consacrée. Il se pourrait tout aussi bien que la préparation de telles quantités de sperme requierre un plus grand coût. Le pinson zébré *Taeniopygia guttata* est épuisé au bout de trois copulations et le mâle de la vipère péliade *Vipera berus* perd du poids en s'accouplant. La mort prématurée des mâles chez certaines espèces appuie aussi ce soupçon. En fait, comme l'admet Tim Birkhead, nul ne sait si la production du sperme est ou non dispendieuse chez la plupart des espèces. Le sperme pourrait coûter beaucoup plus cher qu'il n'y paraît. Il faut donc concéder que les objectifs divergents des mâles et des femelles résultent de l'effet contradictoire des contraintes des stratégies sexuelles sans qu'on en sache totalement l'origine.

Accordant le plus d'efforts à l'élevage de la progéniture, les femelles exercent une sélection des mâles. Seulement, une telle préférence n'a de sens que si les femelles espèrent en tirer un bénéfice. Dans le monde animal, il existe bien des mâles originaux qui, pour plaire à leur dulcinée, lui octroient quelques avantages en nature, nourriture ou abri. Un cadeau de fiançailles en quelque sorte, une menue parcelle d'attention pour quêter un début d'attendrissement. Ainsi, le martin-pêcheur *Alcedo atthis* ne s'apparie jamais sans accorder d'abord un petit poisson à la femelle. La panorpe, appelée mouche-scorpion à cause de l'étrange excroissance de l'abdomen du mâle, relevée à la manière d'un scorpion, crée des petites boules de protides qui sont proposées à la femelle avant l'accouplement. Certains animaux agrémentent ainsi leur cour prévenante de quelques égards savoureux. Le cadeau nuptial ou *bénéfice direct* peut plaire immédiatement à une femelle, mais il faudrait bien de la frivolité pour se contenter de ces simples collations si la femelle assure ensuite tout le travail parental. Encore que cette gratification n'est pas le lot de toutes les espèces et s'avère même plutôt rare dans le monde animal. Que penser des mâles qui n'offrent rien d'autre que leur physique ? Pourquoi alors ces attributs excentriques plaisent-ils aux femelles ?

Les costumes chamarrés, les aubades sonores ou les ornements insolites des mâles sont attrayants pour les femelles. Si les femelles se laissent séduire par ces oripeaux, c'est qu'ils sont censés incarner la valeur du mâle, indiquer, selon la théorie néodarwinienne, que celui-ci reste bien du meilleur choix. Le meilleur, pourquoi ? Si le mâle n'apporte rien d'autre que son sperme, le bénéfice attendu ne peut résider que dans la production d'une meilleure progéniture. La femelle adresse sa préférence au mâle séduisant parce que les attributs qu'il arbore si ostensiblement pourraient signifier un meilleur succès reproducteur, une meilleure survie de ce patrimoine génétique. La femelle exerce alors un réel décryptage entre les manèges érotiques des différents mâles. Cette *théorie évolutive des bons gènes* se décline en plusieurs développements distincts, mais leur fondement reste le même : la femelle sélectionne les *bonnes caractéristiques* pour transmettre à sa progéniture les meilleurs attributs possibles. Récemment Hanna Kokko a même conclu que le *processus d'emballement* de Fisher constituait une des options possibles de la *théorie des bons gènes* et non pas un mécanisme différent. Pourtant, contrairement à la *théorie de l'emballement* qui ne présente pas de postulat adaptatif, la théorie des bons gènes et ses avatars néodarwiniens requièrent un avantage adaptatif : une sélection active est effectuée *pour obtenir* les bons gènes. Le tri porte toujours sur des caractères *phénotypiques* et la complexité du processus tient au fait qu'il engage au moins trois gènes associés possédant chacun au moins deux variants possibles : un premier gène codant pour les attributs du mâle (les traits particuliers), un deuxième gène procurant une grande vitalité du mâle (la valeur adaptative) et un troisième gène enfin exprimant la préférence des femelles. Tous les modèles valides montrent, en effet, que les *bons gènes* ont besoin au moins de trois locus et de trois locus ensemble à chaque fois.

La théorie des *bons gènes* constitue une théorie eugéniste, mais sa valeur heuristique tient dans la simplicité de son message. Le choix des femelles s'inscrit logiquement dans une stratégie évolutive de propagation des meilleurs gènes. Une telle sélection ne présente toutefois de valeur qu'à la condition que les qualités du mâle soient héritables ! L'argument est de taille : si la progéniture ne peut hériter des aptitudes du mâle (à la fois les traits particuliers, sa valeur adaptative et sa virtualité d'être préféré), le choix des femelles devient une exigence sinon superflue, à tout le moins étrange. Le raisonnement sélectif suppose cependant que les mâles se partagent encore entre *bons* et *mauvais* mâles ou, plus justement, le choix ne peut s'exécuter sans le maintien d'une certaine *variance* dans la qualité des mâles, dans leur valeur adaptative. La variance doit s'avérer suffisamment forte pour admettre un choix pertinent entre les mâles.

Toutefois, puisque seuls les *bons* mâles obtiendront un succès reproducteur conséquent, les autres caractères devraient très rapidement être éliminés dans la population. Tous ces *mauvais* traits soumis à la sélection ne peuvent garder qu'une très faible héritabilité. Les mâles des générations suivantes proviennent majoritairement de l'accouplement des femelles avec les *bons* mâles, réduisant peu à peu la présence de tous les mauvais caractères. Une autre réfutation apparaît, et bien solide aussi. Comment la *variance* peut-elle être maintenue dans les populations puisque le choix des femelles élimine les mâles les moins bons et ne retient que le meilleur type ? Il faut que la sagacité des femelles soit bien abusée. Comment peut-on choisir entre les caractéristiques quand la variance se restreint ? Ce problème entache la théorie des *bons gènes* d'un paradoxe majeur. La théorie se brouille, à moins que la variation de la valeur adaptative ne soit liée à l'environnement plus qu'au patrimoine génétique. Seulement nous retombons alors sur le précédent embarras : si l'hérédité des qualités du mâle fait défaut, le choix des femelles n'a plus aucune raison de s'avérer aussi intransigeant.

Deux antilopes se battent et l'enjeu est sexuel. Dans une petite zone de savane savamment délimitée, les antilopes topis s'affrontent brutalement, avec une intense détermination. Le problème, c'est que les antilopes topis *Damaliscus lunatus* qui bataillent, front contre front, ne sont pas des mâles. Les femelles topis combattent aussi, alors que, selon le principe de rivalité, on destine cette sorte d'opposition aux seuls mâles. L'affrontement des topis, comme pour les luttes des femelles chez d'autres espèces, perturbe encore une fois l'appréciation de la loi de la rivalité et de la loi de l'attirance. Les femelles topis se disputent les mâles les plus âgés bien qu'ils ne s'investissent pas dans le soin parental. Le combat vient non seulement réviser la conception passive du choix des femelles, elle démontre que la rivalité est une loi intrasexuelle. La séparation théorique néodarwinienne des lois évolutives de la sélection sexuelle, consacrées l'une aux femelles (le choix) et l'autre aux mâles (la concurrence), ne tient plus. La sélection des femelles ne se contente pas de manifester un choix, les femelles exigent d'obtenir les mâles qui leur conviennent. Les femelles rivalisent avec autant de fureur que les mâles, et le conflit est encore sexuel. Les femelles s'opposent, les mâles se malmènent, le dimorphisme trouble l'un et l'autre sexe. Est-il bien raisonnable d'évoquer l'apaisement et la réconciliation ?

Chapitre 12
Le handicap des Martiens

1. La survie des mâles est handicapée

2. Un effet relatif ou absolu ?

3. La perte des attributs sexuels

Les mâles possèdent vraiment de bizarres attributs. Suivant le principe de l'*allocation différentielle* de Nancy Burley, l'organisation sexuelle résulte fondamentalement de l'asymétrie dans l'investissement que consentent les deux sexes. Dans la plupart des cas, le sexe limitant, c'est-à-dire celui qui investit dans le développement (généralement les femelles) manifeste ses exigences tandis que le sexe limité (habituellement les mâles) extériorise les ornements sexuels. Oublions provisoirement les antilopes topis et considérons à nouveau la théorie. Il s'agit de bien plaire, mais pourquoi revêtir ces costumes extravagants et ces attitudes grotesques ?

Après l'amour, le lagopède mâle *Lagopus sp.* paraît complètement sombrer dans la psychose. Il s'évertue à se maculer de boue et souille chaque jour davantage son plumage blanc en s'ébrouant dans toutes les flaques de vase disponibles. En quelques jours, le lagopède a couvert de fange son habit opalin. Ce comportement insensé exprime vraiment la détresse des mâles pendant l'amour car les mâles ont vraiment peur. Quand la toundra échange les froides étendues de son paysage neigeux pour les vertes prairies de lichens, les lagopèdes commencent à folâtrer. Le lagopède est une perdrix nordique dont le plumage blanc en hiver camoufle les occupations. Au début du printemps polaire, l'appel de la reproduction attise les ardeurs. Charmer les femelles s'avère cependant bien dangereux. L'amour chez les perdrix se compose d'un certain effort vocal, agrémenté de cliquetis du bec et d'une danse de représentation. Dès le printemps, la femelle lagopède quitte sa livrée immaculée pour se couvrir d'un plumage brun, plus terne et plus discret. Il lui faudra couver à même le sol sans se faire remarquer car le gerfaut *Falco rusticolus* erre à la recherche de ses proies, stimulé par l'allongement du jour arctique. Ce faucon boréal incorpore goulûment le lagopède à son menu et il doit aussi nourrir sa propre nichée. Donc, la femelle lagopède mue pour un camouflage brun. La mue du mâle, au contraire, est plus tardive et il parade en étalant obstinément la blancheur de son plumage pendant toute cette période. Cette bravade délibérée n'est cependant pas inconsciente. Les mâles blancs séduisent bien mieux les femelles. Aussi, en dépit des gerfauts, il leur faut résister dans cette exhibition pendant toute la durée de réceptivité des femelles. Les mâles se voient obligés de se maintenir ainsi exposés dans leur habit blanc pour assurer leur succès reproducteur. Le gerfaut va saisir les moins vigilants. Ensuite, pour survivre, le lagopède cherche dans le bain de boue salutaire un déguisement de son blanc costume. Il salit son plumage pour se dissimuler aux yeux du prédateur. Prisonnier de ce dilemme évolutif, le lagopède résout la quadrature du cercle en alternant couleur séduisante et rétablissement hâtif du camouflage. L'astuce montre un autre avantage : le déguisement est réversible. Quand bien même une autre femelle se rendrait disponible, une rapide toilette permettrait au mâle de retrouver toute son attrayante blancheur.

Entre assourdissantes mélodies des grenouilles et capricieuse queue du paon, les attributs ostentatoires apparaissent, selon le mot d'Amotz Zahavi, comme autant de *handicaps séducteurs*. Dans un style très expressif, une autre hypothèse, la *théorie du handicap*, se fonde sur cette excentricité des parures animales. Puisque les prétendants affichent de tels ornements pour appâter les femelles, ils s'exposent délibérément au risque de prédation. En effet, exhiber une telle queue, gesticuler frénétiquement ou coasser à tue-tête ne sont pas exactement faire preuve de la discrétion nécessaire à la survie. En outre, nombre de ces caractères extravagants entravent la fuite. La plupart des prédateurs savent parfaitement utiliser les défauts de ces fioritures pour localiser ou capturer leur proie : les chauves-souris tropicales *Trachops cirrhosus* capturent au vol les mâles des petites rainettes *Physalaemus* qui s'exposent en chantant sur les tiges et les feuilles des plantes ; le guépard *Acinonyx jubatus* évente les gazelles mâles obsédées par leur combat, les poissons *Crenicichla* surprennent le guppy *Poecilia reticulata* qui s'expose pour la parade ; le tigre attrape le paon empêtré dans son plumage…

Séduire la femelle sans se faire remarquer des prédateurs, voilà la stratégie chimérique des mâles. Piégées dans ce périlleux dilemme, les grenouilles agiles limitent leur chant à la timide répétition d'une note furtive, une comptine assourdie comme pour éviter d'attirer le putois prédateur en même temps que la belle. Les attributs hypertéliques constituent des handicaps extrêmement sévères pour la survie des mâles. Alors, pourquoi ces caractères excentriques séduisent-ils les femelles ? Le principe du handicap reste une théorie des *bons gènes*. En choisissant ces mâles terriblement désavantagés, les femelles élimineraient les mâles incapables de survivre à cet orgueilleux handicap. Les femelles sélectionnent, en quelque sorte, les animaux qui, ayant survécu, témoignent d'une constitution génétique vigoureuse. La taille des ornements ou l'intensité de la parade révèlent que l'individu est assez robuste pour supporter cette pénalité. En effet, le succès reproducteur du paon augmente avec le nombre des ocelles qui enluminent sa queue. De même, le ventre rouge de l'épinoche *Gasterosteus aculeatus* attire irrésistiblement les femelles et la longueur des filets de la queue des hirondelles *Hirundo rustica* mâles détermine leur succès reproducteur. Nombreuses sont les situations où les caractéristiques hypertéliques favorisent le succès reproducteur ou, du moins, la réussite des mâles qui possèdent les attributs les plus remarquables. Pourtant, une question se pose. À choisir toujours la même caractéristique, celle-ci devrait continuer de s'amplifier encore et encore. La sélection réitérée des mêmes particularités devrait tendre vers une augmentation infinie, de génération en génération. Bien sûr, la démesure de certaines caractéristiques est flagrante, mais cette expansion semble ensuite s'arrêter. Comment ces traits remarquables achèvent-ils de s'exagérer ?

En fait, il suffit d'atteindre un certain niveau. Le maintien des caractères en un certain état est directement lié au fait que le coût engendré par leur développement n'est plus compensé par les avantages obtenus. Dès que le succès reproducteur ne vient plus avantager le mâle, la croissance des attributs perd de son intérêt. Le phénomène peut aussi résulter du ralentissement de la tendance si la différence n'est plus perceptible par les femelles, car les femelles doivent pouvoir choisir entre mâles différents. Le caractère, rappelons-le, doit montrer une variance avérée. La *théorie du handicap* connaît un succès indéniable en sciences de l'évolution et de nombreuses expérimentations alimentent sa valeur heuristique. Il est néanmoins possible de rétorquer que la solution évolutive consisterait à coupler les attributs attrayants et un équipement en armes, assurant ainsi à la fois la rivalité et le charme. L'évolution n'est pas finaliste mais, tout de même, cette association n'est pas rare chez de nombreuses espèces. Nombre de mâles préfèrent sacrifier au dieu Mars l'intérêt de leurs attributs et exhibent des armements autrement dissuasifs. Que dire des impressionnants bois des cervidés ou encore des mandibules hypertrophiées des scarabées lucanes cerfs-volants ! L'anomalie réside bien plutôt dans le fait que certains attributs n'aient apparemment aucun autre rôle que séduire. Car enfin, l'exigence cruelle des femelles tend alors à transformer les mâles en véritables kamikazes. Pourquoi les livrées camouflées s'avéreraient-elles moins séduisantes ? L'existence d'une morphologie discrète affirme tout aussi bien l'aptitude à la survie. D'ailleurs, composée de dix-huit pennes parsemées d'ocelles irisés, la queue du paon tombe dès la mue d'automne. Entre les phasmes et les limandes *Limanda limanda*, il se trouve nombre d'espèces qui dissimulent leurs amours derrière des physionomies bien plus sobres.

Décidément, le paon ne fait rien comme les autres. Dans le cadre de la théorie des bons gènes, l'hypothèse qui suggère que les caractères hypertéliques sont des *indicateurs de la qualité* des mâles a été énoncée à de multiples reprises. Dans son ouvrage très critique, Williams en débat largement, insistant sur l'importance de cette expression de la vigueur reproductive. Que peuvent donc indiquer ces attributs ? En fait, le brillant du plumage ou l'éclat du pelage attestent en général de la bonne santé physique des animaux. Aussi, William Hamilton et Marlene Zuk ont-ils proposé une audacieuse hypothèse complémentaire : les signaux sexuels attesteraient d'une *bonne résistance aux parasites*. Le raisonnement s'appuie sur le principe de l'évolution parallèle des parasites et de leurs hôtes et s'étend plus largement à toutes les interactions entre un organisme et les pathogènes. Les parasites sont étroitement liés à la survie de leur hôte parce que leur vie en dépend. Les parasites, cependant, en améliorant leur succès reproducteur, aggravent obligatoirement l'infestation parasitaire de leurs hôtes. Entre les parasites et leurs hôtes s'engage alors une lutte pour la survie mais l'antagonisme entraîne peu à peu une relative stabilisation de la relation. L'équilibre reste toutefois précaire, et une forte infestation produit de graves répercussions sur l'état physique des animaux. Les individus infestés manifestent alors des caractères plus ternes, et le développement des attributs est largement entravé par le combat interne que se livrent parasites et organisme. Bref, les animaux infestés dévoilent leur faiblesse, et cette révélation s'avère d'autant plus intense que les animaux affichent des attributs remarquables. Au contraire, le bon état des caractéristiques extravagantes témoigne de l'aptitude des mâles à résister aux pathogènes, divulguant l'intérêt et la vigueur de leur patrimoine génétique.

L'*hypothèse de résistance aux parasites* de Hamilton-Zuk est vraiment admirable, elle restaure l'importance des particularités hypertéliques dans la sélection sexuelle. Conférant un avantage génétique aux mâles qui en sont pourvus, les traits extravagants démontrent la qualité des mâles. Le paradoxe de l'héritabilité s'en trouverait partiellement résolu. Cependant, en dépit de la quantité de travaux consacrée à cette hypothèse, les résultats restent très ambigus et la plupart échouent à révéler une relation entre la charge parasitaire et le caractère hypertélique. Certes, les vers de farine *Tenebrio molitor* préfèrent les mâles non infectés, mais la brillance du plumage de la gorge-bleue *Luscinia s. svecica* par exemple ne s'avère pas liée à la réponse immunitaire. Un autre problème provient de la défaillance des mâles eux-mêmes, car les parasites semblent assez misogynes, infestant davantage les mâles que les femelles, et d'autant plus les mâles qu'ils s'avèrent plus virils. La testostérone agit en fait comme un sévère immunodépresseur, affaiblissant les aptitudes à freiner la charge parasitaire. Les mâles les plus virils s'exposent donc à une infestation plus sévère. Pourquoi dès lors seraient-ils plus séducteurs ?

La revanche des faibles est un camouflet de l'évolution. L'attribut hypertélique ne révèle pas sa fascination érotique par sa seule expression. En fait, en cherchant à comprendre comment les emblèmes sont extériorisés par les mâles, certaines particularités apparaissent. Plus que la valeur *absolue* du trait extravagant, c'est sa propriété *relative* qui peut impressionner la femelle. Les mâles varient entre eux et exposent leurs ornements. Le paon étale les ocelles de sa parure, tandis que le petit triton palmé *Triturus helveticus* affiche le petit filament terminal de sa queue. L'attrait sexuel de ces caractères reste indéniable. Le mâle le mieux doté peut vraisemblablement s'imposer au milieu des autres mâles : les femelles s'intéressent davantage au spermatophore du triton palmé muni du plus grand flagelle caudal. Certains mâles peuvent cependant tromper la discrimination des femelles : car lorsqu'on ne dispose que d'une piètre taille corporelle, même un petit bout de queue peut apparaître grand. En exposant un filament assez long relativement à la longueur du corps ou une queue assez agrémentée relativement à sa taille, il est possible de jouer dans la cour des grands. Le petit mâle peut abuser la femelle en arborant un trait séduisant suffisamment grand par rapport à ses propres dimensions, bien que, sans doute, trop peu attractif par rapport à certains autres mâles. Il faut donc se méfier de croire en la disgrâce évolutive des petits. Voilà que les mâles les moins bien pourvus peuvent néanmoins réussir à séduire les femelles. Alors la variation des caractères mâles peut persister dans la population, et la valeur relative réintroduit la variance si difficile à maintenir. Les mâles exploitent donc la *déficience sensorielle* des femelles. La revanche des petits sur les arrogants établit la faiblesse de la théorie des *bons gènes.* Cela amène aussi une autre difficulté. Si les caractéristiques hypertéliques ne sont pas nécessairement des insignes honnêtes, alors pourquoi ces traits particuliers intéressent-ils les femelles ? Comment peuvent-elles estimer la valeur des mâles ?

Les xiphos porte-glaive du genre *Xiphophorus* ne sont pas des escrimeurs. Ces petits poissons tropicaux affichent une curieuse excroissance de leur nageoire caudale, exposant un appendice long en forme de faucille ou d'épée. Pourtant, cette singulière particularité hypertélique n'accompagne pas directement les joutes. Le glaive des xiphos constitue d'abord un instrument de séduction. Les groupes les plus anciens de xiphos ne possèdent pas de glaive et l'étude phylogénétique indique que les groupes récents ont développé cette particularité physique. Pourtant, il est possible de mystifier les femelles en collant un tel ornement à des espèces proches qui n'en disposent pas. Ainsi, bien que leurs mâles n'en détiennent pas, les femelles des groupes les plus anciens se révèlent sensibles à l'apparence de la lame dont disposent les poissons des groupes qui l'ont acquise récemment. Le sabre des xiphos attirerait les femelles parce qu'il exploiterait un *biais du système sensoriel*. Il s'agit d'un biais ancestral. Cette hypothèse (*sensory drive*) repose sur la différence des sensibilités entre mâle et femelle. La préférence dériverait des aptitudes de détection particulières dont disposent les femelles, prédilection vers telle forme singulière ou telle couleur attractive. Les attributs hypertéliques des mâles profiteraient de cette déviation sensorielle pour impressionner les femelles et le succès des caractères les plus saisissants entraînerait peu à peu l'hypertélie. En fait, la théorie du *biais sensoriel* remplace la séduction des mâles, sinon par l'erreur de jugement des femelles, au moins par un impressionnant artifice. On peut dire que les femelles ne regardent pas avec les mêmes yeux que les mâles. Ce biais sensoriel peut varier avec la qualité de l'environnement, entraînant des divergences dans la manière dont les mâles piègent les femelles. Déjà, sans même une augmentation du succès reproducteur, il avait été montré que la préférence pour sa propre espèce pouvait renforcer les caractères impliqués dans la reconnaissance spécifique et, par conséquent, accroître la différenciation entre les espèces. Cependant, l'attention des femelles pour ces attributs pourrait simplement découler de leur intérêt pour des événements nouveaux, pour des ornements inconnus. Le biais sensoriel reste plausible, mais le mécanisme doit encore être clarifié. Le biais sensoriel comprend deux facettes : d'une part, l'évolution de caractères qui troublent la femelle et, d'autre part, une évolution de la préférence des femelles elles-mêmes. Paradoxalement, les modèles indiquent que la *sélection naturelle* deviendrait alors le mécanisme évolutif prédominant qui affecte la mise en place de ce biais. En outre, il lui faudrait être associé à une qualité intrinsèque des mâles, intégrée à l'expression des *bons gènes,* favorisant la reconnaissance spécifique.

L'importance d'un autre biais en biologie doit ici être soulignée. Ce biais s'apparente en quelque sorte à l'erreur de second ordre des statisticiens. Un travail scientifique ne tient pas seulement dans l'expérimentation, mais dans la publication, et l'avenir du chercheur est lié à la cotation des revues internationales dans lesquelles il présente son travail. Comment dire le tracas des jeunes chercheurs qui, après des mois d'effort et d'écriture, voient leur texte refusé une première fois, parfois même encore après une seconde tentative ! L'arbitre est en théorie la communauté scientifique internationale et l'anglais, la langue unique. Cependant, il est difficile de publier un *mauvais* résultat montrant, par exemple, qu'une femelle n'élabore pas de choix. Aussi, les revues scientifiques sont-elles souvent saturées par des articles confirmant positivement les hypothèses, tandis que les résultats négatifs restent malaisés à rendre publics. L'alourdissement même de la bibliographie semble autoriser certains auteurs à négliger la littérature qui ne leur convient pas ou à ne la citer que chichement. L'important ne devrait pourtant pas être la revue scientifique, quelle qu'en soit la qualité, mais l'innovation que l'article propose, et il faudrait réhabiliter l'intérêt de certaines « petites » publications peu orthodoxes. En biologie en tout cas, ce biais est d'importance parce qu'il surestime certaines orientations au détriment de la recherche elle-même.

En tout cas, Darwin n'en revient pas : même le paon peut égarer ses couleurs. L'explication traditionnelle du maintien des traits hypertéliques est l'évolution de ces caractères sous l'effet de la sélection sexuelle, rivalité ou attirance. De très nombreuses études ont porté sur la manifestation de ces traits en biologie évolutive en insistant sur leur importance dans le succès des mâles. C'est la clé du néodarwinisme. Or, des recherches phylogénétiques récentes ont décelé une surprenante tendance. Chez nombre d'espèces appartenant à des groupes très différents, les caractères hypertéliques des mâles succombent sous l'effet des contraintes sélectives. En fait, sur le ton spirituel de la fable du paon qui perd ses ocelles, John Wiens souligne que les traits excentriques peuvent disparaître bien plus vite qu'ils ne se mettent en place au cours des processus évolutifs. Cette découverte constitue une objection étonnante pour deux raisons essentielles. Tout d'abord, cette idée a été largement ignorée dans tous les travaux sur la sélection sexuelle, le maintien des caractéristiques extravagantes passant pour un acquis définitif de la sélection sexuelle. Deuxièmement, la disparition de ces attributs paraît très largement répandue chez la plupart des espèces et la perte dépasse amplement l'obtention de nouveaux caractères. En fait, l'altération des caractères chez les mâles provient également de l'acquisition de particularités comparables chez les femelles réduisant l'importance du dimorphisme sexuel. Mais pourquoi les mâles perdraient-ils ces attributs hypertéliques s'ils constituent un charme essentiel dans la sélection sexuelle et un témoignage de leurs bons gènes ?

Les traits qui sont impliqués à la fois dans la rivalité entre mâles et dans la séduction des femelles pourraient être abandonnés sous l'effet contradictoire de ces différents rôles. Ainsi, les mâles d'une espèce de xiphos ont-ils apparemment été dépossédés de leurs barres verticales noires parce que la préférence des femelles favorisait cette livrée chez l'autre espèce. L'agressivité des mâles peut également s'avérer une force alimentant cette tendance. Les pinsons à longue queue *Poephila acuticauda* semblent renoncer à leur coloration pour mimer les femelles et diminuer les agressions. L'influence de la dérive génétique modifiant aléatoirement les caractères a aussi été évoquée, mais cela n'est possible que si la sélection sexuelle reste trop faible pour développer les attributs et réfute au moins partiellement l'effet de la sélection sexuelle. Enfin, il a été montré que la différence dans les traits sexuels était souvent associée aux variations d'habitats, appuyant l'influence des pressions du milieu. L'impact contradictoire de l'habitat, comme chez le putois noir ou chez les guppies, réouvre alors la théorie évolutive sur la question de la *spécialisation phénotypique*.

En acquérant une couleur sombre, les putois noirs perdent leur masque de bandit caractéristique. Les individus noirs restent certes plus petits que les putois qui arborent un masque typique, mais le pelage sombre du putois est associé à l'exploitation assidue des petits cours d'eau forestiers. Même le roi lion peut perdre sa crinière. Cet attribut paraît pourtant essentiel dans l'organisation sexuelle du grand félin puisqu'il s'agit d'abord d'un accessoire de séduction, les lionnes affichant même une nette préférence pour les grands bruns. À Tsavo, les lions chauves ont de tout temps intrigué les biologistes. Les lions de Tsavo ont renoncé à la toison royale et ne possèdent qu'une crinière pelée. D'où peut provenir l'incroyable renoncement à cette souveraine coiffure ? En fait, il a été montré que le climat particulier de la brousse à épineux a affecté le port de ce caractère sexuel, la calvitie des lions étant activée par leur fort taux de testostérone. Les contraintes adaptatives font une entrée inattendue. L'environnement dérange maintenant le sexe et les bons gènes, introduisant les traits d'histoire de vie, le conflit d'intérêt va ouvrir des perspectives nouvelles. Peut-être, également, faut-il envisager que les femelles, encore assez malignes, ne soient pas si facilement troublées par l'attrait hypnotique d'un seul critère séduisant ? Une hypertélie pour rien ? Il faut comprendre la déception des mâles !

Chapitre 13
La leçon
des perroquets

1. De charmants handicaps ?

2. La séduction des vétérans

3. Une stratégie de propagande

Il nous faut maintenant aller voir sur la plage. Les crabes violonistes *Uca* aiment à jouer les sémaphores. Le mâle gesticule en soulevant sa pince hypertrophiée qu'il anime d'une cadence érotique. Les mouvements saccadés font de la parade des crabes violonistes une des incitations les plus curieuses du monde animal. De plus, ces crabes se partagent entre plusieurs espèces et chaque espèce a élaboré sa propre pantomime frénétique. Seulement, cette pince asymétrique qui autorise une telle performance diminue la prise alimentaire. Tandis que les femelles peuvent explorer les particules de la plage en utilisant leurs deux petits appendices, ces mâles manchots ne peuvent porter à leur bouche que la plus réduite de leurs deux pinces. La grandeur de l'appendice a largement dépassé la limite de son usage alimentaire et les mâles munis de cette pince démesurée pâtissent d'une sérieuse impotence. La taille des pinces constitue par conséquent plus qu'une gêne, une véritable infirmité.

Dans sa définition originale de la *théorie du handicap*, Amotz Zahavi est resté bien vague sur une question importante : pourquoi les signaux coûteux des mâles intéresseraient-ils les femelles ? La lecture du handicap peut, en effet, varier. Toujours exubérants, les signaux hypertéliques consistent soit en caractères *statiques*, comme la longueur de la queue du paon, la palmure noire du triton palmé ou les colorations de l'épinoche, soit en caractères *dynamiques* tels que la durée du refrain des rainettes ou l'impensable pantomime du manakin. Le thème général du principe annonce que les mâles sont condamnés à survivre en dépit de leurs attributs ou attitudes invraisemblables. Voici comment opèrent les charmants handicaps. La première idée est le *handicap de survie* : puisque la possession des traits hypertéliques aggrave les périls, les séducteurs handicapés qui survivent prouvent leur excellente qualité intrinsèque, comme une caution de mérite *en soi*. Les mâles n'ont rien d'autre à accomplir que l'exploit de subsister. Les femelles bénéficient alors bien passivement de leurs attraits, se contentant de trier les survivants. C'est la conception la plus simple du principe du handicap puisqu'il ne nécessite aucune information supplémentaire. L'orientation particulière du choix des femelles suffit à déterminer les attributs virils. Un autre décryptage, ou *handicap dépendant de la condition*, consiste à suspecter que certains mâles seulement sont aptes à produire ces caractéristiques, liées par exemple à la qualité de la nourriture ou à l'effet de la charge parasitaire. Les attributs témoignent alors de cette aptitude particulière un peu comme la ramure du cerf atteste de la bonne santé de l'individu. Le mâle doit mobiliser son énergie pour produire le caractère. La croissance des bois par exemple engage tous les sels minéraux et atteste du bon état général de l'individu. L'inaction des femelles persiste selon le même *principe de passivité discriminante* décrit par Bateman, mais cette hypothèse apporte une certaine explication à la variance des caractères des mâles. Une troisième interprétation ou *stratégie du handicap*, la plus communément admise, propose que les mâles choisissent l'investissement qu'ils consentent à ces caractères hypertéliques en tenant compte à la fois de la difficulté de la prouesse et de la réponse de la femelle. Ainsi, le mâle peut faire varier l'intensité de son message. Cette vision plus énergique du principe du handicap préserve la variance des attributs et procure une signification aussi bien aux caractères statiques comme la couleur qu'aux caractères dynamiques comme la parade. L'attrait prend alors un sens relatif et non plus absolu. L'activité de la femelle se limite encore à consentir, mais elle peut se montrer plus attentive envers un mâle performant. « Tout est pour le mieux dans le meilleur des mondes », répète Pangloss. Admettons-le, il est cependant possible de soupçonner que ces différentes conceptions de la théorie aient un peu négligé l'influence des femelles. Comment retrouver l'importance des femelles dans le processus évolutif ?

Reprenons. Selon la théorie de la sélection sexuelle, la préférence des femelles peut sans doute évoluer à travers la combinaison de trois processus principaux. Tout d'abord, un choix direct déterminé par les *offrandes* du mâle ou l'apport de l'utilisation des ressources d'un territoire exclusif, c'est la tactique du martin-pêcheur. En deuxième lieu, l'existence d'une sélection ancienne serait liée à la *différence sexuelle* des systèmes sensoriels. Cette hypothèse est illustrée par le poisson xiphos porte-glaive. Enfin, troisièmement, les femelles peuvent engager une *prédilection indirecte* qui implique que le gène encourageant la préférence des femelles soit associé au gène du succès de reproduction présent chez le mâle. Voilà la stratégie du paon. La corrélation entre choix et qualité se réalise alors à travers le processus de Fisher ou bien l'enchaînement est naturel selon le biais des *bons gènes* et du handicap. Mais à quoi reconnaît-on ces traits authentifiant les *bons gènes* ?

En discriminant la valeur des prétendants, il arrive assez souvent que les femelles donnent une avance inattendue à un mâle peu commun, celui qui se distingue des soupirants familiers par des caractères inédits.

Les mâles le savent qui exécutent leur intimidation du *cher ennemi* dont nous avons déjà évoqué l'importance. Alors que les mâles leur réservent le plus ferme antagonisme, les femelles, à l'inverse, privilégient le type rare. Le mâle étranger n'a guère investi dans l'obtention de ce phénotype différent, du moins le coût peut apparaître relativement faible. Rien ne prouve qu'il possède des caractères remarquables ou des gènes exceptionnels sinon par sa singularité nouvelle. L'*avantage du phénotype rare* a fait l'objet de nombreuses études depuis que cet effet a été démontré chez la drosophile par C. Petit. Ainsi, les femelles du guppy, petit poisson très coloré, recherchent activement les mâles différents des autres. L'*avantage du type rare* fournit une intéressante explication à l'existence de la variance dans les populations. Au contraire des autres modèles qui présupposent une dominance des gènes impliqués, cette réaction partisane de l'exotisme est capable de maintenir de hauts niveaux de diversité génétique et de réduire le fardeau des mauvais gènes. La recherche d'un géniteur étranger assure l'échange des gènes entre populations et empêche la *consanguinité*.

L'effet du phénotype rare existe chez certains vertébrés mais il reste difficile à expliquer sinon par la variation des attributs qu'il introduit. Comment présupposer que l'intrus porterait invariablement des gènes extraordinaires ? Une seconde objection demeure puisque l'*homogamie* ou appariement des semblables exprime exactement le contraire. L'effet d'homogamie avantage les mâles ressemblant aux femelles selon le principe « qui se ressemble, s'assemble ». En effet, les femelles se doivent d'être attentives à la physionomie du mâle car son aspect général traduit également sa compatibilité génétique, et cette compatibilité reste nécessaire à la réussite de la reproduction. Mais il y a plus encore. Puisqu'un phénotype spécifique traduit une adaptation à un environnement particulier, la femelle ne peut faire profiter sa progéniture de cet ajustement qu'en trouvant un mâle qui exhibe les mêmes traits qu'elle. Ainsi, les gambusies *Gambusia holbrooki* sont des petits poissons dont les mâles possèdent une pigmentation noire fréquemment rencontrée en Floride, mais rare en Italie. Les femelles de Floride préfèrent les mâles dont la livrée est parsemée de taches noires tandis que les femelles d'Italie s'accouplent préférentiellement avec des mâles non tachetés. Possédant des gènes similaires et associés à un habitat particulier, les deux protagonistes devraient hériter d'une descendance bien distincte et adaptée à son environnement. Par conséquent, la recherche de l'*homogamie* semble au premier abord constituer un atout adaptatif. En revanche, l'accouplement entre des animaux si ressemblants peut aboutir à renforcer la consanguinité des populations. À terme, on sait qu'une telle consanguinité réduit le succès reproducteur, aggravant l'accumulation des erreurs génétiques, et peut entraîner les espèces dans un vortex d'extinction. L'homogamie peut donc s'avérer un mauvais choix.

L'alyte ou crapaud accoucheur a exactement la voix grave qui plaît aux femelles. Les jeunes femelles préfèrent les vieux chanteurs. Plus précisément, plus le mâle émet sa note flûtée sur une fréquence basse, et plus les femelles consentent à lui délivrer leur ponte. L'alyte présente toutes les vertus d'un excellent père. Car chez l'alyte *Alytes obstetricans*, le mâle s'occupe lui-même de la progéniture, enroulant autour de ses pattes arrière les rubans d'œufs qu'il soigne et transporte jusqu'à l'éclosion des têtards. C'est là le sens de l'épithète de crapaud accoucheur. Ainsi, les mâles les plus séduisants réussissent à obtenir deux, trois, voire quatre pontes de femelles différentes. La voix grave des mâles ne peut tromper, car chez ce crapaud, comme chez les autres animaux à croissance continue, plus l'animal prend de l'âge, plus la gorge est profonde, le ténor devient baryton puis basse. Comme chez beaucoup d'espèces, la cantate du crapaud tire sa séduction de l'âge. Les pouillots âgés réussissent aussi à séduire en utilisant la même complainte. L'attrait irréductible de ces vieux mâles dépend de la voix qui résonne du fond du cœur et du terrier, et qui clame : « J'ai vécu longtemps, ma descendance héritera de ce caractère. » John Manning a proposé une explication à ce penchant des femelles pour les vétérans. La *théorie de l'indicateur basé sur l'âge* affirme que les femelles préfèrent les doyens simplement parce que, ayant déjà démontré leur longévité, ils garantissent la possession de gènes favorables à la survie. Car de *bons gènes* doivent d'abord préserver la survie de la progéniture.

La théorie de l'indicateur basé sur l'âge ressemble au principe du handicap, mais elle réintroduit ici pleinement la relation entre la sexualité et ce que les biologistes appellent des *traits d'histoire de vie*. Il s'agit des différentes caractéristiques des populations liées aux performances de la vie de l'individu au cours de sa trajectoire personnelle. Les mâles les plus âgés ont confirmé leur survie en tant que qualité *en soi*. Au contraire, les cohortes de jeunes mâles rassemblent à la fois des mâles qui survivront longtemps et des mâles encore vivants mais qui possèdent des gènes de moindre viabilité. Opérer le choix parmi eux comporte le risque d'une sélection ratée. Les doyens, en revanche, sont tous des animaux qui ayant survécu ont déjà certifié leur valeur. L'âge fournit sans mentir son diplôme de survie. Ce qui atteste de la qualité des aînés, c'est bien sûr leur expérience de la vie. Les vétérans ont éprouvé les moyens d'échapper aux pressions de l'environnement, même si leur aptitude commence à décliner. De plus, les mâles âgés dominent souvent dans les populations. Enfin, la preuve de l'âge se manifeste assez honnêtement car il existe une forte allométrie corrélée aux caractères sexuels. La morphologie dévoile une croissance différente, allométrique donc, de certaines régions du corps par rapport à d'autres et témoigne de l'avancée de l'âge. Choisir le patriarche est une tactique couramment pratiquée par les femelles de nombreuses espèces, depuis les poissons jusqu'aux mammifères. Sur la place de brame, le cerf le plus vieux à la voix la plus séduisante obtient souvent les plus grandes faveurs. Déjà, Jacques du Fouilloux s'en étonnait en 1573 dans son chapitre sur les cerfs « tant plus ils sont vieux et plus sont chauds de la biche est mieux aimé ».

La sélection de l'âge constitue un choix sexuel simple et efficace. Il faut cependant en nuancer l'intérêt. La fertilité des mâles peut parfaitement diminuer avec le temps et les femelles recherchant un doyen peuvent n'obtenir qu'un faible taux de fécondation. En outre, la charge parasitaire peut augmenter au fur et à mesure que se dégrade la résistance physique. L'objection majeure reste cependant que la sélection de l'âge ne constitue pas un avantage réel après un certain nombre de générations. En effet, puisque les vieux mâles ont été les géniteurs préférés de ces dames, les jeunes mâles sont, désormais, tous issus du même patrimoine génétique qui confère cette aptitude à la longévité. Pourquoi alors attendre que ces jeunes deviennent des mâles âgés puisqu'ils sont censés posséder déjà les *meilleurs* gènes ? En fait, il s'établit un compromis entre la survie individuelle et le succès reproducteur parce que ces deux composants de la réussite adaptative ne peuvent souvent pas être optimisés ensemble. L'aptitude à survivre jusqu'à la maturité et à se reproduire reste bien souvent plus essentielle que la longévité elle-même. Pourtant, les deux modèles théoriques de Hanna Kokko démontrent que les femelles ont plus d'intérêts à copuler avec des mâles âgés. Finalement, il semble bien difficile de reconnaître ce qui caractérise les *bons gènes* du néodarwinisme. L'origine de la variation des phénotypes n'est pas toujours claire, mais surtout, les caractères sexuels apparaissent-ils vraiment comme des handicaps ?

Bien sûr, le lion rugit. La voix du grand félin porte loin dans la savane, mais finalement, cette vocifération poursuit seulement une propagande de guerre. Les lions cherchent à intimider pour s'affirmer dominants, l'enjeu reste d'éviter les combats. La ramure des élans *Alces alces* établit la même intimidation. Les femelles sont-elles dupes de cette autopublicité ? Il faut bien reconnaître que l'activité des mâles se développe dans un contexte général de communication. En orientant le déroulement du principe du handicap dans une théorie du signal, Grafen propose une alternative originale, la *théorie du signal coûteux*. Les femelles n'accèdent pas directement à la valeur des mâles. Les mâles font connaître leur qualité et persuadent les femelles à travers une manifestation élégante ou énergique. Cet avertissement reste un handicap *en soi* puisque son expression dépense de l'énergie et expose l'individu aux prédateurs, mais, plus que le handicap, c'est le coût du signal qui compte. Les mâles qui ne disposent pas de suffisamment d'énergie peuvent surseoir à cette déclaration plutôt que de s'épuiser à un tel manège. Ils se reproduiront une autre fois, préservant leur avenir. Au contraire, les mâles les plus aptes ne négligent rien pour faire valoir leurs atours. Les caractéristiques extravagantes constituent des signaux exagérés pour afficher cette capacité.

La contribution de Grafen permet de ne pas limiter la théorie aux seuls signes excentriques puisque la reconnaissance peut s'appliquer à tous les indices traduisant la qualité des mâles. Ritournelles élaborées, parfums enivrants, chorégraphies athlétiques ou offrandes nuptiales expriment la détermination du galant. Le mécanisme peut évoluer vers des traits excentriques sans le processus d'emballement de Fisher, du moins s'il existe un avantage de reproduction qui favorise les mâles en fonction de leurs ornements. Encore faut-il que ces signaux puissent s'avérer loyaux ! Les indicateurs de la valeur des mâles, que les femelles étudient, doivent être valides, c'est-à-dire qu'ils doivent exprimer la qualité réelle du prétendant. Les nuances de coloration des pattes du fou à pied bleu *Sula nebouxii* annoncent honnêtement l'aptitude du père à la reproduction. Seulement, les mâles pourraient fort bien acquérir des caractères qui mentiraient sur leur mérite intrinsèque. Pourtant, le tricheur serait assez rapidement démasqué. En effet, selon la théorie elle-même, les caractères frauduleux ne devraient pas pouvoir se diffuser dans les populations puisque leurs porteurs ne disposeraient pas d'une qualité suffisante pour obtenir un vrai succès reproducteur. La corrélation n'existant plus entre traits des faussaires et *bons* gènes, le caractère fraudeur ne pourrait pas se propager dans la population. Une autre question réside dans le *coût réel* des caractères sélectionnés pour les mâles valeureux. Toutefois, l'un et l'autre des problèmes méritent un peu d'attention. En introduisant le conflit d'intérêt, il va être possible de s'éloigner un peu des *bons gènes* et du néodarwinisme ortho-doxe. En fait, de nombreux imposteurs guettent les femelles pour abuser leur sélection et les signaux ne sont pas toujours si onéreux à produire. Le prix des attributs séduisants pourrait bien s'avérer beaucoup plus faible qu'il n'apparaît. Or, si les caractères sont peu coûteux, la rigueur du handicap se réduit.

Considérons le rhinocéros. Le rhinocéros est doté d'une corne impressionnante. L'appendice dépasse un mètre trente chez le rhinocéros noir des savanes arborées *Diceros bicornis*. L'apparente familiarité de ce pédoncule nasal dissimule en fait un équipement extraordinaire. Installée sur une bosse osseuse, la corne est formée d'un amas de poils agglutinés par un béton cutané. La corne constitue une arme intimidante, mais peut-elle être regardée comme un indice de la qualité du mâle ? Partagé par les deux sexes, ce farouche attirail accompagne un caractère un rien irascible et ne ressemble guère à un handicap. Le mâle utilise volontiers cet appareil pour rivaliser lors de joutes territoriales et les prédateurs doivent se méfier de la charge des femelles. L'arme du rhinocéros est le produit de ces multiples influences, mais elle maintient une hiérarchie principalement fondée sur le bluff. Le rhinocéros charge, mais arrête la plupart du temps son intimidation bien avant le combat. Le rhinocéros a élevé la technique de la fanfaronnade à une science de la puissance. En fait, la corne du rhinocéros initie les bases d'une théorie nouvelle qui ne s'appuie plus sur les bons gènes : la *théorie de la propagande*.

À ce point, il faut rappeler la leçon des perroquets. Entre autres talents, les aras et autres perroquets révèlent généralement un plumage flamboyant. La coloration varie selon l'espèce, du blanc éclatant du cacatoès *Cacatua sp.* au bleu soutenu de l'ara hyacinthe *Anodorhynchus hyacinthinus*, mais la livrée manifeste toujours un somptueux éclat. L'ara *Ara ararauna* est coloré comme un arc-en-ciel et emporte dans son vol une longue queue bariolée. Les couleurs de l'ara ne peuvent pas le dérober aux yeux des prédateurs. Chaque espèce rivalise de teintes éblouissantes, bien que toutes les variations dans les nuances spécifiques attestent qu'il n'existe pas de tentative de dissimulation. Les coloris et la queue de l'ara constituent par conséquent un véritable handicap. Mais, voilà qui est curieux, le handicap est distribué également chez les mâles et chez les femelles. Le caractère n'est pas plus coûteux chez l'un que chez l'autre. Tous deux possèdent le même plumage chamarré, l'un et l'autre disposent de la même traîne interminable. Le paon mâle perd ses ocelles en automne, le perroquet garde intacte sa livrée. L'ara partage avec le paon les couleurs du plumage mais l'immense différence tient dans l'association des partenaires, dans la manière de vivre le sexe. Tandis que le paon pérore au milieu de nombreuses femelles, les aras s'assemblent en couple. Le mâle et la femelle, unis l'un à l'autre dans une relation durable, s'entraident pour élever leur couvée. Alors que le paon femelle expose sa terne couleur pour couver sur le sol, les femelles aras cachent leurs couleurs éclatantes dans le creux des arbres.

Le handicap des perroquets dément la théorie classique : les aras mâles et femelles sont semblablement colorés, non pas parce que les mâles auraient acquis un trait excentrique, mais parce que les femelles n'ont pas échangé leurs atours contre les plumes insipides du déguisement. Ce sont donc les femelles qui perdent les caractéristiques en étant exposées aux prédateurs et non pas les mâles qui les obtiennent de leurs prouesses. Le martin-pêcheur, la huppe *Upupa epops*, le pivert *Picus viridis* et le guêpier *Merops apiaster*, qui tous abritent leurs couleurs et leur ponte dans une cavité, apportent le même enseignement. La contrainte de la prédation exige la dissimulation, et la force, qui entraîne le maintien des couleurs et des formes, consiste dans l'art d'échapper aux prédateurs ou autres pressions de l'environnement. Ainsi, la lanterne magique des lucioles s'allume pour attirer les mâles qui volent et luisent à la recherche des femelles. Le clignotement brillant intéresse aussi les prédateurs comme *Photuris*. Si l'appel de lumière se rapporte à la théorie, le handicap concernerait *à la fois* les mâles et les femelles, exposant simultanément la lueur de l'une et les déplacements de l'autre. Le chant du mâle de grenouille agile expose tout autant la traversée des femelles au risque du putois prédateur. En fait, les perroquets rappellent que les femelles jouent aussi un rôle dans l'évolution. Toute séduction s'inscrit dans une interaction entre les mâles et les femelles et dépend du contexte écologique.

La parade est alors une bravade, une activité de propagande reprenant ainsi les bases du premier modèle de la *propagande de guerre*, déjà énoncé par Gerry Borgia en 1980. Il faut compléter la stratégie. Certes, les mâles font leur publicité, c'est-à-dire rendent publique leur invitation, mais ce qui fait fonctionner cette réclame, c'est qu'elle agit dans un rapport complexe entre différents protagonistes. Il ne s'agit pas d'assurer que les traits des mâles n'évoluent pas vers l'excentricité, mais bien d'affirmer que le charme opère dans une stratégie de *jeu évolutif* où les mâles s'empressent souvent de perdre leurs peintures de guerre et où les femelles ne gardent leurs couleurs qu'en dissimulant leur nid. Il faut pourtant saisir que les femelles ne sont pas moins handicapées que les mâles. Dans ce *nouveau modèle de la propagande* (*new propaganda model*) que je propose, femelles et mâles participent à un défi dont l'enjeu est le succès reproducteur. La couleur rouge du ventre de l'épinoche vante la qualité du mâle et de son nid. Le mâle entreprend une propagande dont la femelle évalue la qualité. L'effort sexuel des mâles est d'abord une propagande, et cette propagande ne favorise pas nécessairement les meilleurs gènes, mais elle avantage les *crâneurs*. La variance s'en trouve donc évidemment maintenue. Cependant, cette intimidation doit aussi fonctionner face aux mâles concurrents, sinon l'engagement est inévitable. Ainsi, les caribous qui possèdent les plus petits andouillers cèdent le terrain devant les grands mâles dans plus de 90 % des confrontations et 10 % de variance suffisent. Si la persuasion reste imparfaite, l'esbroufe échoue, le fanfaron a perdu. Le caractère exagéré des traits morphologiques vient de la force de persuasion qu'ils favorisent. Les perroquets nous rappellent que le jeu sexuel se joue aussi avec les femelles. En introduisant la sélection dans un *scénario de jeu évolutif*, la dynamique de la sexualité retrouve ses enjeux et les deux partenaires leurs stratégies. Le conflit qui persiste entre les sexes dévoile que la sexualité compose d'abord un *jeu évolutif*. Et ici, tous les êtres vivants dépendent des autres et sont contraints de jouer ensemble à ce jeu irréversible de l'évolution.

Chapitre 14
Vénus et ses brouillards : on ne badine pas avec l'amour !

1. Le cadeau et la séduction des femelles
2. Les préférences occultes
3. Le pari de l'immunité

L'argus à bandes noires est un papillon bleu *Celastrina argiolus*. Entre autres supercheries, ce papillon se fait élever par des fourmis ignorantes que sa chenille abuse de son odeur indicible. La fourmi ne détecte rien et nourrit ce pique-assiette. Adulte, les bandes noires distinguent à peine le papillon mâle de la femelle plus pâle. Le dimorphisme sexuel paraît ici presque nul. La faiblesse ou même l'absence de dimorphisme n'est pas si rare dans les populations animales. Il y a certes une corrélation entre l'accentuation de la différence entre mâles et femelles et l'intensité du conflit sexuel, mais nous avons déjà remarqué que l'origine de la divergence ne s'inscrit pas si facilement dans la sexualité. En fait, le dimorphisme a été souvent regardé du *point de vue* des mâles.

En opérant un renversement de perspective, il est facile de constater que les espèces les plus dimorphes sont celles où les femelles restent plus discrètes que les mâles. Cette tendance se révèle notamment quand le dimorphisme ne tient pas dans l'exhibition d'armes organiques telles que les bois ou les mandibules hypertrophiées. Ainsi, la poule faisane *Phasianus colchicus* dispose d'une livrée très cryptique qui la dissimule dans le milieu. Le dimorphisme engage alors le camouflage de la femelle. Il faut insister sur la force exceptionnelle de la contrainte de la prédation. En dépit des couleurs de son plumage, le mâle peut toujours se soustraire à la dent des prédateurs. Au contraire, la femelle souffre souvent d'un handicap plus énorme : elle doit élever la couvée ou allaiter la portée. Du point de vue des femelles, le handicap le plus sévère n'est pas composé par la queue du paon, mais par l'immobilisme prolongé de la couvaison. Chez de nombreuses espèces, le soin des petits désavantage considérablement les femelles. Alors ? Les traits extravagants ne constituent pas forcément le plus exigeant handicap. L'investissement reproducteur entrave très sévèrement la survie des femelles qui assurent la part principale de l'élevage. Du coup, étayant mon hypothèse de la *spécialisation phénotypique*, l'augmentation ou la réduction du dimorphisme sexuel révèle l'importance des contraintes écologiques qui pèsent sur le système sexuel.

Le succès reproducteur contient deux composantes principales. D'une part, il dépend du temps et de la détermination consacrés à chercher et conquérir un partenaire sexuel, écarter les rivaux et défendre un territoire, c'est l'*effort sexuel* (*mating effort*). D'autre part, l'*investissement parental* ou reproducteur consiste dans la durée et l'énergie dépensée pour protéger et élever la progéniture. Ces deux temps du processus de reproduction sont plutôt mal répartis entre les sexes. Le plus généralement, il est admis que, tandis que le mâle utilise sa vitalité pour l'effort sexuel, la femelle est davantage vouée à l'investissement parental et supporte en grande partie les risques encourus pour soutenir la descendance. Les femelles ne pourraient compter que sur l'effort sexuel des mâles. À partir de ces observations, Robert Trivers en a conclu que le sexe qui investit le plus dans les soins aux jeunes se montrera très sélectif pour discriminer ses partenaires sexuels. À l'inverse, le sexe qui réduit son investissement parental engage la compétition mais reste plus opportuniste dans le choix de ses partenaires. Cette *allocation différentielle*, selon la formule de Nancy Burley, résulte fondamentalement de l'asymétrie dans l'investissement que consentent les deux sexes. Il faudrait donc s'attendre à ce que les femelles exercent une sélection sexuelle intransigeante tandis que les mâles verraient dans toute femelle l'opportunité d'une relation sexuelle.

Pourtant, la femelle ne peut profiter de cette sélection implacable qu'à la condition d'obtenir un bénéfice. Les caractères hypertéliques ont donc été envisagés comme favorisant le choix du meilleur mâle, celui dont les gènes devaient profiter aux générations futures. Seulement, il existe encore un autre tracas pour généraliser cette hypothèse. Dans une analyse détaillée, C. Wachtmeister révèle que le plumage coloré de nombreuses espèces d'oiseaux n'apparaît *qu'après* l'appariement, particulièrement chez les espèces socialement monogames. Ce délai a souvent été considéré comme un simple détail, et pourtant, cet incroyable détail révèle soudain qu'alors, le plumage ne peut pas intervenir dans le choix de la femelle. Il est bien plus probable que le conflit sexuel d'intérêt constitue la force majeure qui influence l'évolution du soin parental. À moins que, en précipitant l'analyse sur les avantages héritables des *bons gènes*, l'importance des bénéfices directement octroyés aux femelles ait pu être sous-estimée.

L'oiseau à berceau voit l'amour en bleu. L'animal échafaude une alcôve de brindilles, le berceau, embelli d'objets divers où il invite la belle à l'amour. Pourtant, chacun des ustensiles ne peut orner l'ouvrage final que s'il possède une qualité intrinsèque : il ne peut ravir qu'en étant de la couleur bleue. L'oiseau *Porichthys notatus* procède patiemment à la décoration en ajoutant encore un accessoire bleu de plus, un luxe de trop, dirait le roi Lear, et le bleu devient la couleur de son espoir. Quand il s'agit de conter fleurette, les beaux discours ne suffisent pas toujours. Le cadeau nuptial présente ceci d'avantageux qu'il consiste à la fois en un critère de sélection pour les femelles et en un moyen de plaire aux femelles. Mais ne constitue-t-il toujours qu'un cérémonial de séduction ? L'apport d'une offrande alimentaire existe chez de très nombreuses espèces. Le mâle peut fournir une proie comme pour détourner l'attention de la femelle. La pisaure *Pisaura mirabilis* est une araignée des jardins qui emmène une proie enveloppée dans un paquet de soie. Pendant que l'araignée déballe la proie emmaillotée dans la soie, le mâle peut accomplir sa longue prouesse, puis prendre le large laissant la femelle profiter de son distrayant cadeau. Les araignées femelles, exhibant une taille très supérieure aux mâles, oublieraient vite l'invitation amoureuse pour chercher une dotation alimentaire plus conséquente si le mâle ne fournissait pas ce préambule à l'action. D'ailleurs, la mante religieuse se montre plus expéditive, le mâle étant considéré en *lui-même* comme une offrande alimentaire. En fait, dans la nature, près d'un tiers des mâles de mantes connaît cette fin tragique. Le cadeau dévoile une tactique défensive chez d'autres espèces d'araignées qui enserrent la femelle dans un filet avant de se précipiter dans l'acte sexuel. Les mouches-scorpions apportent également de la nourriture en cadeau de fiançailles, mais la femelle semble ici se contenter de cette petite collation sans entrer en guerre avec le sexe opposé.

En fait, non seulement le mâle peut solliciter un début d'attendrissement en offrant son présent, mais l'apport d'un aliment peut s'avérer une sincère démonstration authentifiant l'investissement futur du père. La sterne pierregarin *Sterna hirundo* apporte un petit poisson à la femelle et en octroyant cette obole, atteste à la fois de son aptitude de pêcheur et de sa capacité à renoncer à l'aliment au profit de sa descendance. De même, chez l'oiseau à berceau, le bleu démontre l'aptitude du mâle à la recherche des ressources alimentaires. Chez les oiseaux monogames où le succès reproducteur dépend des deux parents, le postulat néodarwinien considère que le cadeau nuptial témoigne de l'*intensité de l'investissement* du père pour nourrir la femelle immobilisée sur son nid durant l'incubation. Cette hypothèse basée sur l'interdépendance des sexes, est étayée par l'accroissement de la reproduction en fonction de la qualité de l'apport alimentaire. Cependant, si l'offrande reste une tactique de séduction avantageuse, c'est d'abord parce qu'elle apparaîtrait comme une proposition de collaboration à plus long terme. En procurant les ressources alimentaires nécessaires, le mâle peut obtenir une descendance. Qu'on ne s'y trompe pas cependant ! La coopération est recherchée parce qu'elle est indispensable. Le contrat avantage les deux protagonistes parce que aucun des deux sexes n'est capable d'élever seul sa progéniture. En livrant une proie à déguster, l'oiseau effectue une promesse d'assistance. Le cadeau qui propose de sceller les fiançailles nécessaires s'avère encore une fois une pure *stratégie de propagande*. L'offrande inscrit définitivement une division du travail des sexes. Tandis que la femelle s'occupe des juvéniles dès le début de l'incubation, le mâle procure un soutien indirect au développement de la descendance. Cependant, il s'en faut de beaucoup que l'offrande des mâles constitue une proposition de contribution sincère. Encore une fois, le cadeau est bien plutôt révélateur de l'importance du conflit des sexes.

Le mâle de mouche-scorpion sait parfaitement tricher. De toutes les façons, le mâle ne s'occupe pas de sa descendance. Son objectif est de présenter une proie qui séduira la femelle, et la tromperie s'adresse d'abord aux autres mâles. Dès que le tricheur trouve un mâle qui a déjà déniché une offrande nuptiale, il mime le comportement de la femelle pour l'attirer, car, en se transformant en femelle, il peut dérober la proie. Pourvu d'une offrande appétissante, le tricheur peut convaincre la belle. Chez d'autres insectes, notamment chez les sauterelles *Tettigonia viridissima*, le mâle fabrique un véritable cadeau alimentaire, le *spermatophylax,* sécrétant une boule de protéine d'un volume très respectable. Cette confection reste bien coûteuse pour le mâle qui la produit bien qu'il n'accorde ensuite aucun soin paternel. Mais pourquoi s'attarder à nourrir des femelles sans promettre de suite pour la progéniture ? En fait, la fécondation des sauterelles est indirecte, les femelles incorporant le sperme du mâle déposé dans un paquet de fécondation, le spermatophore. Ainsi, le *spermatophylax* n'est pas un cadeau inutile, car il évite que les femelles ne consomment le spermatophore. L'appétit des femelles a obligé les mâles à fournir une offrande plus nutritive que leur sperme. L'oubli de cette règle fondamentale implique le sacrifice des mantes religieuses et des araignées à dos rouge, les veuves d'Australie. Chez le grillon américain de Caroline, le mâle réussit à se sauver et n'abandonne qu'un éperon tibial à la voracité de la femelle. Voilà donc la terrible réponse, le cadeau nuptial constitue ici une stratégie contre le cannibalisme des femelles. Même dans la redevance la plus attentionnée, le conflit des sexes se manifeste encore. Les événements qui ont favorisé l'origine évolutive des cadeaux nuptiaux peuvent constituer des circonstances bien différentes des contraintes qui assurent aujourd'hui le maintien du dispositif. Enfin, le même acte apparent peut avoir des significations bien différentes selon les espèces concernées, soulignant, loin de l'hégémonie du modèle unique et du réductionnisme biologique, l'importance de multiplier les analyses des comportements d'animaux différents.

Les fiançailles ne sont pas des épousailles, rappelle la ritournelle médiévale ! En dépit du pouvoir de séduction du cadeau, la fécondation peut être détournée. Le mâle peut offrir son meilleur *spermatophylax*, rien ne garantit sa prochaine paternité. Pire, sa donation peut contribuer à ravitailler la progéniture de ses rivaux. L'évolution du soin parental est déterminée par le conflit sexuel. Chaque sexe s'organise pour que l'autre assure la plus grande part du travail reproducteur parce que l'augmentation de la prise en charge de la progéniture par l'un des sexes entraîne une diminution du labeur de l'autre sexe. Les femelles peuvent réduire leur investissement parental à quelques moments essentiels.

La petite rainette de Grandville *Colostethus degranvillei* n'a pas les mêmes scrupules et les femelles se contentent de déposer leurs œufs sans s'en préoccuper davantage. Le travail reproducteur est presque entièrement dévolu au mâle qui porte ses têtards sur le dos jusqu'à la métamorphose complète. Les femelles restent toutefois très vigilantes sur le choix du mâle bien que le père assiste seul le développement de la progéniture. La femelle de chabot du genre *Cottus* trouve extrêmement séduisant le mâle déjà embarrassé d'une première ponte. Cependant, la danse nuptiale du père continue d'être attentivement scrutée. La femelle abandonne ensuite sa ponte dans le nid surveillé par le mâle. Il est donc bien des exemples où le sexe sélectif n'assure pas l'investissement parental contrairement à ce que prédit la théorie. Cela n'empêche nullement la fraude. Pour entrer dans le cercle des pères séducteurs, certains mâles célibataires profitent d'un instant d'inattention pour dérober les œufs d'un père de famille. L'imposture permet alors de mystifier les femelles. Alors, le cadeau nuptial semble une gratification guère convaincante et la distinction entre sexe discriminant et sexe opportuniste s'effrite tour à tour. En fait, de nombreux travaux scientifiques ont apporté des arguments assez solides étayant une relation entre la qualité du mâle et la réussite de la reproduction, et ces résultats ont été attribués à la qualité intrinsèque des géniteurs. Néanmoins, les femelles ont souvent la possibilité de modifier leur investissement parental en fonction de l'apparence du père. Ainsi, l'attrait du canard colvert *Anas platyrhynchos* influence l'attention de la femelle pour sa couvée. Bien que ce biais ait été assez peu analysé, cette manipulation maternelle pourrait considérablement influencer le succès reproducteur. En outre, le choix des femelles pourrait ne pas s'élaborer seulement sur des éléments apparents. Ainsi, les perruches ondulées *Melopsittacus undulatus* sont ornées d'une tache invisible, traduisible seulement dans l'ultraviolet, et ce bleu imperceptible du mâle attise le désir des femelles. Cependant, les démonstrations restent le plus souvent partielles et il est cependant bien des cas où les critères qui prévalent demeurent particulièrement obscurs. Qu'est-ce qui peut générer ces occultes préférences ?

Les *Meloe franciscanus* s'agrippent en paquet. Coléoptères minuscules, les larves s'agglutinent mais le groupement des *Meloe* ne confectionne pas un assemblage difforme. Les *Meloe* sculptent en s'agrégeant une composition qui mime la physionomie de l'abeille *Habropoda pallida*. L'agglomérat des coléoptères fabrique un leurre sexuel. L'appât attire le mâle peu regardant de la petite abeille qui vient s'accoupler avec ce paquet mimétique. L'étreinte reste évidemment impossible et le mâle est assailli par les larves parasites qu'il emporte. Les coléoptères vont pouvoir infester une femelle et d'autres individus encore. Ainsi, la sexualité ouvre dangereusement la porte aux parasites. C'est la grande malédiction écologique où chacun insinue sa niche et interagit avec tous les autres. Différentes pathologies, de la blennorragie au sida, rappellent la périlleuse sanction que peuvent connaître les empressements amoureux. Les maladies sexuelles les plus terribles sévissent et accablent tout autant les plus décents ou les plus libertins. Les parasites exercent une pression sélective extrêmement sévère en réduisant la longévité et le succès reproducteur de leurs hôtes.

La capacité de résistance aux pathogènes est dépendante d'un système immunitaire complexe, organisé en plusieurs structures distinctes chez la plupart des espèces. En fait, les défenses immunitaires ont évolué sous l'effet des différents pathogènes, mais le fonctionnement du système immunitaire reste à la fois extraordinairement sophistiqué et coûteux en énergie. Le complexe majeur d'histocompatibilité, ou MHC, est une région particulière du génome des vertébrés, incroyablement minuscule, ne comprenant que quelque deux cents gènes environ et qui est directement impliquée dans la réponse immunitaire de l'organisme. Cette zone du génome s'avère extrêmement diversifiée et diffère largement d'un individu à l'autre. En outre, le système agit directement sur les stimuli olfactifs à travers les modifications de la flore microbienne ou la concentration de substances volatiles. Comme souvent en biologie, ce sont les souris qui ont contribué à attirer l'attention sur l'influence du complexe d'histocompatibilité sur le comportement sexuel. Les souris élevées par Yamazaki et ses collaborateurs préféraient copuler avec les individus dont le complexe majeur d'histocompatibilité était le plus dissemblable d'elles-mêmes. Bien que plus marquée chez les femelles, cette attirance amoureuse concerne tout aussi bien les mâles et apporte une plus forte diversité génétique aux populations animales. Voilà que l'amour des souris révèle que le sexe est vraiment une question d'odeur. « Je ne peux pas te sentir », dit la souris réticente. Il ne suffit pas de reconnaître son propre parfum, il faut identifier la différence de l'autre. La référence est l'habitude. Car les souris apprennent l'odeur de leur clan au cours des périodes les plus précoces de leur développement et identifient l'odeur spécifique de leurs proches parents. Comme dans l'expression du désir, l'organe voméro-nasal est suspecté d'ingérence dans ce choix sexuel déterminant. Mais pourquoi systématiser la quête d'un partenaire si discordant ?

Il faut se souvenir de la grande falsification des parasites. La bataille engagée entre les organismes et leurs parasites est une guerre perpétuelle. L'un peut détecter l'autre et le vaincre, mais l'imposteur déguise alors son agression en revêtant d'autres couleurs. C'est souvent une question de protéines de membrane, mais la tromperie reste une course co-évolutive à la manière de la *reine rouge*. En mêlant deux systèmes immunitaires aussi différents, les souris donnent à leur progéniture un patrimoine inédit, un complexe original que les pathogènes pourront plus difficilement contourner. Les descendants deviennent uniques et dissemblables. Depuis les souris de Yamazaki, cette préférence a été découverte chez bien d'autres espèces, des épinoches et musaraignes jusqu'aux rats, et même chez l'homme bien sûr. Ainsi, les tactiques sexuelles des lézards des souches *Lacerta agilis* sont directement influencées par leur système MHC. En se référant au système HLA – qui est le terme générique du complexe immunitaire chez l'homme –, l'affaire des tee-shirts a fait grand bruit. En faisant renifler les vêtements portés par des garçons, Wedekind et ses collègues ont montré que les étudiantes restaient très sensibles aux fragrances des étudiants qui exprimaient le complexe HLA le plus différent d'elles.

Loin d'un choix absolu en noir et blanc, la préférence agit cependant chez la plupart des espèces, d'une manière assez nuancée. Il en résulte une extraordinaire diversité du complexe immunitaire. La familiarité des individus entre eux pourrait aussi procéder comme un repoussoir, favorisant la différence. Les guppies femelles accueillent plus volontiers un mâle nouveau et les souris retiennent l'odeur familière ainsi qu'une référence pour reconnaître l'originalité olfactive ! Le processus diffère de l'hypothèse de Hamilton-Zuk de *résistance aux parasites* et s'éloigne même des mécanismes propres de la sélection sexuelle. Il s'agit davantage d'une discrimination de génotype plutôt que du choix d'un mâle séducteur. Une piste bien différente s'ouvre ici qui semble inscrire la sexualité dans un début de conciliation entre les êtres. Ainsi, une odeur presque indicible apporte un argument rationnel à l'attirance sexuelle. Le cœur a-t-il trouvé ses raisons ? Dans tous les cas, ces travaux suggèrent que, en déchiffrant mieux les mécanismes de la sexualité animale, il devrait être possible d'assurer une meilleure compréhension des maladies *en général*. Décidément, on ne badine pas avec l'amour.

Chapitre 15
Les désordres de l'amour

1. Le baiser et la symétrie
2. Le désir des femelles
3. Le suicide reproducteur

Le baiser du lycaon peut s'avérer mortel. Dans la savane africaine, les lycaons *Lycaon pictus* ou chiens sauvages vivent dans une société complexe et hiérarchisée où seuls les dominants se reproduisent à terme. La femelle alpha reste si possessive qu'elle confisque les nouveau-nés d'une femelle au rang moins élevé dans la hiérarchie du groupe. Cette jalousie tyrannique contrôle ainsi le nombre de bouches à nourrir. Les lycaons coopèrent dans de nombreuses activités de défense du territoire mais leur collaboration s'affirme surtout dans l'élaboration de leur stratégie de chasse. Bien que plus petits que le léopard, le guépard, la hyène, ou le lion, les lycaons capturent ensemble des proies aussi batailleuses que les gnous *Connochaetes taurinus*. Pour édifier une organisation sociale aussi subtile, leur association se fonde sur une communication gestuelle très expressive. Les lycaons s'identifient aussi par leur odeur corporelle, mais ils emploient surtout le baiser pour se reconnaître et s'embrassent museau contre museau, se léchant les lèvres. Ce geste tendre s'accomplit rituellement à chaque rencontre, les lycaons disent et redisent leur contentement d'être ensemble. C'est ainsi qu'un lycaon malade contamine définitivement tout le groupe.

L'amour, rappelait Emil Michel Cioran, consiste d'abord dans « la rencontre des salives », le sentiment est une reconnaissance des glandes. Le baiser est un prélude à l'amour qui exprime la tendresse du premier contact physique, ce moment indicible où les deux cœurs chavirent et ébranlent le corps. Les souris pratiquent depuis la nuit des temps cet échange intime des fluides corporels. En liant leur salive, les souris identifient le congénère, en rapportant son odeur salivaire jusqu'au-dessous du palais, tout près de l'organe voméro-nasal. Le baiser autorise ainsi une exploration minutieuse du complexe immunitaire MHC de l'autre. Cette reconnaissance déclenche ensuite le processus du consentement amoureux et attise le désir. La salive véhicule le parfum de la réponse immunitaire entérinant le pragmatisme quasi médicinal du *french kiss* romantique, du baiser à la française. La plupart des espèces qui disposent de glandes salivaires ont adopté l'échange intime du baiser dont les Français sont si fiers. Les mammifères sont passés maîtres dans l'art salivaire et les odeurs intimes qui permettent de détecter une trop grande proximité de la parenté génétique. Les musaraignes identifient leur partenaire à travers cette reconnaissance salivaire immuno-dépendante et olfactive.

De ce fait, la séduction diffère selon le partenaire, réconciliant les théories et préservant le maintien de la variance. En outre, l'analyse du MHC rend compte de ces choix sexuels si précipités, de ces coups de foudre si labiles qu'ils peuvent être remis en cause avec la découverte d'un nouveau prétendant. Les énigmatiques *avantages du phénotype rare* ou du mécanisme de l'homogamie apparemment contradictoire trouvent un éclaircissement dans la recherche de la divergence immunitaire. D'autant que l'identification du MHC pourrait débuter par une simple reconnaissance visuelle. Il a été démontré que le choix d'immuno-compétence s'effectuait de pair avec une discrimination visuelle basée sur la symétrie faciale chez l'homme. Une autre expérience de tee-shirt a révélé que les femmes associent les traits du visage au parfum du MHC. Toutefois les résultats s'avèrent ambigus. D'autres études récentes montrent que les couples assortis présentent une similarité des traits du visage suggérant que les traits pourraient prévaloir pour écarter les systèmes MHC trop différents pour s'avérer compatibles. Enfin, les femmes qui se jugent elles-mêmes attractives, se montrent plus exigeantes envers les traits symétriques et la masculinité du visage de l'homme. En effet, le visage humain révèle facilement les asymétries. Les *fluctuations d'asymétrie* existent chez toutes les espèces qui présentent un développement organique symétrique, gauche et droit. Souvent, une perturbation de la symétrie reflète un stress de croissance. Bien que la bilatéralité soit rarement parfaite même chez les individus en excellente santé, toute altération de la symétrie est alors perçue comme une déficience partielle. Ainsi, le degré d'asymétrie des bois chez le daim est considéré comme un critère de choix sexuel.

Il faut aussi évoquer le mystère du rhinocéros unicorne indien *Rhinoceros unicornis*. Après une extermination par la chasse et le braconnage, l'espèce réduite à quelques dizaines d'individus était promise à une extinction prématurée. Le programme de sauvetage de l'espèce a établi une reproduction hâtive en captivité mais le nombre de rhinocéros captifs laissait présager d'un échec de cette tentative tant la consanguinité attendue devait être importante, diminuant les aptitudes à la reproduction. Or les rhinocéros indiens présentaient à l'analyse une consanguinité extraordinairement faible. Un mécanisme protégeant de cette consanguinité était donc associé aux stratégies de reproduction du rhinocéros. Ce dispositif d'*exogamie* ou *évitement de la consanguinité* (*inbreeding avoidance*) se retrouve chez de nombreuses espèces. Les odeurs trop familières des individus qui partagent une forte identité génétique agissent comme des anti-aphrodisiaques incitant à repousser les partenaires.

L'organe voméro-nasal est encore le suspect principal de cette compétence à détecter la parenté indésirable. Cela dit, la parenté ne déclenche pas une révocation absolue ; au contraire, elle favorise également la tolérance de l'autre dans des activités sociales. Ici, loin de l'ostracisme, la modeste *théorie de l'échelle*, plaçant les individus entre un gradient d'attirance sexuelle et une tolérance amicale, trouve aussi un peu de place. Nous y reviendrons. Les espèces qui vivent en groupes sociaux comme les blaireaux *Meles meles* ou encore les mangoustes *Mungos mungo* exploitent cette propension nuancée à accepter ou refuser les proches parents. Bien que leur vie sociale et la promiscuité qu'elle entraîne pourraient augmenter les unions involontaires entre individus génétiquement proches, les groupes sociaux ne supportent pas cet *effet familial* et gardent une bonne diversité génétique. L'exogamie reste plus remarquable encore chez les animaux solitaires puisqu'ils ne disposent pas de référent olfactif pour déclencher l'aversion ou le désir. Les putois, par exemple, apprennent ces odeurs familières dès les stades les plus précoces de leur développement. Toutefois, sans s'apercevoir directement, le jeu des senteurs territoriales disperse la reconnaissance et édifie la rivalité entre voisins. De plus, en établissant leurs territoires éloignés des arômes de leurs proches parents, les putois construisent aussi un évitement de relations consanguines. En fait, la capacité à différencier proches parents et étrangers, ou *discrimination de parentèle*, a maintenant été établie chez de nombreuses espèces. Il est très probable que les mécanismes de *reconnaissance active*, facilitant l'évitement de la consanguinité, s'avèrent beaucoup plus répandus dans le monde animal que ce qui est généralement admis. L'étendue des relations olfactives chez les mammifères et une meilleure connaissance du complexe majeur d'histocompatibilité ont permis de révéler l'importance des comportements d'exogamie. Des procédés d'évitement ont été aussi bien démontrés chez des espèces plus anciennes comme les lézards des souches par exemple, dont les populations peuvent également pâtir de la consanguinité.

Cette préférence peut rester très discrète et se prolonger bien après la copulation. Les biologistes parlent de *choix cryptique* lorsque le mécanisme qui préside à la préférence des femelles opère par l'évacuation sélective du sperme des prétendants. Ainsi, les poules domestiques *Gallus gallus* rejettent, après l'acte sexuel, le sperme déjà inséminé dans leur tractus génital par un coq inopportun. De même les grenouilles vertes, *Rana lessonae* ou *Rana « esculenta »*, réduisent la taille de leur ponte quand un mâle non désiré les étreint. D'autres mécanismes comme la préséance spermatique, les avortements spontanés et même l'infanticide ont été considérés comme liés à un choix occulte des femelles. Les femelles du lézard à flancs marbrés *Uta stansburiana* utilisent le sperme des grands mâles pour produire des fils et le sperme des petits mâles pour produire des filles. On sait peu de choses sur le mécanisme de discrimination entre les spermatozoïdes X et Y que ce choix cryptique impose. En revanche, le blocage mécanique du développement embryonnaire et l'avortement spontané semblent correspondre à un conflit de génome. L'infanticide *sélectif* est, lui, souvent accompagné d'une détérioration des soins maternels et entraîne même le cannibalisme ; il est regardé comme un choix cryptique à partir d'une interprétation de sélection : les femelles économiseraient leur investissement reproducteur envers des nouveau-nés peu viables. Le forfait de la mère est précipitamment attribué à un effet de la sagesse évolutive permettant soit une sélection par les femelles de la descendance d'un autre mâle, soit la mise à mort d'un nouveau-né inadapté à la survie. Les explications néodarwiniennes préfèrent que ces apparents accidents soient des *adaptations* pour la meilleure des reproductions possibles, mais, encore une fois, même si ces processus accomplissent réellement une discrimination active, ils s'apparentent plus à un *choix de génotype* qu'à une sélection d'un mâle séducteur et s'éloignent ainsi de l'orthodoxie néodarwinienne de la *théorie de la sélection sexuelle*.

Comment donc expliquer le cannibalisme sexuel de l'araignée *Dolomedes* qui dévore souvent le mâle avant l'accouplement, exemple apparemment très éloquent du conflit des sexes ? Darwin, en accord avec la morale de son temps, présumait que le sexe restait, en dépit des rivalités amoureuses, une activité fondamentalement harmonieuse, sinon pacifique. Actuellement, cet héritage prospère en biologie évolutive à travers deux composantes essentielles : la théorie des *bons gènes*, où l'on affirme que les traits hypertéliques et autres caractères séducteurs constituent des indicateurs de la qualité génétique des mâles, et la théorie de la *reconnaissance spécifique* où l'on prétend que les attributs préservent l'identité de l'espèce en provoquant l'isolement reproducteur. Mais voilà, mâles et femelles semblent liés par des relations bien équivoques, et les intérêts évolutifs de deux individus aussi différents sont rarement convergents, introduisant dans leurs entrains amoureux les bases du conflit sexuel.

Les mâles entreprennent tout, comme des Casanova ; les femelles s'engagent dans la vertu. Voilà. L'hypothèse ordinaire de la sélection sexuelle inscrit le rôle des sexes dans d'immobiles perspectives : les mâles chercheraient sans cesse l'occasion de plaire pour multiplier les conquêtes amoureuses ; les femelles, plus réservées, se borneraient à attendre le retour du guerrier ou, dans le meilleur des cas, se contenteraient de choisir le plus brillant des panaches en conservant au mieux leur respectabilité. Chaque fois, même si les événements paraissent bien contradictoires, ces tendances biologiques aboutiraient à la *meilleure des reproductions possibles*. Nous retrouvons Pangloss et son néodarwinisme orthodoxe. Toutefois, le succès de la femelle découle pour moitié de la valeur du mâle, mais la descendance du mâle dépend presque totalement de l'aptitude de la seule femelle à défendre et soigner la progéniture. Les mâles devraient finalement s'avérer au moins aussi sélectifs que les femelles, et cette tendance devrait d'autant plus s'amplifier que la survie de la progéniture est dépendante de cet investissement des femelles. Tout est une question de valeur. Le système de préférence suit une disposition simple qu'on peut résumer sous le nom de *théorie de l'échelle*. La *théorie de l'échelle* explique comment les deux sexes évaluent la qualité de leurs partenaires sexuels potentiels sur la base de critères apparemment physiques, classant les individus selon un gradient d'attirance sexuelle.

Le choix du partenaire sexuel peut s'effectuer selon deux méthodes principales. Avec la *méthode comparative*, l'individu repère son partenaire potentiel en comparant ses qualités physiques par rapport aux autres. Cette technique semble bien répondre à la théorie du choix du meilleur, mais elle exige d'obtenir toutes les informations en même temps et d'attendre de les avoir pour réaliser une sélection. La *méthode séquentielle* est plus réaliste puisque, au fur et à mesure des rencontres, le partenaire est choisi. L'assiduité du lien repose alors davantage sur l'énergie mise en œuvre dans l'association sexuelle que de la qualité *intrinsèque* du partenaire. De fait, les décisions sexuelles doivent être si rapidement prises que le choix dépend étroitement des éléments immédiats de comparaison dont chacun dispose. Dans sa relativité, le choix sexuel reste alors *par essence* labile.

La question est : comment a pu passer inaperçu le fait que les femmes soient si séduisantes ? Les femelles affichent également des signaux indiquant leur propre valeur. On a souvent réduit cette expression à l'affichage de la réceptivité des femelles disponibles. Bien que chez l'être humain, la sexualité soit fortement influencée par les dispositions socio-économiques dominantes, les hommes se montrent plus attirés par les jeunes femmes qui possèdent tous les marqueurs apparents de la fertilité, jeunesse, symétrie et beauté physique. Tous les ouvrages consacrés à la cosmétique relatent comment marquer les traits indiquant la santé et la fertilité, et se lisent comme autant de manuels de fraîcheur éternelle. Un rapport hanche/taille s'équilibrant autour de 0,7 envoûte la logique virile, du moins dans nos sociétés occidentales contemporaines. À en juger par les représentations du paléolithique comme la dame de Lespugue ou la vénus de Grimaldi, nos ancêtres accordaient leurs faveurs à des formes autrement plus généreuses. Dans tous les cas, les mâles préfèrent les femelles apparemment les plus fécondes. C'est donc dire que les mâles peuvent s'avérer être le sexe sélectif. *A contrario*, les femelles peuvent devenir le sexe peu discriminant. Une seule éjaculation reste souvent très insuffisante pour assurer une fécondation. Les femelles ont donc intérêt à multiplier les copulations et à provoquer plusieurs rencontres. Finalement, chacun des partenaires doit investir assez pareillement dans l'*effort sexuel*.

Aucune fatalité évolutive ne vient prédestiner la recherche du partenaire à la seule activité des mâles. Les étapes de la séduction suivent une distribution inexorable selon une règle difficile qui ritualise le projet amoureux. Dans la conception actuelle de l'accord reproducteur, seul le désir des femelles, estimé très indécent, vient perturber la grande entreprise de coopération sexuelle. Ambiguïté de la préméditation sexuelle, le mâle qui courtise reste un Don Juan séduisant, mais conter fleurette devient une activité perverse chez la femelle à qui on assigne alors tous les qualificatifs fripons. Toute la sexualité humaine reste pétrie de cette obligation féminine de l'innocence et de la réserve, depuis la virginité exigée jusqu'à la sanction de l'infidélité. Ce biais construit l'hypothèse de la duplicité du libertinage féminin. Sur la moitié de la planète, cette inégalité reste encore garantie par la loi. Pourtant, l'activité désirante des femelles ne perturbe rien de l'agencement de la nature ; la résolution des femelles menace seulement la stabilité sociale organisée par les mâles, révélant la nature autoritaire de l'exigence virile.

Et si Bateman s'était trompé ? Si les femelles manifestaient finalement tellement plus de désir qu'elles aussi multiplieraient les occasions ? L'*effet Coolidge* des mâles aurait-il un équivalent femelle ? En observant ses drosophiles, Bateman aurait dû patienter. Il existe des drosophiles femelles qui aguichent, qui prolongent leur activité sexuelle en effet. Les femelles sollicitent la répétition des accouplements en des postures provocantes. Les antilopes peuvent également se révéler extrêmement exigeantes auprès des mâles, et que dire des rattes empressées ! Les lionnes aussi incitent les mâles à renouveler les performances, et leur invitation se fait largement insistante. Une femelle peut demander de recommencer jusqu'à vingt fois et pendant plus de cinq jours le geste amoureux. Les lionnes ne se contentent pas de réclamer assidûment les attentions d'un mâle, elles admettent d'augmenter le nombre de leurs partenaires. Les femelles de rongeurs peuvent encourager plusieurs mâles à la fois. L'initiative du désir prend largement ses racines chez les femelles. Il faut donc l'avouer aux Sélénites : les femelles aussi peuvent copuler souvent.

L'éléphant fait une autre confidence. Sans avoir de prédilection monastique, l'éléphant se reproduit peu. En fait, l'évolution ne promeut pas si facilement la propagation des gènes. Toute l'explication néodarwinienne se fonde sur la propension naturelle d'un individu à diffuser ses propres gènes. La valeur adaptative tiendrait dans cette disposition à dispenser ses gènes, mais la tendance évolutive paraît tout autre. Au lieu de maximaliser la reproduction, l'évolution des espèces s'est peu à peu orientée vers une réduction du potentiel reproducteur. Alors que les organismes les plus anciens manifestent une prolificité inconcevable, au fur et à mesure qu'apparaissent des organismes plus sophistiqués, le succès reproducteur s'affaiblit. Le corail se multiplie plus que les étoiles de mer, et les poissons davantage que les hippopotames. Que dire de cet étrange handicap ? Décidément, il semble que l'évolution n'aime pas la reproduction sexuelle et se moque de la théorie. Pourquoi si peu se reproduire ? En fait, les animaux font probablement de leur mieux. La corrélation entre nombre de jeunes et soin parental paraît indiquer que le travail de reproduction s'est accru au cours de la phylogenèse, exigeant de plus en plus de soins parentaux pour répondre aux incertitudes de la planète. L'augmentation du labeur parental a eu sa conséquence inattendue, le nombre de jeunes a chuté. L'analyse de David Lack expose que la stratégie parentale qui limite le nombre de jeunes reste la seule possible quand les ressources sont maigres. La seule possible, mais pas la meilleure. C'est la leçon des pétrels, ces oiseaux marins qui doivent parcourir les océans dans leur quête alimentaire. Les dauphins le savent aussi. L'exigence d'accroissement du travail reproducteur n'est pourtant pas toujours de mise et il est bien des espèces où la corvée parentale prévoit une activité minimale, parfois restreinte à la seule fécondation. Souvent, la progéniture est d'autant plus réduite que la maturité des jeunes est retardée. Alors, pourquoi donc l'évolution a sanctionné la descendance ? La réponse pourrait être dans cet organe sexuel qui s'émancipe : le cerveau. En augmentant la période sensible, l'apprentissage des jeunes devient un fondement de leur survie. Il semble que l'évolution favorise alors la cognition. Le cerveau se complexifie parce qu'il permet de répliquer aux difficultés du monde. Le temps est venu pour l'école.

Le *suicide reproducteur* constitue sans doute la stratégie la plus extrême. Le handicap reproducteur atteint son paroxysme. Le saumon reste l'un des exemples les plus connus de reproduction unique dite *semelparité*. Au terme d'une fantastique remontée vers les sources couvrant plus de dix kilomètres par jour, le saumon meurt dans un ultime effort reproducteur. Les saumons de l'Atlantique *Salmo salar* parviennent quelquefois à regagner la mer pour reprendre leur vie marine, mais les saumons pacifiques du genre *Oncorhynchus* remontent le cours d'eau sans espoir de retour. Il faut comprendre la prodigieuse transformation de l'animal qui corrige la physiologie d'un poisson marin pour obtenir une aptitude nouvelle à vivre en eau douce. Cette époustouflante conversion s'accompagne de modifications sexuelles entraînant notamment le dimorphisme de la bouche du mâle. On peut rétorquer, bien entendu, que toutes les espèces connaissent une fabuleuse modification pour accéder à la maturité reproductrice. La puberté des mammifères ou la métamorphose des insectes en rappellent l'importance sans pour cela toujours mener à une unique reproduction suicidaire. Cependant, rien n'égale l'irréversibilité de la semelparité dont l'aboutissement est inéluctablement la mort après une seule reproduction. Le suicide conduit à l'indépendance forcée de la progéniture qui ne peut pas bénéficier de soins parentaux. La mort des mâles peut favoriser la survie des femelles chez certaines espèces en laissant une plus grande disponibilité des ressources, mais, chez les saumons, les femelles meurent aussi.

Répandue chez nombre d'insectes, la semelparité reste bien une stratégie étrange. Pourtant, son efficacité est simple à concevoir : il suffirait que cette reproduction suicidaire qui engage toutes les forces des reproducteurs, produise un seul descendant de plus que n'engendre l'alternance des reproductions des espèces *itéropares* pour que la stratégie impose sa valeur. Si la semelparité possédait cet avantage, l'itéroparité perdrait son intérêt. Pourquoi, dès lors, toutes les espèces n'investiraient-elles pas dans la reproduction kamikaze ? C'est le *paradoxe de Cole*. En fait, le saumon apporte une réponse plausible. L'investissement prodigieux de la migration océanique impose un trajet sans retour. Face au coût engendré par la transformation des reproducteurs, une modification à rebours n'est plus possible. Alors, le handicap des espèces semelpares conduit de toute façon au trépas. En dépit du dimorphisme de la bouche, quel trait signifie la qualité du mâle ? La mort programmée des individus réduit encore la garantie des *bons gènes*.

Pourtant, le suicide des saumons procure au monde une immense richesse. Participant à la respiration des cellules, le phosphore est un élément essentiel à la vie, mais son cycle le disperse inévitablement dans la mer. Puisé sur la terre, le phosphore passe d'organisme à organisme, pour irrévocablement se dissoudre dans l'eau et finir par s'accumuler au fond des océans. La plupart des éléments retournent à l'océan et seuls quelques mouvements marins, comme l'*upwelling*, peuvent rapporter en surface les éléments perdus. Le vent repousse l'eau de mer de surface et les eaux des fonds marins peuvent parfois remonter. Néanmoins, les indispensables éléments repartent avec la mer. Les cellules vivantes font une consommation énorme de phosphore, l'ADN lui-même en dépend. Si le cycle ne revenait pas à la terre, nos cellules exploiteraient un phosphore fossile qui, très vite, devrait se tarir. Remontant chaque rivière, la migration du saumon ramène ces éléments plus loin dans les terres, jusqu'aux sources où le phosphore réalimente les plantes, les insectes, tout le réseau écologique. Sans le maintien de ce comportement migratoire et sans la mort annoncée des saumons, le phosphore sombrerait dans l'océan. Une migration perdue manquerait à l'équilibre du monde : le suicide du saumon fait vivre la planète.

Chapitre 16
Comment se doit de gouverner le prince

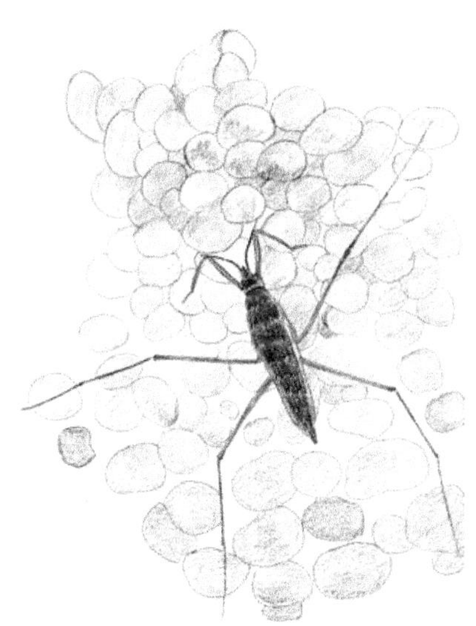

1. La jalousie des mâles

2. Le sexe des hyènes

3. La course-poursuite du conflit sexuel

La vie privée de l'écrevisse est agaçante. Les mâles au printemps explorent le courant dans une recherche incertaine. Dès qu'une femelle est dépistée, le mâle *Orchonectes* tente de s'en saisir mais généralement la belle se rebiffe aussitôt dans un claquement de queue spectaculaire. Les empoignades se succèdent ainsi, jusqu'à la lassitude de la femelle qui finit par admettre les assiduités du mâle. Mais, même après avoir expédié sa petite affaire, le mâle persiste encore à s'accrocher fermement à la femelle. La persévérance amoureuse de l'écrevisse souligne la force de l'affection des mâles, mais doit-on vraiment s'émerveiller de cet opiniâtre attachement ?

Les mâles savent imposer leur encombrante présence. Ainsi, le printemps des crapauds communs *Bufo bufo* commence par un attachant câlin. Le mâle enlace dans une tenace étreinte toute femelle qui passe à sa portée et le compère se laisse transporter ainsi juché sur son dos jusqu'à la mare de reproduction. Rien ne vient perturber l'embrassade, en dépit de l'agression des autres mâles tentant de l'évincer de cette avantageuse posture. Parfois, l'un d'eux réussit à escalader la femelle et les deux mâles comme tétanisés sur le dos de la belle se laissent emporter imperturbables à l'assaut des autres mâles. La bataille spermatique débute ainsi. Le pouce des crapauds et grenouilles mâles *Rana sp.* est orné d'une excroissance cutanée développée sous l'effet de l'augmentation des taux d'androgènes. Cette protubérance joue un rôle dans la fermeté du maintien de la femelle et, chez certaines espèces, elle a évolué en s'armant d'épines pour mieux accrocher la femelle. En fait, les mâles sont confrontés à un dilemme insoluble. Comment avoir une garantie de paternité sur la progéniture ? Les mâles proposent une réponse rudimentaire mais efficace à cette embarrassante question : il suffit de surveiller assidûment la femelle et d'interdire tout débordement.

Le *comportement de surveillance* (*mate guarding*) consiste simplement à empêcher tout accès à la femelle. Les mâles sont exclusifs. Et cette exclusion persiste et s'organise en trois temps, avant la fécondation (surveillance pré-copulatoire), pendant la copulation (prolongement de l'acte sexuel) et après la fécondation (surveillance post-copulatoire). Le cerf s'impose aux biches sur leur site de broutage, en délimitant une zone, la place de brame, d'où tout autre mâle est repoussé. En attendant la réceptivité des femelles, le cerf multiplie marquages, vociférations et admonestations, qui, s'adressant en priorité aux autres mâles, restent assez dissuasifs pour impressionner également les biches. L'emportement atrabilaire des mâles est aussi bien destiné aux deux sexes. Le chimpanzé dominant réitère tous les matins ses brutales manifestations, décourageant toute ébauche de tromperie dans un tumulte irascible et tapageur. Le hamster nain de Mongolie *Phodopus campbelli* est l'un des pères apparemment les plus obligeants. Le mâle accompagne la femelle après l'accouplement. Dès les premiers signes du travail, il aide à l'accouchement de la femelle, assistant chaque naissance, consommant le placenta et nettoyant les petits, mais, s'il reste si avenant auprès de la femelle, c'est qu'il guette le bref moment de sa disponibilité sexuelle, s'accouplant quelques heures seulement après la parturition.

Chez la plupart des espèces, la surveillance du mâle se prolonge souvent un certain temps après l'acte sexuel. En prohibant l'approche d'autres mâles, le géniteur peut assurer sa paternité exclusive, c'est l'*hypothèse de l'assurance de paternité*. Les écureuils terrestres *Cytellus* ne laissent pas la femelle un seul instant pour interdire toute tentation. La mésange bleue *Parus caeruleus* s'active d'autant plus au gardiennage que le mâle se reconnaît moins puissant, et cette surveillance seule empêche la femelle de convoler avec des concurrents. Chez les bécasseaux *Calidris mauri*, l'assiduité du gardiennage reste d'ailleurs la seule garantie de succès reproducteur car les femelles sont à la fois très sollicitées et très tentées par les autres mâles. La garde du mâle devient alors proportionnelle à la fécondité des femelles. De même, les scarabées du Japon *Popillia japonica* surveillent plus scrupuleusement les femelles les plus grandes qui sont les plus fertiles. Le gardiennage offre deux avantages majeurs : la proximité de la femelle permet au mâle de multiplier les accouplements et la vigilance interdit aux rivaux d'approcher. En dépit de la solide motivation des mâles, ce travail reste un labeur de tout instant. La surveillance accrue des femelles conduit les babouins *Papio sp.* à réduire leur activité de recherche de nourriture, et les mâles accouplés se contentent d'une pitance bien plus maigre. De même, l'activité de gardiennage entraîne une perte de poids au poisson cardinal.

De nombreuses espèces exploitent une solution plus simple qui fait l'économie des déchaînements coléreux ou d'un suivi précautionneux. Il suffit au mâle de stationner près du nid et de confisquer la ponte pour s'occuper des soins aux petits. En s'occupant directement du développement ou de l'élevage de leur progéniture, ces mâles jouent ainsi les « bons pères » et contrôlent leur future paternité. Il faut pour cela que la fécondation soit externe à la femelle. Les crapauds alytes sont des petits crapauds terrestres qui accaparent de la sorte la ponte d'une ou de plusieurs femelles. Ils assurent ensuite seuls le soin aux œufs jusqu'à l'émergence des larves qu'ils vont déposer dans la mare de reproduction. Les hippocampes *Hippocampus sp.* s'approprient également la ponte, mais incorporant les œufs dans leur poche ventrale, ils pourvoient à l'élevage jusqu'à l'éclosion de leurs petits passagers. Chez de nombreux poissons, les femelles étonnamment préfèrent choisir des mâles qui gardent déjà une ponte comme si cette apparente paternité avait le don de séduire. Les mâles le savent qui n'hésitent pas à dérober le nid d'autrui ou à consommer les œufs d'un concurrent pour accroître leur séduction provisoire. Ainsi, monopoliser la ponte n'évite pas totalement les soucis du gardiennage, mais l'exercice de vigilance peut procurer d'autres épargnes. La théorie de la sélection sexuelle prévoit que les mâles produisent une plus grande quantité de sperme quand la rivalité est rude, mais le gardiennage limite cette concurrence. Les mâles territoriaux des poissons, comme les labres *Symphodus ocellatus*, qui développent un comportement de surveillance, investissent moins dans la fabrication spermatique. Au contraire, les mâles de labres sans territoire ne peuvent exercer de surveillance des femelles et multiplient les tentatives de fécondation, produisant de plus grandes quantités de semence.

Comme la plupart des oiseaux, les canards se montrent très jaloux envers leurs congénères. La jalousie s'énonce comme une réaction anxieuse, accompagnée d'irritation et de colère, qui prolonge l'association sexuelle. Cette définition satisfait assez bien au comportement de gardiennage et à son cortège d'intimidations véhémentes et on peut dire que les animaux sont jaloux. En se référant à la volonté de monopoliser les attentions d'un partenaire sexuel, la jalousie des animaux témoigne clairement de l'existence du conflit sexuel. Dans tous les cas, la stratégie de gardiennage peut s'avérer fort dangereuse pour la femelle. Chez les libellules, le mâle s'accroche fermement à la femelle, l'accompagnant pendant toute la durée de la ponte, et cet inlassable attachement augmente sévèrement le risque de prédation chez les petites

Coenagrion. L'accenteur mouchet *Prunella modularis* envoie des coups de bec sur le cloaque de la femelle pour l'inciter à évacuer le sperme d'un mâle précédent. De plus, les mâles de nombre d'espèces utilisent volontiers la soumission de la femelle comme une tactique de rétention. Bien que les femelles mettent en jeu des stratégies de résistance à cette jalousie possessive, les mâles parviennent souvent à contrôler la sexualité des femelles en sanctionnant par des corrections cinglantes la vigilance déjouée. Chez certaines espèces, les mâles se comportent facilement en tyrans despotiques et châtient violemment les femelles. Le canard colvert se montre extrêmement irascible envers la cane, réglemente la plupart de ses déplacements et lui administre de nombreuses corrections. La punition peut même s'avérer fatale quand un grand mâle d'éléphant de mer décide de rosser une femelle. Ici, l'importance du dimorphisme sexuel ne laisse guère de chances à la femelle.

Les hyènes tachetées *Crocuta crocuta* possèdent cependant quelque chose d'étrange. L'appendice phallique de plusieurs centimètres qui orne l'arrière-train des hyènes a étonné plus d'un observateur, car les animaux qui l'exposent sont des femelles. La société des hyènes est une organisation matriarcale et les femelles dominent le groupe et organisent la chasse. Les hyènes ne s'en laissent pas conter par leurs mâles bien chétifs. Complices entre elles, les hyènes n'ont guère d'ennemis qui ne les craignent. D'autant que les hyènes savent se réconcilier. La vie sociale, il est vrai, oblige à certaines concessions car les contraintes de la brousse restent exigeantes. La hyène tachetée arbore cependant une physionomie bien singulière. Le clitoris des femelles est associé à un pseudo-scrotum et le vagin n'est pas ouvert vers l'extérieur. Cet aspect qui confond la physionomie des femelles avec l'apparence des mâles a longtemps été interprété comme une dissonance hormonale. Toutefois, et contrairement à la formation des organes mâles, ce développement n'est pas dépendant des androgènes. L'élongation du clitoris, traversé ou non par l'urètre, est un trait anatomique qui existe chez quelques groupes de mammifères. Les femelles de taupes du genre

Talpa révèlent également une masculinisation de leur physionomie avec un clitoris très allongé et placé à proximité d'une glande mimant les testicules. Le clitoris est un organe qui n'est lié ni à la fertilité ni même à la reproduction. Chez la plupart des mammifères, les femelles connaissent bien l'excitation clitoridienne. Selon l'*hypothèse du détournement clitoridien*, l'orgasme clitoridien constitue une diversion qui pourrait déguiser les intentions cryptiques des femelles sans alerter les mâles. Mon argument reste valable pour les petites espèces. Cependant les hyènes sont gratifiées d'un arsenal bien trop impressionnant. Voilà donc les hyènes et les taupes dotées d'un incontestable développement *hypertélique* qui reste peu éloquent. Que peut-il bien signifier ? Pour Martin Muller et Richard Wrangham, il faut chercher l'origine de la morphologie des hyènes dans un mimétisme des mâles. La ressemblance physique très détaillée constituerait un *camouflage social* parce que les hyènes sont les cibles de l'agression des femelles d'autres clans alors que les mâles dominés en sont peu victimes. L'argument apparaît intéressant, bien qu'il soit moins convaincant dans le cas des taupes qui vivent une vie plutôt solitaire.

Alors que, sur la Lune, comme le révèle Savinien de Cyrano de Bergerac, la chasteté est décrétée criminelle, sur la planète Terre, au contraire, les mâles imposent l'abstinence aux femelles. Les ceintures de chasteté sont infligées aux femelles. Pour cela, les mâles utilisent des bouchons de mucus qui, en séchant, viennent obstruer le vagin. Souvent produits par les glandes accessoires, ces bouchons possèdent deux fonctions principales : ils sont censés à la fois interdire le rejet de la semence par la femelle et contrarier toute copulation avec un nouveau mâle. De très nombreux rongeurs, comme les écureuils *Scurius* ou *Citellus,* fixent un tampon dans le conduit génital des femelles après le coït pour en interdire l'accès. Le lémur catta *Lemur catta* est un séduisant petit lémurien noir et blanc mais le mâle en copulant implante vigoureusement un verrou génital empêchant toute intrusion. Chez les papillons et bien d'autres insectes, l'éjaculation est accompagnée de la coagulation du liquide séminal qui assure alors la chasteté des femelles. Cependant, cet attirail n'obtient pas toujours les résultats attendus. Le pénis des libellules mâles est doté d'excroissances permettant d'enlever le bouchon ou de stimuler son expulsion par la femelle. Ces moyens dont disposent les mâles pour lutter contre la compétition spermatique peuvent occasionner des lésions sérieuses aux femelles. Bénéfiques pour la reproduction du mâle, ces adaptations affaiblissent le potentiel reproducteur des femelles et peuvent réduire leur survie comme Clark et ses collaborateurs l'ont démontré chez les drosophiles. Les glandes accessoires des drosophiles mâles sécrètent un liquide dissolvant qui détruit le sperme du prédécesseur, mais il est si toxique que les femelles meurent alors beaucoup plus jeunes. Les femelles déploient également d'importants efforts pour arracher le dispositif incommodant et parviennent assez souvent à se débarrasser du bouchon vaginal. Les mâles ne cèdent pas. La formation de ce bouchon est souvent associée à l'émission de phéromones répulsives. Lors de l'accouplement, les mouches domestiques *Musca domesticus* sécrètent des substances qui masquent l'odeur des essences érotiques. Les papillons enduisent la femelle de sécrétions anti-aphrodisiaques pour décourager les autres prétendants. Ainsi, les stratégies sexuelles peuvent donner l'avantage reproducteur tantôt au premier mâle en mettant en œuvre la surveillance, le bouchon vaginal et les substances anti-aphrodisiaques, tantôt au second mâle, capable de déjouer ces subterfuges. Néanmoins, les conséquences sont assez identiques pour les femelles manipulées par ces agissements et affectent leur reproduction ou même leur survie. Dans la bataille des sexes, le mâle use de tous les moyens pour réduire les occasions amoureuses de la femelle.

La guerre existe entre les sexes. Le dimorphisme sexuel en est l'un des meilleurs témoins. Le dimorphisme accompagne le conflit sexuel car les deux sexes diffèrent d'autant plus que leurs intérêts divergent. Les mâles cherchent vraiment à contrôler la sexualité des femelles, que cela soit ou non à leurs dépens. Réciproquement, les femelles tentent de commander l'investissement des mâles même si cette injonction réduit leur reproduction. Le fait que le caractère toxique du sperme n'existe pas dans les lignées monogames de drosophiles plaide pour un *effet contre-sélectif* de la résistance des femelles. Ainsi, Brett Holland et Bill Rice ont récemment soutenu que les mâles et les femelles seraient engagés dans une *course-poursuite* (*chase away*) résultant du conflit sexuel. Le scénario de cette *co-évolution sexuellement antagoniste* des mâles et des femelles a surpris la communauté scientifique en fournissant une analyse formelle extraordinairement crédible qui s'appuie sur l'importance du conflit sexuel. Engagés dans une rude concurrence, les mâles développeraient des caractères sous l'effet de la compétition spermatique, dimorphisme, séquestration et autres adaptations sexuelles susceptibles de leur procurer des bénéfices reproducteurs. Toutefois, les femelles pourraient déjouer ces subterfuges par leur résistance.

En fait, une co-évolution contradictoire s'élabore. Les mâles qui adoptent cet arsenal possèdent, un temps, un avantage reproducteur sur les autres, ce qui entraîne la prolifération de cet équipement dans les populations. Cependant, les femelles pâtissent des ajustements sexuels des mâles et leur vulnérabilité réduit la reproduction de celles qui acceptent les mâles pourvus de ces artifices. Au contraire, les femelles qui choisissent les mâles dotés d'une forme plus atténuée de ces dispositifs, assurent un plus grand succès ou, du moins, peuvent avoir une plus grande survie, entraînant une pression de *contre-sélection*. Le *modèle de la course-poursuite* ne peut connaître qu'un équilibre précaire entre mâle et femelle, car il est alimenté par l'apparition de nouveaux systèmes de contrôle chez les mâles. En l'étendant à tous les traits exagérés et coûteux pour les femelles, la contribution de Holland et Rice apporte une explication élégante étayant la théorie du conflit sexuel qui pourrait faire l'économie des *bons gènes*. Car ici les femelles n'obtiennent pas d'avantages grâce aux indications du mâle, mais subissent au contraire une altération de leur succès reproducteur. Le modèle souligne en tout cas la démarche heuristique que la théorie du conflit sexuel permet, introduisant une perspective réellement innovante dans le monde de la biologie évolutive.

Ainsi, les caractéristiques les plus antagonistes entre les sexes peuvent se propager. La sexualité conduit inexorablement à une *course aux armements*, comme l'avaient imaginé G. Parker ou R. Dawkins et J. Krebs dans les tout premiers scénarios dès les 1980. Le mâle accroît sa pression et la femelle sa résistance jusqu'à ce qu'un équilibre s'établisse de guerre lasse. Selon le modèle, il suffit d'un simple gène pour donner l'avantage au mâle au détriment de la femelle et sa sélection est directe. La *guerre d'usure* dont parle Parker s'aventure aussi dans une course-poursuite. Le conflit sexuel ouvre donc la porte à de nouvelles interprétations évolutives particulièrement pertinentes. À cause d'intérêts reproducteurs fondamentalement divergents, les mâles et les femelles jouent à un jeu évolutif bien différent. Ce qui est le meilleur pour un des sexes s'avère bien rarement le meilleur pour l'autre sexe. Les mâles arborent des caractéristiques variées mais cherchent d'abord à confiner les femelles. Les adaptations des uns font subir aux autres des dangers qui désavantagent leur reproduction. Le conflit sexuel s'exprime tout autant avant l'accouplement qu'après la fécondation.

Bien sûr, la sénescence est un déclin des fonctions vitales, mais pourquoi les mâles meurent-ils plus tôt que les femelles ? La fourberie des abeilles et des fourmis nous apporte la réponse. Chez les fourmis, les mâles meurent quelques heures après le vol nuptial. Les héros sont-ils à ce point épuisés par l'activité sexuelle ? Une première hypothèse est d'attribuer à un phénomène physiologique de sénescence une mort aussi précoce. Oui, mais alors, pourquoi la sélection ne réussirait-elle pas à sélectionner les mâles les plus robustes ? De génération en génération, ces mâles vieilliraient bien auprès des femelles. Les femelles ne l'entendent pas ainsi. Si les mâles ne meurent pas, les ouvrières les tuent, et parfois les dévorent. Ces crimes empêchent toute sélection : comment un gène de la longévité pourrait-il être sélectionné chez les mâles puisqu'ils ne peuvent que mourir ou être exécutés ? Expression meurtrière du conflit, les femelles sont ici l'outil d'une *sélection contre la survie, contre la longévité des mâles.*

Sur l'étang, les gerris *Gerris sp.* sont des acrobates. Ces petits insectes aquatiques très répandus semblent marcher sur l'eau en s'appuyant sur deux paires de pattes allongées. Cependant, la reproduction des gerris mâles altère la survie des femelles. Insinuant ses coûteux débordements, le conflit commence avant l'accouplement. Les mâles et les femelles ont acquis des équipements pour attraper le congénère ou pour s'échapper. L'évolution de cet arsenal suit exactement les prédictions d'une *course aux armements,* les mâles possèdent des attributs favorisant l'accrochage près de l'orifice génital des femelles. La structure de cet instrument est plus développée chez les espèces où les femelles disposent d'un appareil génital plus difficilement accessible. Göran Arnqvist et Locke Rowe ont montré que les gerris poursuivent imperturbables leur guerre des sexes sans jamais ne parvenir qu'à un accord provisoire pour aussitôt le résilier. Les femelles gerris sur lesquelles s'accrochent les mâles pour la copulation et lors du gardiennage, perdent de la mobilité, dépensent plus d'énergie et doublent le risque de prédation qu'elles subissent. Les hostilités restent inévitables. De même, chez les antilopes, la surveillance des femelles s'apparente à la séquestration. Le gardiennage reste une activité très agressive et est souvent lié aux taux de testostérone chez les canards et les lézards. L'éléphant de mer *Mirounga angustirostris* aussi utilise la méthode forte pour maintenir les femelles au sein de son harem. En adoptant d'abord l'efficacité, Machiavel le disait au prince despotique, « il vaut mieux être craint qu'aimé ».

Chapitre 17
Le dernier harem

1. Le dimorphisme et l'émergence de la tyrannie
2. Quand les femelles préfèrent la vie en groupe
3. La polygynie de défense des ressources

Le coq est un crâneur. La vanité de l'oiseau tient à la fois dans son exercice de chant matinal et dans l'exhibition d'un plumage bariolé. Mais pour trôner au milieu des poules, le coq de jungle doit lutter et arrêter un rigoureux despotisme. La polygamie consiste en plusieurs unions, *polygynes* lorsqu'un mâle s'attribue plusieurs femelles et *polyandres* lorsqu'une femelle convole avec plusieurs mâles. La polygynie est une forme très répandue de sexualité qui semble satisfaire aux désirs des mâles. Réunissant plusieurs femelles autour d'un seul mâle, la polygynie paraît souvent associée à un fort dimorphisme sexuel comme si les couleurs du coq avaient la vertu de maintenir plus solidement son harem.

La relation entre les divergences sexuelles et le degré de polygynie reste assez bien documentée chez les oiseaux quand on considère la différence entre espèces monogames et espèces polygynes. Globalement, les espèces les plus polygynes arborent des attributs plus extravagants tandis que la différence est moindre entre mâle et femelle chez les animaux monogames. Néanmoins, en analysant espèce après espèce de manière non dichotomique, le dimorphisme apparaît moins accentué chez les espèces polygynes qu'on ne le présume généralement. Près du quart des espèces chez qui les mâles se pavanent devant plusieurs femelles pour obtenir leurs faveurs ne montrent aucun dimorphisme, que ce soit pour le plumage ou pour la taille du corps. Étudiant les espèces appartenant à dix familles différentes, Höglund en a conclu qu'aucun lien n'existait entre ces caractéristiques et la polygynie des oiseaux. En fait, la taille des mâles dépasse celle des femelles principalement chez les espèces paradant sur le sol, tandis que nombre d'espèces qui s'exhibent en vol montrent un dimorphisme inversé. Chez les mammifères, il a été remarqué une certaine corrélation entre le dimorphisme de la longueur du corps et la taille du harem, notamment chez les phoques et otaries, les primates et les ongulés. Comme chez le grand éléphant de mer, chez le gorille ou chez le cerf élaphe, les espèces polygynes sont ainsi gouvernées par l'imposante taille du pacha dominant. Néanmoins, là encore, des exceptions affaiblissent bien souvent la relation entre le dimorphisme des sexes et la pratique du harem.

Le phoque de Weddell aime faire l'amour dans l'eau. Il n'est pas sûr qu'on puisse l'envier sous les latitudes polaires où il engage ses activités érotiques. Le phoque de Weddell *Leptonychotes weddelli* s'installe sur les glaces antarctiques avec une petite troupe de femelles qu'il défend contre les intrusions d'autres mâles. Il s'avère définitivement polygyne. Il augmente pourtant les difficultés de ses ébats en préférant une séduction aquatique, où sa cérémonie sexuelle émoustille les femelles et effarouche les autres mâles. Ensuite et après ses ferveurs aquatiques, le phoque de Weddell accompagne la petite troupe et interdit l'approche des prétendants rabroués. Cependant, le mâle de ce harem présente l'étrange particularité d'être franchement plus petit que les femelles.

Drôle d'événement quand il faut lutter pour les conquérir contre d'autres mâles ! Les étrangetés du dimorphisme s'amusent à contredire la corrélation chez plusieurs espèces. Le phoque à capuchon *Cystophora cristata* préfère voyager dans les mers de l'Atlantique Nord. Le mâle peut mesurer plus de trois mètres tandis que la femelle atteint péniblement les deux mètres cinquante. Pourtant, le phoque à capuchon ne suit pas la règle qui associe la masse corporelle du mâle et la taille de son harem, car il persiste à rester plutôt monogame. De plus, il s'ajoute à ce dimorphisme inversé pour la taille, une curieuse excroissance que le mâle seul porte sur la tête et gonfle à l'occasion de ses contrariétés. Comment comprendre ces variations ?

L'otarie de Steller *Eumetopias jubata* rétablit le grand principe en invitant les centaines de femelles de son immense harem à une grande obéissance au risque de déplaire à ses mille kilos de muscles. Les femelles, bien frêles, atteignant à peine le tiers du poids du mâle, restent soucieuses de ne point froisser cette hargne bestiale. Les autres mâles rejetés errent alors à la périphérie des sites dans l'improbable espérance de tromper la vigilance du souverain. Un mâle ne gagne la polygynie que parce qu'un grand nombre la perd, au moins temporairement. Les mâles d'otaries sont passés maîtres dans la technique du pugilat et la violence des combattants n'est pas feinte. Le grand mâle n'accède au statut dominant qu'après de multiples péripéties agrémentées d'intimidations et de duels à coups de dents. Chaque rencontre reproduit sa brutale querelle. Les plus convaincants ont obtenu le monopole pour se reproduire. Cette prérogative exclusive a permis que s'accroisse chaque fois la taille spécifique des grands mâles. Les mâles accèdent à la polygynie parce qu'ils veulent propager leurs gènes en augmentant le nombre de leurs partenaires. Cette tendance à la compétition directe accroît le dimorphisme, exagérant la taille des mâles.

Ainsi, le phénomène de dimorphisme n'apparaît vraiment clair que chez les espèces combatives où le mâle écarte très brutalement ses rivaux et domine en maître le harem. En fait, on pourrait suspecter, en plus des contraintes écologiques, qu'un phénomène vienne contredire l'effet du dimorphisme. La plus grande taille des femelles chez de nombreuses grenouilles pourrait parfaitement trouver son origine dans le conflit sexuel. Les femelles de crapauds et grenouilles ont pu sélectivement acquérir cette stature en tant que *pattern* de résistance aux copulations forcées, si communes dans le monde des amphibiens. Capables de rejeter les mâles les plus brutaux, ces grandes femelles pâtissent moins du coût de copulation, générant une sélection avantageant la taille. La grandeur des femelles de crapauds et de grenouilles est généralement attribuée à une sélection fortifiant la fécondité, la grosseur des femelles favorisant la maturation d'une plus grande quantité d'œufs. Toutefois, Göran Arnqvist, à qui j'ai proposé cette hypothèse du rôle du conflit sexuel dans l'inversion du dimorphisme, la trouve très crédible d'autant qu'il en retrouve une autre illustration. Les grandes femelles de gerris subissent en effet moins de harcèlement que les autres et se révèlent moins polyandres. Pourtant, si la polygynie n'était que le fait de la volonté de puissance des mâles, le dimorphisme devrait être bien plus manifeste chez toutes les espèces polygynes et ne souffrir que de très rares exceptions. Il faut donc bien que d'autres facteurs influencent la mise en œuvre d'une stratégie polygyne. Qu'en disent les femelles ?

Les antilopes copient leur comportement les unes sur les autres. En cherchant la sécurité dans la vitesse, les antilopes ont aussi élaboré les bases d'une vie grégaire. Le troupeau est un tout où la vigilance de chacun concerne tous les autres et même les chevreuils calquent leur peur sur les autres. Si la stratégie de fuite a marqué définitivement la morphologie des antilopes, la vie sociale a également influencé leur reproduction. Les mises bas se déroulent dans un délai très bref de quelques jours seulement. Ce qui est remarquable, c'est que cette synchronie est directement liée aux stimulations de la vie sociale. Cette synchronisation des naissances ou *effet Fraser Darling* constitue ainsi une réplique au péril de la prédation. Au lieu de développer des armes de défense, les antilopes ont imaginé un prélude à la coopération. De multiples yeux scrutent l'horizon et alertent de la présence furtive du léopard. Chacun surveillant pour soi-même assiste tous les autres. C'est le secret de la vie grégaire. Bien sûr, les jeunes antilopes restent extrêmement vulnérables mais les prédateurs sont presque submergés par le nombre de nouvelles proies disponibles. Cette facile provende ne dure que peu de temps, et laisse assez de juvéniles survivants qui ont pu acquérir les réflexes de la fuite et se joindre au troupeau. Ne disposant pas de cornes, les femelles des impalas *Aepyceros melampus*, cobs *Kobus cob* ou koudous *Tragelaphus strepsiceros* restent clairement défavorisées face aux prédateurs. Dans les premières heures, la femelle dissimule son jeune dans les hautes herbes, mais très vite, elle lui enseigne les fondements de la survie des antilopes, courir ou mourir. En inventant la synchronie, les femelles rassemblées survivent mieux dans la savane. Les mâles savent alors profiter de ce grégarisme. Formant des troupes rassemblées sur de faibles superficies, les femelles restent accessibles au mâle qui réussit à écarter ses rivaux.

En définissant un domaine exclusif, le mâle devient sultan. Il bénéficie de l'attroupement des femelles. L'impala sait en profiter. L'impala détermine son harem sur le rapprochement des femelles. De même, bien que le cachalot *Physeter macrocephalus* vive longtemps en solitaire, le mâle sait trouver le groupement des femelles et imposer sa force de séduction. Toutefois, toutes les espèces ne peuvent ainsi se rassembler. Dans l'habitat camouflé de la forêt, le silence et la dispersion attisent moins les convoitises que la réunion des femelles. La discrétion nécessaire interdit l'attroupement. Les mâles ne peuvent plus exploiter le ralliement des femelles pour exhorter leur instinct sexuel. Pour les dik-dik *Madoqua kirkii*, la forêt est le domaine du couple monogame.

De même, les phoques ne peuvent organiser un harem que si les femelles se rassemblent pour la mise bas. La vie aquatique des phoques connaît, en effet, une trêve. Les femelles doivent élever leur unique jeune sur la terre ferme. Toutefois, les terrains sont rares pour accueillir les naissances, les espaces bien étroits et dispersés au milieu des glaces.

Les femelles se rassemblent selon la disponibilité des habitats de grande superficie, banquises stables ou *rockeries* ou, au contraire, habitats morcelés, banquises fracturées ou îles subtropicales. La polygynie des phoques dépend du fractionnement des sites. On peut dire, en quelque sorte, que la sexualité des phoques résulte du morcellement de la banquise. Les espèces qui s'installent sur de rares mais larges plages rocheuses voient quelques grands mâles contrôler la troupe des femelles qui se regroupent. Les femelles finissent à peine à sevrer leur jeune qu'elles deviennent réceptives aux avances des grands mâles. La fécondation a lieu sur terre. Ainsi, les lions de mer *Zalophus californianus* s'attribuent un harem en s'emparant de la plage rocheuse et en repoussant tous les autres mâles en périphérie. L'étendue de plage disponible règle la taille du harem. Alors le contrôle des femelles devient une obsession de chaque instant. Le pacha exerce vite une tyrannique tutelle. Chez l'otarie à fourrure, le choix des grèves par les femelles ne constitue qu'un préliminaire, l'investissement des femelles est ensuite déterminant pour la réussite de la reproduction et la survie des jeunes. De la même manière, le grand éléphant de mer *Mirounga angustirostris* s'empare de la côte rocheuse et monopolise les centaines de femelles de son harem. Au contraire, les espèces qui vivent au milieu des glaces comme le phoque du Groenland ne disposent que de petits îlots disloqués et doivent se contenter de tous petits harems, voire supportent de vivre en monogames. La disponibilité de l'habitat perturbe la résolution des mâles.

Les femelles continuent de copier. Qu'elles soient regroupées dans le harem ou assistent à la parade du mâle sur son arène d'exhibition, les femelles miment souvent le choix sexuel de leurs congénères. Chez les antilopes, l'imitation de leurs consœurs peut faciliter une élection difficile. Toutefois, il reste malaisé d'attribuer l'acceptation d'un mâle à un choix actif, et la fidélité au site de reproduction constitue sûrement un paramètre important. En fait, peu d'études ont cherché à distinguer les deux facteurs. Les femelles restent attachées au lieu où une bonne reproduction a été déjà réalisée. L'assiduité à cet habitat favorable peut s'avérer une option extrêmement adaptative. Les femelles se montrent souvent très exigeantes sur les qualités de l'habitat et se rassemblent ainsi dans les endroits qu'elles préfèrent. Les plus jeunes copient simplement le choix de leurs aînées. En revanche, cette stratégie avantageuse s'avère assez sélective et aggrave la différence entre la reproduction des mâles et des femelles. Avec la polygynie, la variance s'accentue, les femelles obtenant une plus faible reproduction que les grands mâles dominants. Or, si ces pachas possèdent l'attirail et le panache nécessaires pour accaparer tout un harem, la progéniture mâle pourrait bien aussi en bénéficier. Appuyée sur les fondements de la sélection sexuelle, la *théorie du biais sexuel dans l'investissement maternel* de Trivers et Willard prédit que les femelles devraient davantage miser sur l'obtention de descendants mâles susceptibles d'acquérir le statut dominant plutôt que sur la production de femelles qui n'auront guère de possibilités ni d'accroître leur portée, ni de s'imposer au milieu du harem. Les femelles de haut rang devraient, par conséquent, favoriser au mieux les jeunes mâles et accroître leur soin parental envers eux. C'est la logique de la polygynie. Mais le sanglier *Sus scrofa* n'y croit guère et le macaque ne semble pas d'accord. Résidents des grands espaces forestiers, les sangliers vivent en petits groupes polygynes. Les laies peuvent mettre bas des portées de quatre à six petits marcassins. Les marcassins mâles pèsent plus lourd que les petites femelles et s'adjugent souvent la meilleure place à la tétée. Cependant, la qualité de la mère semble plus influencer la taille de la portée qu'elle n'affecte le sex-ratio. Quant aux macaques rhésus *Macaca rhesus*, ils font exactement le contraire de ce que prédit la théorie : les femelles de haut rang ont la terrible indélicatesse de faire naître plus de filles. De même, l'analyse des relations entre le sex-ratio et la qualité de la mère chez dix-huit espèces d'ongulés ne parvient qu'à obtenir une très faible corrélation. Ces faits ont conduit Alan Dixson à plaider plutôt pour l'*hypothèse de l'avantage aux filles*. En effet, les macaques s'associent en groupes sociaux très complexes et fortement hiérarchisés sous l'autorité d'un mâle dominant. Les femelles forment la base de la vie sociale. Dans ces lignées matrilinéaires où les jeunes mâles ont tendance à émigrer, les femelles de haut rang assurent d'abord le statut de leurs descendantes femelles. Le macaque est franchement facétieux.

Décidément, la polygynie paraît une stratégie bien bizarre. Les femelles ne semblent pas pouvoir choisir leur conjoint et les mâles dépendent du regroupement des femelles. Le putois a trouvé une autre solution. Les femelles vivent séparées sur leurs territoires, isolées les unes des autres. Le putois reste pourtant un polygyne averti. Effectuant de longues excursions, le mâle visite tour à tour toutes les femelles disponibles, étendant le contrôle de son domaine à la plus vaste portion d'espace possible. Chez le putois, la copulation provoque l'ovulation et dès son arrivée, le mâle peut courtiser la dame durant deux ou trois jours, le temps de parfaire son œuvre pour ensuite repartir à l'aventure. La durée de réceptivité des femelles et la concurrence des autres mâles constituent les seules limites à ces randonnées amoureuses car les femelles restent peu regardantes sur l'aspect du mâle. Cette stratégie de *polygynie dispersée* caractérise de nombreux petits carnivores. Comme chez la plupart des espèces polygynes, les femelles pourvoient seules aux soins des petits. La charge de la progéniture est donc entièrement dévolue aux femelles. De même, chez les lézards, les grands mâles dominants paient un tribut très faible à la reproduction, généralement réduit à leur seul effort reproducteur. Le conflit entre la multiplication des accouplements par les mâles et le soin des jeunes reste le principal déterminant de la polygynie chez les moineaux domestiques *Passer domesticus*. Ainsi, dans la stratégie polygyne, la répartition des tâches se distribue dans une discrimination caricaturale, les femelles assurant seules l'élevage, les mâles courant le guilledou ! Les femelles ne peuvent réduire le coût de la polygynie qu'en rassemblant leurs forces. Toutefois, le succès reproducteur d'une femelle plus âgée n'est pas compromis par la stratégie polygyne, la vie en groupe notamment autorisant des tactiques d'aide à l'élevage à travers un système où la première femelle dominante est assistée par les femelles dominées. C'est ce que font les lionnes. Ici s'insinuent les prémices de la vie sociale. En organisant la troupe, les femelles apprennent à se connaître, à s'accepter.

Néanmoins, la tolérance des girafes connaît vite ses limites. Les girafes vivent en petits harems formés par le rassemblement des femelles dans la savane. Elles s'avèrent aimables et manifestent bien de la tendresse entre elles. Néanmoins, leur indulgence est limitée par la rareté des acacias et des feuilles tendres. Il existe un *seuil de polygynie* qui est dépassé dès que le regroupement des femelles exige des ressources trop abondantes. Les femelles n'admettent l'augmentation de leur tribu que lorsque la concurrence reste faible entre elles. L'attroupement des girafes constitue ainsi une *polygynie de défense des ressources*. Les lamas guanacos *Lama guanicoe* organisent très strictement ce type de harem et de manière quasi permanente sur le territoire d'un mâle qui reste très fidèle à son site. Les gnous ont découvert la solution à l'affaiblissement de la nourriture disponible tout en acceptant le développement de la horde. Les gnous forment des troupeaux immenses et suivent le chemin de la croissance des graminées. La grande migration du troupeau découle du délai du regain. En fait, chez la plupart des espèces, les mâles définissent un territoire défendable le plus vaste possible et les femelles font office de colocataires. La polygynie dépend ensuite des ressources qu'il renferme. Si le territoire recèle des ressources abondantes et bien réparties, de nombreuses femelles peuvent en profiter. Au contraire, les domaines les plus pauvres ne pourront accueillir qu'une ou deux femelles, restreignant les ambitions polygynes du mâle. Ainsi va la vie de l'accenteur mouchet.

En fait, la situation reste un peu plus complexe et les spécialisations alimentaires ont encouragé le développement des comportements polygynes. Le paradisier magnifique *Cicinnurus magnificus* est un expert des noix de muscade. Le muscadier est un arbre difficile dont les fruits complexes recèlent une amande délicieuse mais ardue à déloger. Le paradisier complète son menu en consommant des insectes. Ce régime riche en nutriments permet à la femelle de s'occuper seule de la nichée et laisse beaucoup de liberté aux mâles qui peuvent se livrer toute la journée à leurs captivantes parades amoureuses. De même, le putois est intraitable. Il préfère la vie solitaire. Il n'accepte pas de colocation ou alors son territoire incorpore seulement de toutes petites parties des zones que fréquentent les femelles. Comment le putois peut-il alors assurer son appétit polygyne ? Se nourrissant principalement de petites grenouilles et de rongeurs, le putois vagabonde de mares en mares pendant la saison des amours. Les proies du putois sont trop dispersées pour admettre l'association des femelles. La vie sociale se restreint alors à la période d'abondance de l'enfance entre la mère et les trois ou quatre jeunes de la portée et la petite famille se disperse en automne pour que chacun vive définitivement seul. Au printemps, les grenouilles forment de grands rassemblements reproducteurs et ces grenouilles encore engourdies par l'hiver sont une provende facile. Le putois est polygyne parce que la femelle dispose de proies suffisantes pour effectuer de copieux et riches banquets. Elle peut élever sa progéniture seule. Abandonnant la corvée de l'élevage, le putois mâle peut s'aventurer de place en place à la recherche de femelles à séduire. La spécialisation sur des proies délaissées par les autres prédateurs a ici favorisé l'évolution des stratégies polygynes.

Il faut donc à la polygynie l'autorisation de la disponibilité des ressources. Cependant, dans le troupeau, le succès de reproduction diminue vite dès que la taille du harem s'accroît. Ainsi, les marmottes à collier jaune *Marmotta flaviventris* s'organisent en petites communautés mais la reproduction est clairement dépréciée par le nombre d'individus présents dans le clan. Les babouins hamadryas *Papio hamadryas* connaissent la même peine, bien que l'ancienne Égypte fasse de ces disciples de Thot, les serviteurs du savoir. Toutes les femelles n'en ressentent pas les effets de la même manière. Les grandes dames dominent largement la vie de la tribu et assurent une reproduction normale. Seules, les plus dominées paraissent clairement désavantagées. Affectées par leur rang social, ces femelles subissent la pression des autres et restent les plus exposées dans un troupeau qui les intègre mal. Ces femelles pourraient avoir intérêt à quitter le groupe. Bien sûr, les contraintes alimentaires et le risque des prédateurs diminuent les dividendes de ce départ. Les femelles les plus jeunes, les plus tardivement acceptées dans la bande, essaient parfois de s'écarter de la communauté. Mais cela ne se fait pas. Aussi bien chez les marmottes que chez les babouins ou les otaries, le mâle dominant adopte aussitôt des arguments bien persuasifs par l'intimidation ou la violence. La polygynie reste ainsi écartelée entre les batailles des mâles querelleurs et la difficulté de se reproduire ensemble. Que deviennent les exclus du système ? Formant des collèges de célibataires, ces mâles errent en petites troupes et attendent l'éventualité d'une défaillance du grand maître de harem. Le pacha ne connaît pas davantage l'apaisement, exposé à de multiples tentatives pour corrompre le groupe des femelles ou pour lui dérober son trône provisoire. Décidément, basée sur le conflit sexuel d'un investissement parental inégal et après bien des péripéties et des compromis, la polygynie n'aboutit encore qu'à une situation très conflictuelle. L'équilibre reste toujours précaire : la polygynie est une autre calligraphie du conflit sexuel.

Chapitre 18
Le domaine du cœur

Monsieur loutre *Lutra lutra* s'occupe à une activité bien étrange. Atteignant le dessous du pont, il sort de la rivière, renifle alentour et explore attentivement la banquette de la passerelle. Il semble chercher quelque chose à un endroit précis. Enfin, il tourne sur lui-même, le lieu est identifié. Le mâle dépose alors délicatement un petit paquet d'excréments ou *épreintes* dont les effluves marquent sa présence. Au sein du domaine parcouru, la loutre définit quelques secteurs dont tout autre mâle sera exclu. Voilà, le territoire est en quelque sorte le domaine du cœur.

Cependant, la différence éthologique classique entre *domaine* vital exploité pour ses ressources et *territoire* délimité pour la reproduction réclame quelques commentaires. Le territoire est jalonné de marques visuelles, sonores ou olfactives selon les espèces, et ces signes repoussent les intrus. Voilà pourquoi le rouge-gorge s'égosille. Néanmoins, à y regarder de plus près, les loutres ne déposent guère leurs marques à la périphérie de leur aire d'activité. Curieusement, les bornes ne circonscrivent pas les murailles invisibles du territoire. Au contraire, les marquages se répartissent un peu partout. Pourtant, chacun d'entre eux est disposé dans un endroit *a priori* stratégique. Nul doute que la loutre n'a pas escaladé ce remblai par hasard, elle n'a pas choisi cette pierre émergée sans étude préalable. Comme chez la plupart des carnivores, les épreintes sont toujours mises en évidence dans des endroits particulièrement remarquables. Les marquages territoriaux sont exposés clairement aux congénères, mais semblent éparpillés dans l'espace. S'il s'agit d'installer une frontière, pourquoi ne pas ceinturer le domaine ? La loutre adopte le plus souvent des domaines linéaires le long des cours d'eau et il est possible d'admettre que cette situation entrave notre compréhension de son activité. Le putois occupe, lui, des surfaces. Le putois a vraiment acquis sa célébrité à cause de ses parfums. Contrairement au renard *Vulpes vulpes*, les odeurs du putois d'Europe restent cependant assez discrètes dans la nature et nombre de mes étudiants hésitent toujours à l'identifier. La notoriété de sa puanteur provient du piégeage car les émanations du petit animal deviennent à la fois plus perceptibles et plus désagréables lorsqu'il est terrorisé. Le putois est un mal-aimé, mais regardons plutôt comment ce carnivore établit son territoire. Le petit mustélidé agit comme un clandestin. Il abandonne furtivement ses laissées dans le creux des chemins ou sous les troncs d'arbres renversés. Pourtant, la plupart de ses activités nocturnes sont gratifiées d'un dépôt odorant. Les déplacements du putois sont caractérisés par deux types de cheminement : de longs trajets d'excursion et de très petits parcours sur des zones qu'il explore pour en exploiter avidement les ressources. Auprès des mares par exemple, il furète en quête de rats et de grenouilles. Dès que son chemin bifurque ou franchit un obstacle, le putois dépose ses marques, mais il laisse d'autant plus de marquages que son activité est assidue et que le lieu s'est avéré favorable.

Le secret de la territorialisation est là : le dispositif de marquage olfactif dérive en fait d'un automarquage. Le putois jalonne ses propres occupations, comme pour établir la carte de son territoire. Les dépôts odorants ne se répartissent donc pas en périphérie du territoire mais accompagnent les activités du propriétaire. En éventant ses propres odeurs, le putois se sait chez lui. Il s'organise un gradient olfactif personnel autour des zones les plus couramment marquées, formant des espaces intimes, et ces effluves familiers le rassurent. Chaque senteur fraîche annonce la préséance du résident dans un gradient d'odeur au fur et mesure que l'intrus s'approche, pénétrant plus profondément en territoire étranger. Non coutumier du site, le putois se retrouve d'autant plus en état d'infériorité qu'il voisine des lieux régulièrement marqués par un autre. De même, un parfum femelle est vite détecté. Ainsi, le putois reconnaît le parfum de sa dame en noir, la fragrance érotique d'une femelle. La familiarité des odeurs est la clé secrète du territoire. Aussi, le possesseur d'un territoire est souvent favorisé dans la joute virile. La familiarité de son espace lui procure la confiance nécessaire à la rivalité. Cela constitue le mécanisme du *home advantage*, l'*avantage d'être à domicile*. De même, l'épinoche gagne presque toujours dans son propre territoire et les mésanges n'hésitent pas à brutaliser les rivaux qui s'égareraient à proximité de leurs postes de chant.

On a parlé de l'angoisse du gardien de but. Juste avant le match, les taux de testostérone salivaire sont plus importants chez les joueurs de football, corroborant, selon Nick Neave et Sandy Wolfson, l'hypothèse du *home advantage, avantage d'être à domicile*. L'agressivité est constitutive du territoire comme elle est liée au désir. C'est ce qui explique que le possesseur du territoire reste plus souvent vainqueur. L'effet de la testostérone sur l'activité territoriale s'avère particulièrement bien documenté chez les oiseaux. La testostérone prépare ainsi la malédiction des mâles. L'hormone agressive favorise les répliques face aux adversaires mais elle abuse aussi le prétendant. La mobilisation de la testostérone développe à la fois le désir courtois, l'esprit conquérant et la violence des mâles.

Les clés obtenues, la citadelle reste encore assez mystérieuse. Nul doute que l'abondance des ressources constitue un argument en faveur du territoire. Pourtant, le paradoxe du territoire est lié aux richesses qu'il renferme. Pourquoi les mâles se territorialisent-ils puisque, le plus souvent, ce sont les femelles qui ont besoin des ressources pour élever les jeunes ? Comment donc se construit le partage des rôles ? Basée sur la thèse de l'*optimalité des ressources*, débattue par Krebs, la théorie de la *dispersion des ressources* explique que la taille du territoire dépend principalement du degré de dispersion des ressources. Plus les moyens de subsistance seront éparpillés, plus le territoire devra être étendu. Au contraire, lorsque les disponibilités de nourriture sont riches et régulières, la taille diminue. La modélisation du comportement territorial des oiseaux livre une image assez proche de l'*hypothèse de l'optimalité*. Le corollaire obligé est qu'un territoire disposant de très abondantes ressources devrait être peu défendu tandis que l'affaiblissement des aliments augmenterait l'intolérance. Mais l'accenteur mouchet *Prunella modularis* reste têtu. Comme la plupart des animaux, il ne tient pas à abandonner ses batailles. Que l'espace gardé regorge d'opulentes réserves l'indiffère complètement, l'accenteur défend toujours les quatre à cinq mille mètres carrés qu'il peut soustraire à l'avidité des autres mâles. Au contraire même, car égaré dans un territoire vraiment très pauvre, l'accenteur consent à s'associer avec un autre mâle. Le dénuement rend donc l'oiseau tolérant au lieu d'augmenter son irascibilité. Il existe donc un seuil au-delà duquel l'intégralité du territoire n'est plus tout à fait préservée, mais consent à d'autres présences. Dans le contexte du conflit, le territoire se convertit, car, plus qu'un outil de défense des ressources, la territorialité est une manifestation de pouvoir.

Cependant, l'étendue du territoire se restreint parfois comme une vraie peau de chagrin. Le domaine change avec les espèces, avec les saisons. La taille de l'animal pourrait influencer la grandeur du territoire. La minuscule linotte *Carduelis cannabina* mélodieuse défend de son gazouillis musical un vaste terrain parsemé de buissons tandis que les grands goélands bruns, *Larus fuscus* ou les hérons cendrés, *Ardea cinerea* n'interdisent guère que l'accès direct à leur nid. Comment expliquer que certaines espèces accaparent des espaces importants alors que d'autres vont limiter leur prétention aux alentours immédiats du site de ponte ? La taille des animaux n'intervient guère. L'organisation territoriale doit chercher une autre explication. La théorie de Kaufman réunit la signification de la *territorialité* et de la *dominance*. La nature polémique, combative même du comportement territorial entraîne la défense d'une zone exclusive directement ou indirectement associée à l'activité de reproduction. L'organisation des hiérarchies dans les groupes sociaux paraît constituer un mécanisme assez proche. Il s'agit d'expulser les concurrents ou de les maintenir à distance des femelles. La hiérarchie agence en quelque sorte une « territorialité » du social où l'espace défendu se réduit à un réseau d'interactions. Le territoire étend cette défense à l'espace péri-corporel d'abord, puis au fur et à mesure des prétentions reproductives, à l'étendue autour du nid, et à la main-mise d'une aire de plus en plus vaste. Nous pouvons toutefois encore développer cette idée en retenant que le comportement territorial et son avatar hiérarchique constituent, du point de vue du conflit sexuel, une *stratégie générale pour monopoliser les femelles*. Ici réside la nature profondément versatile du territoire. La pratique du gardiennage en est le complément pour garantir ensuite la paternité. Le territoire est construit comme un espace privé. En fait, la *théorie du monopole des femelles* s'applique au comportement d'exclusivité dont il témoigne. La territorialisation manifeste la volonté de s'accaparer l'exclusivité des femelles avant l'accouplement et peut se prolonger après la copulation, rejoignant les enjeux de l'*hypothèse de l'assurance de paternité* développée pour expliquer la stratégie du gardiennage. D'ailleurs, chez des espèces comme le jacana où le mâle seul s'occupe de l'élevage de la couvée, le mâle s'active à préserver un territoire, ce qui n'est plus le cas chez le phalarope *Phalaropus lobatus* qui préfère investir dans une stratégie de gardiennage. Deux espèces proches révèlent ainsi deux formes de stratégie. La jalousie des mâles s'exprime donc également à travers la surveillance ou la défense territoriale et dépend du taux de testostérone. Cette tentative de monopolisation des femelles se traduit par un gradient de jalousie, plus ou moins prononcée, depuis la surveillance de la femelle, la défense du nid jusqu'à la définition d'un large territoire disposant d'abondantes ressources. Voilà pourquoi l'activité territoriale n'incorpore pas toujours la préservation des ressources et pourquoi la défense du territoire reste principalement dévolue aux mâles. Le conflit explique les bases du territoire.

Le coq de bruyère danse au petit matin. Le coq de bruyère ou tétra lyre *Tetras tetryx* se livre à des exhibitions chorégraphiques agrémentées de claquements pour attiser le désir des femelles. Devant un parterre de femelles attentives, les mâles arborent leurs couleurs et s'affrontent dans des joutes pittoresques sur des petites arènes, car le *lek* réduit le territoire à sa plus simple expression. Le lek est cette arène de parade où les mâles se bousculent. D'après Malte Andersson, le terme inventé par le célèbre naturaliste anglais et grand chasseur Lloyd proviendrait du suédois *jeu* évoquant l'aspect ludique des joutes du tétra. Le lek constitue la version miniature du territoire, il ne dispose d'aucune ressource, il n'est qu'un tout petit bout de terrain, une caricature de territoire. Pourtant, le mâle défend l'arène de parade. En dépit de l'ambiguïté de la distinction entre leks *éclatés* et territoires temporaires, un très faible nombre d'espèces utilisent cette cérémonie de l'arène, mais le lek existe cependant dans des familles zoologiques bien différentes. Les manakins du genre *Chiroxiphia* effectuent leurs invraisemblables pirouettes devant les femelles qui peuvent ainsi s'attarder à étudier la pantomime de cinq à huit oiseaux différents à la fois. Le champion de ces dames pourra assurer les accouplements. Le chevalier varié *Philomachus pugnax* est aussi connu pour entreprendre ces cavalcades sur l'arène. Chez ces oiseaux, l'activité chorégraphique a pris le dessus sur le répertoire chanté. Des antilopes comme les cobs, des grenouilles comme la mantelle *Mantella aurentiaca,* des poissons comme les labres et même des insectes comme le papillon du céleri ou encore la mouche des sables occupent aussi une arène de rut. Sur le lek, la compétition des mâles s'exprime fortement mais lorsque l'arène accueille plusieurs mâles, la rivalité n'est pas fortement retournée contre eux-mêmes. Ils préfèrent danser.

La réussite varie beaucoup d'un mâle à l'autre. Tandis que certains mâles réalisent presque toutes les copulations, les autres doivent se contenter d'une bien faible participation. Ainsi, chez la gelinotte des sauges *Centrocercus urophasianus,* moins de 10 % des mâles totalisent 80 % des accouplements. Il semble que les femelles préfèrent les mâles qui répètent le plus activement leur chorégraphie. La formation des leks s'effectue dans les secteurs les plus propices à la rencontre des femelles et l'*hypothèse de position* (ou *hotspot hypothesis*) énonce que le succès reproducteur dépend surtout de la position centrale du prétendant sur le lek. Cependant, l'hypothèse qui rend le mieux compte de l'évolution de ce système territorial miniature reste l'*attirance des femelles* soit à travers un modèle *direct d'attirance immédiate,* les femelles sélectionnant les mâles plus séduisants, soit selon le modèle *relatif du champion de ces dames* (ou *hotshot hypothesis*), joli terme pour retrouver le sens médiéval de la joute. Toutefois, plus qu'une simple préférence, le conflit réintroduit l'obligation du compromis. Ici, peut s'appliquer sans embarras la *théorie de la propagande,* d'autant que le regroupement des mâles offre un double avantage. Les plus attrayants obtiennent les faveurs, mais les mâles présents moins séduisants peuvent aussi profiter de la faiblesse des plus séducteurs. Le chevalier combattant varié *Philomachus pugnax* a bien assimilé les bénéfices de cette tolérance. Il tolère ainsi que d'autres mâles paradent sur la même aire. Les chevaliers combattants sont des petits oiseaux limicoles dont la livrée nuptiale comporte une collerette de plumes noires, brunes, rousses ou blanches. Les mâles ornés de la collerette la plus sombre s'avèrent si combatifs que les prétendants leur laissent la meilleure place, mais les femelles restent beaucoup plus sensibles aux mâles embellis d'une collerette blanche. Réduisant la compétition spermatique, les deux mâles s'acceptent sur le lek, car l'association d'un mâle sombre agressif avec un mâle séduisant à collerette blanche assure le meilleur compromis, défense des meilleures positions du lek et ravissement des femelles. Néanmoins, cette parade collective bénéficie davantage aux femelles puisqu'elles s'accordent très souvent des ébats amoureux avec plusieurs mâles. Le chevalier combattant paraît décidément bien chevaleresque !

La théorie du conflit sexuel éclaire ainsi la rivalité des mâles sous un jour nouveau. Puisque des phénotypes différents peuvent bénéficier de leur alliance, la théorie du conflit sexuel introduit l'intérêt de la coalition sociale. Nous avons déjà relevé cette tendance coopérative, provenant du conflit des sexes chez les femelles, au chapitre précédent. Les théories actuelles expliquant l'avènement biologique de la coopération et de la socialité sont multiples, mais la plus couramment reconnue, la plus néodarwinienne aussi, reste la *théorie de la parentèle* de William Donald Hamilton. Comment comprendre les comportements altruistes comme l'abnégation des fourmis ouvrières ? s'interroge-t-il. Hamilton a supposé une base génétique au phénomène en se fondant sur leur reproduction haplo-diploïde, les ouvrières coopèrent dans la fourmilière sans se reproduire parce qu'elles possèdent plus de gènes en commun qu'avec leur propre mère, la reine. En aidant à la reproduction de leurs proches parents, les individus altruistes favorisent ainsi la propagation de leurs propres gènes, du moins de ces gènes partagés avec leurs apparentés, et plus particulièrement de ces gènes de l'altruisme. Cette hypothèse ou *règle de Hamilton* (*Hamilton's rule*) est basée sur un certain nombre de postulats, comme une faible sélection car une forte sélection perturberait la parenté, ou encore une discrimination de parentèle car il faut que les coopérants se reconnaissent en tant qu'apparentés. Surtout, elle établit que les individus forment des assemblages de parenté ou plutôt que la parenté explique les associations.

Cette théorie a été incroyablement féconde. Les travaux de recherche sur la parentèle sont si abondants qu'il reste impossible de les analyser ici avec toute la précision qu'ils méritent. La plupart souligne l'important rôle de l'apparentement dans la tolérance sociale. Je vais néanmoins risquer un pari audacieux, la théorie du conflit sexuel pourrait expliquer simplement l'alliance tout en faisant l'économie des gènes de l'altruisme. Curieusement, d'ailleurs, les gènes de l'altruisme ne s'exprimeraient que chez les individus qui fournissent l'aide sans se reproduire (*helpers*). En fait, dans une revue récente, Lee Alan Dugatkin souligne les problèmes que pose aussi la coopération qui existe entre individus non apparentés. La coopération pourrait résulter alors du conflit d'intérêt entre les sexes. Il faut quitter les fourmis. La vie des lions laisse entrevoir cette possibilité. Les travaux de Craig Packer et d'Anne Pusey ont toujours insisté sur l'association des lionnes, révélant que les femelles s'alliaient à la fois pour la chasse et pour l'allaitement. Mais les lionnes trichent, la chasse n'est une alliance sincère que lorsque les lionnes ont vraiment besoin les unes des autres. Quant à l'allaitement en commun des lionceaux, les lionnes ne se montrent guère généreuses et fournissent préférentiellement du lait à leurs propres petits bien qu'elles puissent accepter, de guerre lasse, de nourrir les autres. Le vrai lien qui fonde la coopération des femelles reste la protection du groupe, notamment contre les intrusions des mâles étrangers. Nous y reviendrons. La coalition des mâles résulte du même conflit, leur ligue permet de contrôler le territoire et par conséquent la troupe des femelles. Nul gène altruiste dans cette collaboration qui réunit les intérêts individualistes de chacun. Le succès biologique de ces félins sociaux ne dépasse pas les querelles intestines. Les bases de la vie sociale émergent ainsi du conflit sexuel selon le même principe de l'*association des égoïstes* qu'évoquait Max Stirner. L'évolution du lek en tout cas révèle que la situation de monopolisation des femelles et la polygynie qui en découle dépend aussi du propre choix des femelles elles-mêmes.

Quoi qu'en dise le tétra, le lek apparaît comme un substitut peu flatteur du territoire. Que sont les ressources devenues ? Étrangement, les conséquences évolutives du comportement territorial ont été assez peu étudiées, mais il est communément admis que la défense d'une zone exclusive devrait accroître le succès reproducteur du propriétaire. Par conséquent, la signification adaptative de la territorialité devrait être trouvée dans l'obtention d'une meilleure reproduction. Mais comment distinguer l'effet de l'activité de défense du territoire de l'influence toute simple d'un habitat riche ? L'abondance des ressources favorise évidemment le succès de la progéniture. L'utilisation des habitats naturels par une espèce donnée reflète généralement un choix actif pour des qualités optimales procurant de nombreux bénéfices attendus, tels que des abris, des ressources alimentaires, un refuge contre les prédateurs et une concurrence limitée. Ainsi, sur la Loire, le castor s'installe sur des rives disposant au moins de 1,8 kilomètre de saulaies. Toutefois, l'hypothèse fondamentale de la *théorie de la sélection de l'habitat* telle qu'elle a été définie par Rosenzweig reste que l'animal sélectionne les caractéristiques de l'habitat pour maximaliser son succès reproducteur. La sélection de l'habitat prend par conséquent une claire signification évolutive et diffère nettement d'un simple usage des milieux où les préférences ne concernent que l'exploitation des ressources.

Les différences dans l'utilisation de l'espace ont souvent été imputées à une sélection d'habitats. En dépit d'une grande confusion dans la littérature scientifique, on ne devrait parler de sélection d'habitat que si la reproduction en est affectée. Souvent, les bénéfices obtenus dans le passé guident le choix de l'installation. Cependant, comme chez les mâles territoriaux des poissons coralliens tel *Stegastes diencaeus,* les propriétés intrinsèques de l'habitat peuvent varier au contraire de la superficie qu'ils peuvent défendre. La taille du territoire reste immédiatement l'élément le plus important pour le mâle. En fait, la recherche d'habitats propices à une meilleure reproduction entraîne une augmentation de la compétition entre les animaux qui ne disposent pas d'une infinité de sites favorables. Les plus malins ou les plus courageux s'attribuent les meilleures places, laissant aux moins querelleurs l'exploitation d'habitats suboptimaux. Aussi, la sélectivité pour un habitat propice décroît au fur et à mesure qu'augmentent la densité des individus et son cortège de rivalités. Le territoire résulte de ce compromis, influencé à la fois par la sélection des habitats de qualité et par la concurrence entre les mâles. Et si le territoire découle de ce compromis, il faut présumer que sa superficie résulte de l'intensité de la compétition entre mâles. Les espèces dont les mâles s'exercent à la plus vive rivalité ne défendraient que des zones minuscules tandis que les plus tolérantes obtiendraient de plus larges terrains. Le lézard *Sauromalus obesus* a la gentillesse d'obéir à cette règle. Ces lézards s'attribuent les territoires les plus riches selon une logique très stricte. Mais dès que les densités excèdent plus de onze individus à l'hectare, les mâles abandonnent l'activité territoriale pour s'adonner à des parades sur un lek temporaire ou même ils établissent une polygynie de dominance, rigoureusement hiérarchisée entre eux. Le lek trouve un peu de son sens mais, à l'évidence, ce n'est pas encore suffisant.

Bien, le lézard ne s'interroge pas. Mais où donc se cache la vraie richesse du territoire ? Le territoire est souvent compris comme faisant partie de l'*effort sexuel* expliquant pourquoi il est dévolu aux mâles. En effet, délimiter et défendre un territoire exclusif, c'est écarter des rivaux et séduire une femelle. Ainsi, chez le putois, l'heureux possesseur d'un territoire obtient une meilleure chance de se reproduire que le mâle vagabond. De même, le spermophile *Spermophilus parryii plesius* est un écureuil terrestre arctique chez qui seul le mâle territorial peut acquérir les faveurs des femelles. Mais le territoire est aussi cette étendue qui sauvegarde les ressources pour assurer la survie des descendants. Le territoire n'est-il donc pas aussi un *investissement parental* ? La qualité des ressources reste difficile à apprécier et la mésange doit s'établir avant que n'éclosent les chenilles dont elle nourrira sa nichée. Le putois aussi doit appliquer cette *stratégie de coïncidence spatio-temporelle* ajustant son activité et son domaine à ceux de ses proies. Ainsi, le ratel *Mellivora capensis* du Kalahari étudie-t-il la présence des nids de guêpes sauvages. Les perdrix grises *Perdrix perdrix* sont intéressées par les mâles les plus vigilants parce qu'ils avertiront de la présence des prédateurs. Bref, quand les femelles s'en mêlent, le territoire n'a plus tout à fait le même sens. Le territoire de l'accenteur mouchet est tout de suite entendu comme une défense des ressources pour les femelles. Par conséquent, l'activité de défense territoriale consiste déjà en un investissement parental pour la future couvée. Pourtant ce n'est pas la raison qui gouverne l'accenteur mouchet. Il développe tout son talent pour s'attribuer le territoire le plus prospère capable d'accueillir plusieurs femelles. En obtenant la bonne position, il pourra profiter d'un petit harem. Car l'accenteur le devine, la vraie richesse du territoire tient dans la présence des femelles réceptives. La disponibilité de nourriture n'est pas indispensable à l'activité virile. Voilà « pourquoy les moines sont plus voluntiers en cuisine », dit Rabelais.

Chapitre 19
Le charme discret de la monogamie

1. Une destruction mutuelle

2. Le désir silencieux

3. Un compromis de dupes ?

Les femelles, c'est entendu, préfèrent de beaucoup l'obtention de ressources. Les diamants restent les meilleurs amis de Marilyn comme la richesse du territoire plaît aux femelles. Alors, le mâle de la crocidure *Crocidura russula* patiente au milieu de son domaine. La femelle crocidure musette, elle, promène son intérêt d'un territoire à l'autre, à la recherche de *Mister* musaraigne qui la comblera. Cette petite musaraigne de nos jardins choisit attentivement avant de déclarer sa flamme, car la crocidure musette adopte une vie monogame. Le mâle lui aussi prodigue ses ardeurs à son unique dulcinée insectivore et réserve son activité amoureuse à cette longue halte, limitée aux frontières de son territoire. Pourtant, un nouveau problème se pose du point de vue de la sélection sexuelle : quel bénéfice y a-t-il à séduire une femelle si chaque crocidure obtient exactement une reproduction et une seule ? Voilà bien le problème de toutes les espèces monogames.

La monogamie est fascinante parce qu'elle apparaît vraiment comme une anomalie. Pourtant, selon la sélection sexuelle, enfin répartie également entre le mâle et la femelle, l'activité sexuelle devrait trouver dans le couple monogame un apaisement du conflit. Néanmoins, le câlin symétrique ne suffit pas à l'explication. On pourrait supposer que la proximité physique qu'oblige la pénétration sexuelle encouragerait davantage la monogamie chez les espèces pratiquant le coït tandis que la fécondation externe provoquerait une augmentation des rivalités et une plus grande promiscuité sexuelle. Il n'en est rien. Des poissons à fécondation externe révèlent des mœurs très monogames alors que nombre de singes vivent une forte polygynie. En fait, très peu d'espèces organisent un appariement en couple monogame. Bien que la monogamie se manifeste dans des groupes zoologiques aussi différents que les crustacés ou les lézards, l'adoption d'un contrat d'exclusivité sexuelle n'est finalement majoritaire que chez les oiseaux. Encore que la tricherie en est rarement absente. Ainsi, peu d'espèces sacrifient à la *monogamie sociale*, mais la singularité de ce système sexuel tient d'abord dans son coût : le succès de l'investissement de chacun est entièrement dépendant de la qualité de l'autre. La reproduction doit réussir à deux, il n'existe guère d'alternative à l'échec. Cela apparaît d'autant plus difficile que les femelles réduisent considérablement leur choix, et donc la sélection sexuelle, en se partageant exclusivement les mâles potentiels. Nécessairement, une grande partie des individus monogames prennent le risque de contenter de médiocres partenaires.

Le roucoulement des tourterelles accompagne une sévère défense des ressources. C'est ce qui plaît à la femelle. La logique de l'élevage des jeunes entraîne l'influence de l'investissement parental sur la formation du couple. La femelle, immobilisée pendant la couvaison, doit compter sur la loyauté et sur la persévérance du mâle pour l'aider à l'élevage. Du coup, la confiance ne peut s'établir qu'après certains préambules. La femelle évalue à la fois les qualités paternelles du mâle et l'abondance des ressources de son territoire. La renarde (*Vulpes vulpes*) reste tout aussi exigeante et n'autorise même pas le mâle à regarder sa portée pendant qu'elle allaite. Le renard nourrit la femelle et les jeunes en régurgitant les proies qu'il a capturées durant la nuit. La renarde ne laisse le père accéder aux jeunes que lorsque ceux-ci montrent déjà un début d'indépendance. Les manucodes *Manucoda keraudrenii* sont des paradisiers de Papouasie. Se nourrissant presque exclusivement de pulpe de figues fraîches, le manucode profite d'une longue saison d'abondance, mais le fruit dispose de peu d'énergie et les deux parents doivent joindre leurs efforts pour élever les jeunes : le régime du manucode le contraint à la monogamie.

La monogamie s'édifie ainsi sur le besoin d'une association reproductive intime entre le mâle et la femelle, du moins durant toute une saison de reproduction. Tim Clutton-Brock a souligné que la formation du couple monogame implique souvent un partage des soins parentaux et a imposé cette hypothèse dans la théorie globale de la sélection sexuelle. Cela dit, au moins trois conditions sont nécessaires à la généralisation de cette *théorie du soin parental* pour expliquer le maintien des liens du couple pendant l'époque des amours. Tout d'abord, l'espèce concernée doit exiger un engagement parental, tel un nourrissage ou du moins une protection de la progéniture, pour assurer la survie des descendants. Deuxièmement, il faut que le succès reproductif de chacun des parents soit réellement inféodé à l'autre. Enfin, les partenaires du couple monogame doivent s'avérer les vrais parents génétiques de la majorité de la progéniture. Le calao (*Bucorvis sp.*) répond assez parfaitement à ces trois exigences. L'oiseau révèle une étonnante stratégie de la réclusion amoureuse. La femelle se laisse enfermer dans la cavité d'un arbre dont le mâle maçonne l'entrée. Il apportera la nourriture par un minuscule orifice tandis que la prisonnière s'occupe de la nichée. En fait, du point de vue de la théorie du conflit sexuel, les manières du calao illustrent le *problème de la destruction mutuelle assurée (mutually assured destruction)*. L'échec de reproduction est partagé par les deux partenaires en même temps, si l'un ou l'autre s'essaie à l'imposture ou à l'abandon. Le risque de compromettre la reproduction entraîne un déboire identique.

Le mâle et la femelle ont par conséquent un intérêt commun à la coalition et la fidélité du couple tire son origine de cette menace de destruction mutuelle assurée. L'incroyable confiance des calaos s'accompagne d'une monogamie génétique assez stricte. Les femelles d'ailleurs peuvent s'avérer peu enclines à exercer seules leur devoir parental. Cette dernière contrainte ou *désavantage des femelles négligentes (disadvantages to unattended females)*, définie par Patricia Gowaty, inflige son influence sur la constitution du couple monogame, le mâle étant obligé de pallier l'insuffisance de la femelle. Le couple doit travailler ensemble pour bénéficier d'une reproduction et engage une véritable *course aux armements*. La fidélité des manchots suit également la même règle de la destruction mutuelle assurée. Retirés au sein de l'hiver glacial antarctique, les mâles de manchots empereurs *Aptenodytes forsteri* se regroupent entre eux pour s'occuper d'un œuf unique, jeûnant durant plus de cent jours tandis que les femelles sont parties restaurer leurs forces dans une expédition de pêche. Dès qu'elles reviennent à la fin de l'hiver, ils passent le relais du soin parental à leur femelle et s'en vont à leur tour se nourrir. Toute rupture du contrat, tout retour différé, entraîne la faillite de l'effort reproducteur. Même lorsque la fécondation est externe, la nécessité d'un élevage bi-parental pour préserver les alevins des prédateurs peut entraîner une vraie monogamie génétique chez des poissons comme le black-bass à grande bouche *Micropterus salmoides*. Cette constatation étaye l'*hypothèse des femelles négligentes* : la monogamie du mâle existe parce que son succès reproducteur est mieux garanti s'il persiste à s'occuper de ses descendants que s'il quitte la femelle. Cependant, chez nombre d'espèces, cette assurance de paternité fait problème, car les individus savent parfaitement tricher. En outre, la monogamie existe également chez des espèces qui n'assurent que des soins parentaux limités, voire abandonnent leur ponte à son destin. La tortue verte *Chelonia mydas*, par exemple, enfouit ses œufs dans le sable des plages isolées et retourne aussitôt vivre sa vie marine. Bien que la femelle puisse conserver le sperme du mâle, la tortue verte reste obstinément monogame et chaque ponte n'est fécondée que par un seul père. Comment rendre compte alors d'une alliance monogame ?

Les calopteryx splendides *Calopteryx splendens* vagabondent au-dessus des rivières. La petite libellule s'intéresse aux territoires que les mâles défendent vaillamment. Si le mâle résidant s'avère assez attractif et le site favorable au développement des larves, la demoiselle accepte une étreinte à la manière des libellules et dépose délicatement sa ponte dans la végétation du courant. La femelle exerce donc un certain choix et la territorialité du mâle est déterminée par les préférences pour le site qu'exprime la femelle. Dès que la femelle a consenti à s'approcher, le mâle l'enserre et la maintient jusqu'à ce que le dernier œuf soit pondu. Il est ainsi du plus grand intérêt pour le mâle de contrôler la femelle. Selon Georges Barlow, la monogamie pourrait trouver son origine dans les *stratégies de gardiennage*. En l'absence de soins aux jeunes, la monogamie paraît un peu comme une énigme. L'agressivité des mâles et leur volonté de garantir leur paternité ont pu favoriser l'adoption d'une stratégie de couple. C'est du moins la démarche de l'étourneau sansonnet *Sturnus vulgaris*. L'existence d'un comportement de surveillance de la femelle chez nombre d'espèces monogames appuie assez bien cette idée. La monogamie trouverait son intérêt dans la stratégie du gardiennage en tant qu'*assurance de paternité*. Ainsi, les scarabées imposent sévèrement la monogamie aux femelles. Les requins acceptent rarement la monogamie, mais la vigilance semble jouer un rôle dans les relations plutôt monogames du requin-marteau *Sphyrna tiburo*. Même la tourterelle révèle sa jalousie et accompagne son alliance d'une activité de surveillance quasi permanente. Chez la plupart des oiseaux, le mâle contrôle et escorte la femelle dans tous ses déplacements, répétant régulièrement ses accouplements. La formation du couple dériverait de cette application des mâles à confiner la sexualité des femelles. L'intensité de la concurrence pourrait entraîner que le gardiennage commande peu à peu une monogamie sociale. Cependant, d'autres espèces exploitent la stratégie de surveillance et développent des manières plutôt polygynes. En outre, la théorie du gardiennage n'explique pas bien la forte tendance à s'établir ensemble plusieurs saisons consécutives que montrent les deux partenaires monogames. Enfin, la propension jalouse des mâles à contrôler la sexualité des femelles trouve souvent un écho dans le courroux des femelles exclusives. Décidément, la monogamie reste bien insolite.

Les crevettes grises ont dressé un contrat réciproque. Chez les crevettes grises, *Alpheus heterochelis* ou *A. angulatus*, le mâle et la femelle défendent ensemble leur refuge et la monogamie est directement liée à l'importance de la stratégie de gardiennage. Le mâle interdit à ses rivaux tout accès à la femelle. Pourtant, la réceptivité sexuelle de la femelle est réduite à quelques heures, juste après la mue périodique qui la débarrasse de son armure de crustacé. Le mâle ne réussit pas à identifier le moment où débute ce déshabillage érotique. Il doit donc stationner auprès de sa belle en attendant ce moment délicieux. Cette attention pleine de défiance est tout de même bénéfique pour la femelle. La mue reste en effet une période critique pour les crustacés qui deviennent très vulnérables alors aux prédateurs. La femelle profite ainsi de la vigilance du mâle qui peut l'alerter sur la présence d'une éventuelle menace. Cette tactique du couple démontre que le gardiennage peut également présenter des aspects favorables pour la survie de la femelle, mais cette stratégie introduit d'autres éléments intéressants pour comprendre l'établissement d'une monogamie sociale chez les espèces qui n'effectuent aucun soin parental.

Quelle est la force qui oblige le mâle à stationner ainsi auprès de sa belle ? La crevette nous livre la réponse : le mâle attend parce que la mue reste totalement imprévisible. La réceptivité silencieuse de la femelle est l'un des facteurs clés du maintien de la présence du mâle. Chez les espèces dont les périodes de fertilité demeurent brèves et difficilement détectables, le mâle ne dispose guère que de sa vigilance quotidienne pour parvenir à l'accouplement. La *théorie de la fertilité cryptique* souligne que des facteurs physiologiques du cycle reproducteur des femelles peuvent grandement influencer le zèle du mâle auprès de la femelle. Les femelles ont donc leur mot à dire, un mot silencieux en quelque sorte. L'évolution vers une imprévisibilité de la réceptivité sexuelle révèle ainsi l'importance du rôle des femelles dans la formation du couple monogame. Les espèces qui dissimulent la période sensible d'ovulation sous un œstrus silencieux, comme chez certains primates et chez l'homme en particulier, obligent les mâles à s'engager dans une vigilance assidue qui conduit à l'établissement du couple monogame. Ainsi, la femelle du singe vervet *Cercopithecus aethiops* dévoile très discrètement sa disponibilité de fécondation et l'étude de Sandy Andelman a montré que le facteur influençant l'accouplement monogame résidait dans cette ovulation silencieuse. Le mâle peut y trouver quelques avantages puisque la discrétion de l'intervalle de fertilité astreint les partenaires à répéter souvent l'acte sexuel. En complément, la *théorie de la synchronisation reproductive* montre que cette autre régulation physiologique reconduit une contrainte identique. Quand les femelles révèlent leur fertilité en même temps et durant un délai très bref, le mâle ne peut multiplier les occasions. Il faut néanmoins que s'ajoute un mécanisme territorial pour préserver la monogamie dans ce cas.

L'aboiement du dik-dik protège la forêt, tout au moins son petit lopin forestier contre les autres dik-dik, mais chez la petite antilope, c'est la mixité du travail qui impose la défense du territoire. Le dik-dik entretient des mœurs très monogames, basées sur une territorialité acquittée à la fois par le mâle et la femelle. En fait, la définition territoriale apparaît comme un puissant facteur d'exclusion des rivaux et peut entraîner la monogamie sociale. En outre, la femelle est protégée de nombre d'interactions agressives par les murs territoriaux. Ainsi, la défense partagée d'un territoire comme chez la musaraigne éléphant dorée favorise la monogamie sociale. La *théorie de la répartition spatiale*, proposée par Petr Komers et Peter Brotherton, fournit un canevas d'explications crédibles pour comprendre le mécanisme du maintien des couples monogames. L'utilisation de l'espace par les femelles permet une excellente prédiction de la monogamie sociale, la femelle fondant le couple sur la répartition et l'abondance des ressources que défend indirectement le mâle à travers l'établissement de son territoire contre ses concurrents. À l'origine adaptée aux mammifères, l'hypothèse peut facilement trouver des applications chez d'autres groupes animaux. Ainsi, chez les grenouilles agiles, la monogamie génétique domine dans les populations. L'espèce présente une reproduction très précoce. Bien que la grenouille n'accorde aucun soin parental aux têtards, le système monogamique est maintenu à la fois par la brièveté de la réceptivité sexuelle des femelles et par l'intensité de la défense d'un territoire de ponte par le mâle. La fidélité monogame d'*Eretmodus cyanostictus*, petit poisson cichlidé vivant dans le lac Tanganyika, s'appuie également sur une défense territoriale extrêmement active. Néanmoins, la structure monogame paraît fragile aussi bien chez la grenouille que chez le poisson et elle ne persiste réellement que lorsque les occasions d'obtenir davantage de partenaires se montrent relativement faibles. Si l'espèce n'exige pas de sauvegarder des ressources pour élever les jeunes, la définition territoriale ne constitue plus qu'une extension du concept de gardiennage, exprimant la jalouse surveillance du mâle d'une manière plus spatiale. Plus temporelle aussi, et changeante, au gré des saisons.

Loin d'apaiser les relations, cette séquestration des femelles réintroduit clairement le conflit sexuel dans le couple monogame. Les femelles y trouvent cependant des avantages en profitant de la protection du mâle. En outre, c'est également de l'intérêt des femelles que de monopoliser l'effort reproducteur du mâle. En prohibant les aventures amoureuses du mâle, la femelle peut bénéficier de son investissement parental. La femelle sélectionne ainsi le mâle qui reste, encourageant la monogamie. Les mauvais pères ou les tricheurs sont sanctionnés par le divorce. Ainsi, le grand skua *Stercorarius skua* est un oiseau qui ne supporte pas la moindre menace, et le divorce est aussitôt prononcé. Le changement de partenaire augmente le succès des mésanges boréales. La monogamie des sternes *Sterna hirundo* est déterminée par la synchronisation des arrivées des deux membres du couple. Tout retard est rapidement sanctionné par un divorce. Pourtant tolérant la vie sociale de grands regroupements, les femelles d'étourneaux affichent une attitude radicalement préventive en écartant très violemment toute prétendante. Une seconde méthode pour éliminer la tentation consiste à solliciter le mâle pour multiplier le devoir conjugal, et finalement épuiser sa quête avant qu'elle ne débute. Les étourneaux femelles utilisent volontiers cette tactique de guerre d'usure. Les femelles trop paresseuses peuvent également être répudiées.

Le mâle manipule la sexualité de la femelle et la femelle limite la sexualité du mâle. Pourtant, toutes les théories restent imparfaites et la monogamie garde beaucoup de ses mystères. Il a aussi été proposé que la monogamie ait une origine différente selon les groupes zoologiques considérés. Le fait qu'elle soit apparue dans des familles très dissemblables étaye en effet cette idée et permet de renoncer plus facilement à une théorie générale. Pourtant, il existe un facteur commun qui réunit invariablement les couples monogames. Qu'est-ce qui interdit aux mâles d'augmenter leur zèle ou leur territoire ? La réponse tient dans les contraintes sociales et écologiques. La monogamie n'est consentie que lorsqu'il n'est pas possible de s'y soustraire. Tandis que la femelle entre en union monogame pour assurer sa propre sécurité, le mâle maintient les relations de couple pour profiter du sexe et l'élevage de leur progéniture est garanti à ce prix. Cette vision apparemment très cynique existe parce que le choix d'un partenaire non approprié peut occasionner un coût catastrophique pour les deux individus. Aussi, le système du couple monogame paraît s'installer entre des tensions divergentes qui pénalisent l'investissement parental. Les animaux commencent leur activité en expérimentant leur sexualité avec différents partenaires. En outre, les couples monogames connaissent un très fort taux de tromperie, profitant d'accouplements extérieurs. Les parents qui élèvent une nichée d'oisillons d'un âge différent sont supposés fournir moins d'efforts que s'ils nourrissaient des poussins de même âge. Pourtant, les mésanges femelles souffrent moins à nourrir un élevage synchrone qu'une nichée plus hétérogène, au contraire des mâles. Le conflit des mésanges bleues, *Parus caeruleus*, est gagné par les femelles. En retardant l'incubation jusqu'à la ponte du dernier œuf, la femelle réduit le coût de son investissement.

Comme Andrés et Arnqvist ont pu le démontrer chez la mouche domestique, la monogamie reflète finalement une forte situation de conflit. Le problème majeur de l'établissement et surtout du maintien du couple reste l'exigence d'exclusivité des partenaires. La pérennité du système est souvent dévolue à la force des pressions extérieures. La *théorie de la monogamie sociale imposée* (*socially imposed monogamy*) fait l'hypothèse que la monogamie est un système sexuel commandé par les contraintes sociales extérieures, renforcées par les conditions écologiques. La monogamie serait une réponse *sociale* à la rivalité sexuelle. Même chez les scarabées, les femelles se voient obligées de consentir à la relation monogame. La concurrence des autres prétendants de la population s'organise pour ratifier ou refuser les relations sexuelles des individus. Le contrôle du concubinage et l'introduction du pénal dans des relations humaines librement consenties entre adultes semblent bien correspondre à cette obligation sociale. La validité du couple est vérifiée par la loi.

La monogamie ressemble à un jeu de *tir à la corde* (*tug of wars*). L'union monogame s'inscrit dans un processus évolutif où chacun tente d'épuiser les prétentions de l'autre. Elle se fonde sur la dépendance des sexes puisqu'un caractère qui réduit le succès d'un partenaire diminue aussi la réussite de l'autre. Un équilibre se découvre entre les partenaires qui pourraient enfin introduire l'égalité de la relation. Pourtant, c'est l'antagonisme qui dynamise fortement les systèmes sexuels, et démontre que les deux partenaires y jouent un rôle contradictoire mais important. La monogamie est un marché d'exclusivité qui propose l'investissement du père contre la disponibilité sexuelle de la mère, mais, du point de vue évolutif, le pacte ne réduit rien du conflit sexuel et dépendant du contrôle social des autres, il apparaît comme un traité où chacun perd et gagne un peu. N'est-ce pas ce qu'on appelle habituellement un marché de dupes ?

Chapitre 20
Les liaisons dangereuses

1. Le harcèlement sexuel

2. Pourquoi les copulations forcées
   n'ont pas d'avantages évolutifs ?

3. Le problème de l'infanticide

Il ne faut pas faire confiance au dauphin. Le sourire du dauphin *Tursiops truncatus* ou *Delphinus delphis* n'a rien d'amical envers les femelles. Coureur d'océan, le dauphin est aussi un coureur de jupons, mais il a une façon bien à lui de proposer sa séduction. Les mâles associent leurs prétentions en formant des bandes. Dès qu'une femelle est aperçue, les dauphins l'accompagnent et la harcèlent jour et nuit. La stratégie sexuelle des dauphins tient dans une activité crapuleuse, le rapt dont la rançon est l'accouplement forcé.

Les topis ne sont pas en reste. Ces brigands savent parfaitement exploiter les craintes et les faiblesses des femelles. Cette antilope ne se consacre pas à la séquestration aussi couramment que les dauphins, mais le mâle sait qu'en empêchant de sortir le jeune égaré sur son territoire, il oblige sa mère à consentir à l'accouplement. Les babouins *Papio anubis* pratiquent également l'enlèvement pour forcer l'accord des femelles ou pour simplement préserver leurs arrières dans les conflits hiérarchiques. Si l'objectif des stratégies de gardiennage reste de se réserver l'exclusivité de leurs faveurs, les femelles du spermophile brun *Spermophilus brunneus* peuvent néanmoins bénéficier de l'assiduité du mâle dont la surveillance déjoue le harcèlement des célibataires ou des mâles de rang moins élevé. De même, la défense territoriale limite le risque d'intrusions importunes. La protection contre les congénères constitue probablement l'une des raisons fondamentales pour lesquelles la femelle accepte le zèle du prétendant. La cane colvert *Anas platyrhynchos* sélectionne le mâle pour son aptitude au gardiennage qui lui évitera le brutal harcèlement des autres candidats. Mais il faut reconnaître que ce bénéfice paraît parfois bien faible comparé au coût réel engendré par le conflit sexuel.

Examinons les émois du mouton. Le mouton *Ovis aries* raconte depuis la nuit des temps qu'il préfère les occupations grégaires et se plaît dans le troupeau. Depuis l'origine, le mouton sauvage fréquente des prairies ouvertes et vit en petits groupes polygynes. Le bélier dominant assure un gardiennage des femelles, mais la protection qu'offre cette surveillance reste bien illusoire. Les brebis, à la fois sollicitées par le bélier et les célibataires, sont pourchassées sans cesse. Que l'exhortation d'un intrus vienne irriter le dominant et la brebis se retrouve très sévèrement tancée ! Mais il y a plus grave encore. Le tourment des brebis ne se réduit pas à un agacement ininterrompu. Les coups sont assénés nombreux et les brebis peuvent en mourir. Cette bataille des sexes augmente très sérieusement la mortalité des femelles et des agneaux. Comme chez les koudous *Strepsiceros sp.*, le dimorphisme sexuel accentue encore la gravité de l'agression sur les femelles. Pendant longtemps, ces événements brutaux ont été attribués à des cas isolés reconnus immédiatement comme probablement pathologiques. Aussi, le plus souvent, les sévices étaient regardés comme des incidents sans grand intérêt. Comment faire entrer l'agression des mâles dans une théorie du choix sexuel ? Il faut cependant se rendre à l'évidence. Le harcèlement sexuel s'avère un épisode très répandu dans le monde animal et peu d'espèces, humain compris, échappent à cette observation. Les insectes, comme les mouches drosophiles ou les libellules *Calopteryx haemorrhoidalis*, exercent aussi des copulations forcées. Plus même, en recensant méthodiquement les circonstances de ces brutalités, Tim Clutton-Brock et Geoff Parker ont pu montrer que certains mâles utilisent le harcèlement comme une *stratégie sexuelle*. Comment comprendre cette effarante situation ?

En première hypothèse, l'agression sexuelle pouvait se limiter aux mâles célibataires se retrouvant frustrés de compagne chez les espèces dont la reproduction a évolué sans exiger d'investissement parental du mâle. C'est typiquement le cas de l'éléphant de mer *Mirounga angusti-rostris*. Le maître du harem domine largement les centaines de femelles sur la plage, mais ne peut surveiller ou affronter tous ses concurrents en même temps. De nombreux rivaux essaient d'approcher les femelles matures qui s'intègrent à un harem. Bien que les femelles essaient de résister, la différence de taille est énorme entre un mâle et une femelle et ce dimorphisme laisse bien peu de chances d'éviter le viol. Les femelles peuvent être cruellement mordues à la nuque ou sur le dos et les blessures qui résultent de ces attaques peuvent entraîner une forte mortalité. Certains éléphants de mer célibataires agressent violemment les femelles en bordure de la côte, mais les moins hardis, égarés par la frustration, se contentent de violer leurs petits frères ou cousins. Des formes apparemment plus bénignes du harcèlement sexuel peuvent cependant avoir des conséquences tout aussi dramatiques, le stress auquel les femelles sont soumises pouvant conduire à des avortements spontanés ou priver les descendants des soins nécessaires.

Les canards ont aussi des manières bien sauvages. L'emploi de la copulation forcée est en fait partagé par au moins trente-neuf espèces de la famille zoologique des canards et des oies, les Anatidés. Ici, affirme Stockley, l'usage de la force n'est pas réservé aux célibataires mais s'inscrit dans le système sexuel en tant qu'*adaptation à la rivalité*. Alors que la sélection sexuelle donnait à la parade et au choix l'avenir adaptatif de l'espèce, ces manifestations du conflit révèlent l'importance de la coercition dans l'aventure évolutive. Les canards accablent sans cesse les femelles. Les conséquences de cet acharnement demeurent malheureuses et la violence des tentatives d'accouplement provoque même la noyade des femelles sous l'assaut trop ardent du mâle. Le coût reproductif des femelles résulte directement de l'agression des mâles reproducteurs et non pas des seuls célibataires. Il s'établit un gradient d'épreuves qui s'étend d'une simple perte de temps et d'énergie pour l'élevage, à une aggravation de la mortalité, et qui comprend une mauvaise fécondation ou par un mâle non souhaitable, une augmentation du risque de prédation et une transmission de parasites. Même le gain d'un territoire nouveau par un mâle marmotte *Marmota marmota* occasionne un échec reproducteur de la femelle qui s'y trouvait. L'étude du petit canard argentin, l'érismature *Oxyura vittata* doté d'un organe d'intromission impressionnant long de plusieurs centimètres, suggère que l'usage de ce pénis découle directement du conflit sexuel. Comme les autres organes extrêmement développés, le pénis du canard ferait de l'accouplement une expérience déplaisante et même blessante pour la femelle, annulant l'intérêt de celle-ci à renouveler l'épreuve avec un autre mâle. La femelle serait ainsi piégée par le premier mâle qui réussirait. Elle montrerait ensuite une forte tendance à refuser toute autre activité sexuelle. Les préjudices causés par la copulation agiraient comme une forme indirecte de gardiennage, conclut Tim Birkhead. Ainsi, l'agressivité n'est pas seulement réservée aux groupements lents polygynes.

Les conséquences dramatiques du harcèlement sexuel ont conduit les femelles à développer des tactiques plus ou moins efficaces de résistance. Les gambusies *Gambusia holbrooki* sont des petits poissons à fécondation interne dont les mâles ne connaissent guère qu'une seule tactique de séduction, la force. Néanmoins, en dépit de ce système sexuel très coercitif, les femelles parviendraient à exercer une forme de sélection des partenaires, en approchant davantage des mâles les plus grands. Ainsi, entre deux maux, elles préfèrent élire leur agresseur. Johnstone et Keller ont cherché à élaborer un modèle de co-évolution des stratégies antagonistes des mâles et des femelles. Il résulte de leurs différents essais qu'une stratégie des mâles, néfaste aux femelles parce qu'elle infligerait des blessures et réduirait leur potentiel reproducteur, ne pourrait que difficilement se maintenir à moins que les femelles tirent un très grand bénéfice à recommencer ensuite une reproduction. Le modèle se heurte à de nombreux écueils. Le caractère héréditaire portant la stratégie de sévices induit un coût de reproduction qui empêche son maintien dans les populations et le modèle doit faire intervenir la solution de *l'auto-stop génétique.* C'est-à-dire que le trait doit être associé à un caractère avantageux pour réussir à se transmettre et à se diffuser dans la population, emporté avec l'autre trait bénéfique. Paul Watson et ses collaborateurs, soulignant que les femelles dépensaient beaucoup d'énergie dans la résistance à l'accouplement, ont proposé un autre modèle plus simple qui montre qu'à partir d'une certaine intensité de harcèlement, le consentement de la femelle pourrait constituer la *solution la moins mauvaise* (*best of a bad job*) pour la femelle. Cependant, les stratégies de résistance des femelles connaissent un taux non négligeable de réussite et provoquent un autre procédé de sélection des mâles plus proche d'un scénario de *course aux armements.* Nous l'avons envisagé en proposant que le dimorphisme sexuel en faveur des grenouilles femelles trouve son origine dans leur résistance aux amplexus forcés. Nous retrouvons un peu Alice et la reine rouge. En fait, les processus co-évolutifs, qui opposent mâles et femelles, révèlent que les mécanismes de sélection spermatique résultent tout autant du conflit sexuel que de la seule concurrence entre les mâles.

Le harcèlement sexuel constitue une stratégie très répandue dans le monde animal. Il ne faut cependant pas se tromper. Pour les mâles, les femelles sont à la fois des opportunités sexuelles et des mères, et pour les femelles, les mâles apparaissent également comme des occasions potentielles et des pères. Stabilité et aventure sont tout autant recherchées par les deux sexes. Les femelles répliquent à l'agression des mâles en développant une préférence pour les mâles territoriaux les plus grands ou en rejetant le sperme des violeurs. Peu à peu des mécanismes d'évitement se mettent en place. Au contraire de l'acceptation passive du comportement de gardiennage, nous avons remarqué une forte discrimination dans l'occupation de l'espace chez les putois. Les femelles déjà fécondées évitent scrupuleusement de fréquenter des zones occupées par les mâles suivant le *principe de l'évitement des mâles* (*avoidance of male occupied areas*). De même, les femelles de grizzly *Ursus arctos* dévoilent cette même tendance à la dérobade et fuient les secteurs que les ours mâles occupent. Les mésanges harcelées augmentent leur distance avec des inconnus.

La résistance des femelles évolue sous l'effet des tentatives de manipulation des mâles. L'influence du conflit sexuel a été mise en évidence dans une minutieuse expérience parfaitement contrôlée. En bloquant expérimentalement la résistance des drosophiles femelles pendant trente générations successives, William Rice a constaté que les mâles augmentaient de 24 % leur réussite sexuelle, tandis que, parallèlement, la survie des femelles diminuait. Rice attribuait cet effet à une nocivité sélectivement aggravée du fluide séminal. Les intérêts des mâles et des femelles ne s'accordent absolument pas. Dans une autre étude, en obligeant les drosophiles à vivre en couple durant quatre-vingts générations consécutives, les mâles deviennent incapables d'empêcher les femelles, mises en présence de nouveaux mâles, de copuler avec ces rivaux. L'absence de compétition a émoussé l'assiduité des mâles. Les femelles s'avèrent alors très vulnérables au harcèlement des autres mâles. Paradoxalement, l'intensité du conflit sexuel produit une plus forte opposition des femelles comme cela a été démontré chez les drosophiles par Stuart Wigby et Tracey Chapman. Les femelles élevées dans des conditions d'intense conflit sexuel présentaient alors une plus grande longévité que les autres. La *théorie de la course-poursuite* (*chase away*) nous livre l'explication du fonctionnement de cette spirale infernale. Le harcèlement par les mâles ou la multiplication des copulations ou encore les substances toxiques du sperme, comme chez les droso-philes, occasionnent d'importants dommages aux femelles. Du coup, les femelles qui subissent ces sévices sexuels voient leur succès reproduc-teur sérieusement détérioré. Les mâles qui utilisent ces artifices n'accroissent faiblement leur reproduction que si les autres possibilités leur sont interdites. Aussi, les femelles, qui ont été capables de résister à ces mâles violents, connaissent une meilleure réussite, réduisant l'intérêt des comportements brutaux. Les mâles ont moins de bénéfice à recommencer des copulations forcées qu'à tenter de séduire la belle. Mais la spirale est reconduite parce que les mâles, innovant dans les procédés de coercition, surprendront à nouveau les femelles.

Curieusement, on ne sait pourtant pas grand-chose du taux de fécondations réussies à la suite d'une copulation forcée. Le maintien à long terme des stratégies de viol comme chez les mouches-scorpions, plaide en faveur de l'obtention d'un succès reproducteur relatif. Cepen-dant, il a été montré que la fertilisation des œufs était altérée par des amplexus multiples chez les petites grenouilles *Crinia georgiana*. Les oies des neiges *Chen caerulescens* et les oies de Ross *Chen rossi* exhibent des mœurs tout aussi brutales que les canards. L'étude de Mineau et Cooke en 1979 a probablement été l'un des premiers travaux analysant la réussite de fécondation suite à des comportements de contraintes sexuelles. Le viol peut-il être avantageux ? Basée sur un raisonnement sociobiologique strictement adaptatif, Randy Thornill et Craig Palmer se sont accordés sur une définition très large du viol chez les animaux, popularisant l'hypothèse néodarwinienne que la persistance du viol constituerait une indication d'un *avantage adaptatif*. Quelques auteurs seulement ont critiqué ces définitions et leurs présupposés adaptatifs. Quand les victimes d'une sexualité forcée sont des jeunes non reproducteurs, l'agression ne peut pourtant avoir aucune valeur adaptative, contredisant l'hypothèse. De même, on sait peu de choses sur la fertilité ou l'œstrus des femelles forcées. En fait, les mâles violents ne tiennent pas compte des signaux des femelles et le succès de copulation doit rester bien aléatoire. La stratégie des oies des neiges et des oies de Ross révèle l'échec des accouplements forcés. En dépit de leur fréquente répétition dans les populations, les abus sexuels ne parviennent à obtenir que 2 à 5 % de paternité. Une autre étude beaucoup plus récente menée chez les pinsons zébrés *Taeniopygia guttata* prouve, de même, que le conflit sexuel réduit le succès de la progéniture. Enfin, les amplexus forcés des grenouilles agiles n'obtiennent également qu'une faible réussite. C'est la logique du conflit sexuel qui suit les prédictions biologiques de la spirale de la course-poursuite, les accouplements forcés provoquent trop de dommages pour favoriser le succès reproducteur des protagonistes. Les copulations forcées ne montrent pas d'avantages évolutifs mais le revers n'est que provisoire. Car les mâles ajustent sans cesse leur contrôle sur la sexualité des femelles.

Le zèbre peut tuer ses enfants. En fait, le zèbre des plaines *Equus burchelli* paraît l'un des ongulés les plus portés à l'infanticide selon Jan Pluhacek et Ludik Bartos. Dès que la harde change d'étalon, le mâle sacrifie les poulains les plus jeunes. Comme les tritons américains, les tritons crêtés *Triturus cristatus* consomment, souvent partiellement, la ponte de leurs concurrents, réduisant la compétition dans la mare. L'infanticide chez les lions a longtemps été négligé en dépit des témoignages. Ici, le prédateur ressemble à la proie. On sait aujourd'hui combien ce comportement se pratique lorsqu'un nouveau mâle s'empare du territoire. Dès qu'il a évincé l'ancien champion, le nouveau prétendant met à mort méthodiquement chacun des lionceaux. En éliminant les plus jeunes descendants de son prédécesseur, le lion stimule le retour de la fécondité chez la femelle qui n'a plus à allaiter. C'est la *théorie de la protection de la lignée* proposée par Sarah Hrdy, les mâles détruisant la portée initiale pour accroître leur chance de s'accoupler. Nous avons déjà dit que le regroupement social des lionnes semble découler d'une résistance à cette féroce installation. La complexité de la vie sociale des mangoustes rayées *Mungos mungo*, n'empêche nullement l'infanticide. Les dominants contrôlent la reproduction des subalternes par des infanticides programmés qui s'opèrent devant les protagonistes eux-mêmes. Toutefois, ces cruautés peuvent avoir d'autres interprétations. Les oiseaux, comme les hérons, les fous *Sula*, les busards *Circus sp.*, le circaète *Circateus gallicus*, l'aigle royal *Aquila chrysaâtos* ou la chouette effraie *Tyto alba* par exemple, n'hésitent pas à nourrir leur nichée avec le cadavre de leur dernier-né, mort de privation. Parfois, le plus jeune est tué par ses frères et sœurs, mais le manque de soins et de nourriture précède généralement cette agression. Ainsi, ne survivra qu'un nombre de jeuncs corrélé à l'abondance des proies disponibles suivant l'hypothèse dite de *compétition pour les ressources*. Dans ce cas comme chez de nombreux amphibiens, le cannibalisme est directement corrélé au rapport entre la densité des populations et la disponibilité de leurs ressources. Mais le cannibalisme de voisinage des goélands *Larus sp.* paraît plus complexe. Dans la colonie errent des pirates dont le seul objectif est de détecter la ponte ou la nichée sans surveillance et de la dévorer. Chez les corneilles *Corvus corones* aussi sévissent des assassins célibataires qui épient le départ des parents pour se repaître de la couvée. Que dire des homicides de ces tueurs célibataires ? De même, les poissons coralliens, comme la demoiselle *Stegastes*, sont gourmands des pontes de leurs congénères comme si cette consommation apaisait leur jalousie. Comment comprendre ces infanticides sinon à la lumière de la théorie du conflit généralisé ?

Plusieurs centaines d'espèces se livrent à ces infanticides comme les campagnols *Microtus sp.*, les lapins de garenne *Oryctolagus cunniculus*, les blaireaux *Meles meles* ou encore les ours noirs *Ursus americanus*. Juste au début de leur phase d'émancipation, les petits écureuils terrestres de Californie *Citellus beecheyi* sont attaqués par des adultes qui les dévorent ensuite. Ici, les agresseurs sont presque exclusivement des femelles allaitantes. L'analyse du cannibalisme des gerbilles *Meriones unguiculatus* révèle que les mâles sont plus tardivement cannibales que les femelles. L'inhibition dure moins d'une semaine chez la femelle, à peine le temps d'apprendre à reconnaître sa portée. La gerbille peut alors se livrer au massacre des portées des autres femelles sans risquer de se tromper. Toshida Nishida a reporté le cannibalisme des chimpanzés, observant la mise à mort de jeunes après des poursuites opiniâtres. Les chimpanzés mâles se partagent et mangent ensuite la dépouille. Les victimes de ces forfaits cruels sont généralement les bébés des mères arrivées tardivement dans la colonie, et cela pourrait corroborer l'hypothèse de mises à mort pour favoriser la descendance du dominant. Mais Jeanne Goodall a découvert que certains meurtres avaient des femelles pour auteurs. L'explication traditionnelle de protection de la lignée ne tient plus. Plutôt qu'offrant un avantage adaptatif hypothétique, ces atrocités pourraient dériver du conflit sexuel.

La veuve noire crée volontairement son veuvage. La petite taille des mâles d'araignées comme notre veuve *Latrodectus revivensis* est censée résulter d'un compromis pour échapper aux prédateurs et éviter le risque d'une fatale méprise dans l'acte amoureux. Cependant, les veuves préfèrent nettement les petits mâles comme menue collation, car l'araignée s'avère très cannibale. Elle sait pourtant choisir d'attendre la première copulation pour ne déguster que les petits mâles secondaires, épargnant les plus gros, ou chez *Latrodectus hasselti* ceux qui sont pourvus d'une constriction abdominale. Les femelles chimpanzés peuvent rosser très violemment des jeunes mâles entreprenants. Bien que dirigeant une bande de hors-la-loi, la bataille de Phoolan Devi (*Seema Biswas*) est devenue populaire par sa volonté de vengeance des viols dont elle fut victime. La violence des femelles reste surprenante mais n'est-elle qu'une revanche ? Que nenni ! Les femelles lémur peuvent parfaitement dominer des mâles et imposer leurs initiatives sous peine de vives remontrances. Les femelles ne sont pas plus biologiquement féroces qu'elles ne sont biologiquement ingénues. En étudiant les pérégrinations du vison américain *Mustela vison* en Bretagne, nous avons aussi pu constater que les femelles peuvent répliquer prestement à la tentative d'un mâle. De colère, la femelle de vison peut le mordre au cou, s'acharner et même finir par le tuer. « Vous voyez l'amour et surtout la femme, commença-t-elle, comme une puissance ennemie, contre laquelle vous vous défendez en vain d'ailleurs, mais dont vous éprouvez le pouvoir comme une délicieuse torture, cruellement raffinée ; c'est là une conception très moderne », opine la Vénus à la fourrure.

Chapitre 21

Pour quelques mâles de plus

1. La fidélité est-elle utile ?
2. Les avantages des fécondations multiples
3. Des bénéfices ou une convenance ?

Darwin connaît un autre tracas. Le désir des femelles interroge fortement la théorie néodarwinienne de la sélection sexuelle. L'infidélité et la polyandrie, l'obtention de plusieurs mâles fécondant la femelle, constituent des activités bien difficiles à expliquer d'un point de vue adaptatif. Les mâles, en effet, peuvent maximaliser leurs performances reproductrices en multipliant les partenaires. Mais les femelles ne le devraient pas. Les femelles ne peuvent pas accroître leur progéniture en s'accouplant avec plusieurs partenaires, aussi, leur stratégie sexuelle devrait reposer sur la seule sélection des *bons gènes* comme le notifie la synthèse réalisée par Arnold et Duvall. Pourquoi, alors, les femelles chiens de prairies à queue blanche, *Cynomys gunnisoni,* ne les écoutent pas et continuent de préférer copuler avec plusieurs mâles à la fois ?

La monogamie des mésanges apporte d'abord une idée rassurante. La mésange à tête noire *Parus atricapillus* est attentive et ne choisit pas n'importe qui. Il suffit qu'un mâle de haut rang soit disponible pour que la femelle quitte son partenaire et aille nicher avec lui. Le divorce avec le prédécesseur est prononcé selon le *mécanisme du meilleur mâle possible* (*best male mecanism*). En quelque sorte, le couple se délie dès qu'arrive un concurrent plus attractif. Ce phénomène pourrait ainsi rendre compte de ce que les biologistes nomment la *monogamie séquentielle* et qui consiste à changer de partenaire tout en assumant la vie d'un couple monogame durant chaque saison de reproduction. Pourtant, les femelles ont la monogamie difficile, en tout cas chez les oiseaux. Alors que l'organisation monogame était considérée comme une règle chez les oiseaux, les études ont révélé que la progéniture des couples socialement monogames avait été fécondée par de multiples mâles. Les accouplements en dehors du couple se déroulent assez couramment et bien peu d'espèces y échappent, depuis les insectes jusqu'aux primates. Les études soulignent que les accouplements en dehors du couple restent principalement le produit d'une stratégie des femelles. Ainsi, près de 10 % des pontes sont fécondées par un père différent du mâle accouplé chez le chevalier grivelé *Actitis macularia*. Le gardiennage des mâles n'interdit donc rien de l'infidélité, il ne parvient qu'à la réduire. Encore qu'à ce vocable étonnamment *moraliste,* de nombreux chercheurs préfèrent substituer le terme plus neutre de *kleptogamie.*

L'existence d'accouplements kleptogamiques est d'abord attribuée à une active recherche de mâles de meilleure qualité selon un mécanisme néodarwinien dit de la *pêche aux bons gènes* (*shopping for genes*). Chez de nombreuses espèces, le mâle se retrouve ainsi à entretenir une nichée dont il n'a assuré qu'une paternité partielle. Drôle d'héritage que d'être promu père adoptif sans le savoir. Les pseudo-scorpions *Cordylochernes scorpioides* sont des petits insectes armés de courtes pinces, et la femelle dévoile une très forte réceptivité sexuelle envers un nouveau mâle. La femelle ne montre cependant, ni attraction pour la taille du mâle, ni pour d'autres caractéristiques, il suffit simplement que ce mâle soit inconnu. D'ailleurs, la femelle est, de nouveau, tentée par le premier mâle et réagit comme avec ses nouveaux prétendants après seulement quarante-huit heures de délai. Ces observations ne concordent pas avec une *pêche aux bons gènes* et soulèvent de nouvelles questions. La polyandrie des femelles s'avère invariablement préjudiciable à la reproduction du mâle et contient en fait toutes les caractéristiques des situations de conflit sexuel. En tenant compte de l'importance du conflit sexuel, David Westneat et Ian Stewart ont pu montrer que les adaptations des deux protagonistes devraient entraîner une grande variabilité des relations sexuelles et conduire à des niveaux très changeants de copulations kleptogamiques chez les oiseaux. Cette prédiction est bien suivie. En effet, le niveau d'accouplements hors couple varie beaucoup chez les oiseaux et jusqu'à 76 % de descendants peuvent avoir un père génétique différent du mâle apparent du couple social. Même le combattant varié, en dépit de ses prouesses sur le lek, connaît de tels déboires, admettant plus de 50 % de relations polyandres.

Comment se déclenche l'aventure sexuelle chez les femelles ou, comme on le dit en biologie, quelles en sont les causes proximales ? La cause immédiate de la recherche des partenaires change d'une espèce à l'autre, mais le risque de kleptogamie accroît la tension entre les deux sexes. Si la synchronisation des pontes réduit les appariements hors du couple, curieusement, l'abondance de mâles n'influence pas la kleptogamie des femelles chez le gorge-jaune commun, *Geothlypis trichas*. En fait, l'accroissement de densité augmente la surveillance par les mâles, ce qui limite alors les occasions des femelles. La fidélité a-t-elle quelque utilité ? Chez les femelles d'oiseaux bleus, *Sialia sialis*, les niveaux d'œstradiol sanguin sont positivement corrélés avec la force de l'activité de gardiennage de leur partenaire. Cette mesure est intrigante, remarque Patricia Gowaty, parce que l'intensité de la surveillance des mâles est elle-même proportionnelle au risque d'infidélité de la femelle. Les femelles multiplient aussi les aventures chez le prudent gibbon lar

Hylobates lar pourtant très monogame. Et que dire du chimpanzé dont les études génétiques révèlent que les pères de la moitié de la progéniture sont étrangers au groupe. En fait, la disposition à une infidélité cyclique pourrait être déterminée par le cycle des femelles comme chez le langur indien *Langur hanuman* où les femelles du harem n'hésitent pas à tromper le dominant. Chez la fauvette bleue à gorge noire, *Dendroica caerulescens,* les tricheries n'atteignent pas 15 % mais c'est principalement la distance espaçant les territoires qui gêne les femelles pour multiplier les partenaires. Chez les espèces à investissement paternel, le risque du vagabondage sexuel des femelles reste d'être deviné et de voir alors le mâle, dépité, abandonner l'élevage des jeunes.

Néanmoins, les femelles n'assurent pas toujours elles-mêmes le soin des petits. Si les femelles monogames réussissent à manipuler les mâles pour qu'ils augmentent leur part d'investissement parental, l'évolution a pu conduire les femelles à profiter des compétences de plusieurs mâles à la fois. Ce n'est le cas que chez quelques espèces qui ont élevé la polyandrie au rang d'un système spécifique. Le jacana est de ceux-là. Chez le jacana, *Jacana jacana,* la femelle distribue sa ponte à différents mâles qui s'occupent, ensuite, d'élever la nichée. L'ensemble « femelle associée à deux ou plusieurs mâles » constitue bien une unité polyandre. Les accouplements polyandres sont supposés favoriser la femelle qui peut bénéficier des soins parentaux de plusieurs mâles. Cependant, les mâles qui acceptent cette situation polyandre sont confrontés à deux risques majeurs. Tout d'abord, la femelle pourrait avoir déjà été fécondée par des individus qui n'appartiennent pas au même groupe. Deuxièmement, la femelle pourrait fort bien copuler avec un mâle extérieur au groupe pendant que les autres mâles travaillent à la couvaison et à l'élevage. Les mâles de ces espèces socialement polyandres pourraient cependant s'avérer plus tranquilles pour leur paternité puisqu'ils consentent déjà à ce que la femelle s'accorde plusieurs partenaires. Ce qui est surprenant, c'est que la femelle profite d'autant plus de ces copulations hors groupe que l'association réunit plus de mâles et les accouplements extérieurs peuvent concerner de 14 à 30 % des poussins. Décidément, les femelles jacanas en veulent toujours plus.

On retrouve cette même augmentation des accouplements chez les zèbres, pourtant socialement polygynes. Les femelles du zèbre, *Equus grevyi*, sont sollicitées cinq fois moins lorsque leur groupe ne comprend qu'un seul étalon que quand elles font partie d'une troupe de deux ou plusieurs mâles. Les phalaropes *Phalaropus lobatus* sont des oiseaux qui ressemblent à des canards et qui ont opéré le même type d'inversion que le jacana, le soin parental étant dévolu au mâle. Mais les copulations extra-groupe se trouvent bien plus limitées par la forte stratégie de surveillance que met en œuvre le mâle et atteignent moins de 6 %. Il ne faut donc pas en douter. La recherche d'occasions sexuelles n'est pas l'expression du seul désir des mâles. D'ailleurs, bien que la femelle chimpanzé n'ait en moyenne que cinq petits au cours de sa vie entière, elle sollicite des milliers d'accouplements de plus d'une dizaine de mâles.

Les insectes disposent d'une bibliothèque secrète où séjourne le sperme de leurs amoureux. En effet, facilitée par le stockage du sperme dans la spermathèque des femelles, la polyandrie est virtuellement présente chez beaucoup d'arthropodes. Les femelles de criquets collectionnent ainsi les mâles. Quel avantage peut-il y avoir à augmenter le nombre de partenaires ? La question est d'importance car la répétition des copulations produit bien des effets négatifs, affectant même la longévité chez les espèces qui ne profitent pas d'offrandes. Cependant, les bénéfices semblent nettement dépasser les inconvénients en permettant un meilleur taux de fécondation et une plus grande production d'œufs. Aussi, les *bénéfices directs* comme les cadeaux nutritifs fournissent une explication suffisante à la polyandrie, montrant le rôle de la co-évolution antagoniste et du conflit sexuel chez les insectes, affirment Göran Arnqvist et Tina Nilsson dans une synthèse de 122 études expérimentales. Ainsi, la femelle pseudo-scorpion *Cordylochernes scorpioides* obtenant l'attention de deux mâles différents donne naissance à 32 %

de petits de plus qu'une femelle n'acceptant qu'une relation mono-andre. Le criquet femelle *Allonemobius socius* réussit à améliorer de 43 % ses performances, probablement en exploitant les ressources associées à l'hommage nuptial. De même, chez l'araignée *Neriene litigiosa* les accouplements avec plusieurs mâles procurent un meilleur développement à la progéniture. Des bénéfices matériels favorisent ainsi le développement d'une stratégie polyandre. Il demeure cependant difficile de savoir qui, du mâle ou de la femelle, pourvoit le plus à cet intérêt. Les guppies *Poecilia reticulata* descendants d'accouplements avec plusieurs pères acquièrent de substantiels avantages tels qu'une plus courte période de développement et une réponse plus performante pour éviter les prédateurs. Chez la vipère péliade *Vipera berus* aussi, la polyandrie des femelles donne un avantage à la progéniture. Enfin, les chiens de prairies qui adoptent l'art de la copulation avec de multiples partenaires engendrent des portées en meilleure santé. Finalement, la propension à l'infidélité pourrait bien constituer une stratégie évolutive très efficace.

Sur notre planète encore aujourd'hui, la plupart des sociétés humaines réservent une place extrêmement étroite à la sexualité féminine, incitant les jeunes filles à parvenir vierges au mariage et sanctionnant ensuite l'adultère. Souvent à partir d'une éducation brutale, les exigences phallocrates préfèrent les femmes chastes et dociles alors que les aventures sexuelles des jeunes gens sont encouragées et contribuent à leur image virile. La violence contre la sexualité féminine ne comporte pas que des symboles de réclusion comme les colliers et les voiles, elle est accompagnée de brimades et de mutilations. Comme chez bien d'autres primates, nul ne peut douter que la « vertu » de la femme est le résultat de la domination masculine. Tandis qu'il est généreusement admis que les hommes puissent élaborer leur expérience sexuelle sans reproduction ni sentiment, la femme intègre un destin « biologique » obligé. La sexualité des femmes n'est autorisée que si elle comporte au moins l'une des deux composantes requises, la *reproduction* ou le *sentiment,* et reste comprise dans un ensemble de services sexuels, reproductifs et domestiques. Introduisant le pénal dans les débats amoureux, la loi confirme cette tendance. L'analyse de 854 sociétés de l'espèce humaine montre que les humains vivent une polyandrie dans 0,5 % des cas, contre 55 % de monogamie, incluant cependant une polygynie occasionnelle, et près de 44 % des systèmes se structurent d'une manière polygyne. L'idée répandue d'un système naturel humain où la femme garderait une vocation monogame tandis que l'homme montrerait des tendances polygynes ne constitue pourtant qu'un mythe. Les données récoltées par David Buss, l'un des tenants de la psychologie évolutive, révèlent que les aventures sexuelles sont très partagées. Les femmes comme les hommes peuvent solliciter plusieurs partenaires, même si l'organisation actuelle s'approche d'une monogamie séquentielle.

Les grenouilles agiles sont des malignes. Tandis que le dominant s'époumone sur son morceau de territoire au milieu de la mare, les autres mâles ne se laissent pas bercer par la rengaine. Ces petits mâles vagabondent sur le bord, dans l'attente d'une réponse au chant d'amour. Dès qu'une femelle s'approche vers le mâle chanteur, notre petit mâle vadrouilleur se précipite et enlace la belle pour se faire transporter jusqu'au site de ponte. Certaines grenouilles réussissent même à se dissimuler sous le ventre des femelles. Ce n'est pas l'avis du ténor qui s'agrippe à son tour sur le dos de la femelle et tente de déloger l'indélicat. Près de 18 % des pontes de grenouilles agiles sont ainsi fécondées par plusieurs pères bien que les mâles n'accordent ni soin parental, ni ne défendent de ressources pour les femelles. La polyandrie ne peut donc pas être due à des bénéfices directs. Chez la petite rainette africaine *Chiromantis xerampelina* ou chez la grenouille rousse *Rana temporaria,* les mâles n'essaient même plus de rivaliser pour la femelle. Ils vont directement éjaculer sur les pontes encore fraîches que viennent d'abandonner les amoureux. Cette piraterie des pontes est probablement assez répandue chez les espèces à fécondation externe. Les stratégies des mâles satellites se retrouvent chez de nombreuses espèces de grenouilles. D'autres stratégies frauduleuses s'insinuent dans la bataille sexuelle des mâles mais ces mâles périphériques, qui s'activent à la dérobée (*sneaky males*) ou même miment des femelles, obtiennent une reproduction sans qu'on vienne les solliciter. Aussi bien chez les poissons, les insectes ou les mammifères, la duperie des mâles a été repérée dans la plupart des groupes zoologiques. Les stratégies alternatives concernent en général des mâles plutôt jeunes ou précocement matures, pour qui le succès de reproduction passe par ces artifices. Cependant, la recherche des occasions nouvelles ne va pas sans risques pour les protagonistes. Les grenouilles et le putois d'Europe développent depuis fort longtemps des relations bien troubles. La polyandrie de la grenouille agile diminue quand la mare est l'objet des attentions du putois. Par facilité, le prédateur capture principalement ces mâles peu discrets qui s'activent à la recherche des femelles et cette prédation assidue réduit l'abondance de ces mâles. La polyandrie des femelles est directement corrélée au nombre de mâles ou plus exactement au déséquilibre du sex-ratio. Il en résulte que le nombre de pontes polyandres s'accroît quand le putois n'est pas là. En restreignant la proportion des mâles de grenouilles sur les sites de ponte, le putois équilibre le sex-ratio et réduit la polyandrie, entraînant les grenouilles vers une monogamie insolite. Chez les grenouilles, les amplexus multiples ressemblent assez à des copulations forcées, et la piraterie des pontes ne demande pas non plus le consentement des femelles. Du coup, réduisant l'importance du choix, les effets de la sélection sexuelle se rétrécissent clairement comme Jones et ses collaborateurs ont pu le vérifier sur le gobie des sables *Pomatoschistus minutus*. La polyandrie dérange clairement l'orthodoxie néodarwinienne.

Très peu d'études ont encore été réalisées sur la polyandrie génétique des espèces sans soin parental. Néanmoins, la raison pour laquelle les femelles consentent à des unions polyandres reste beaucoup plus énigmatique lorsque la contribution des mâles se réduit simplement à l'apport du sperme. Des coûts importants sont en effet attachés à la

pratique des accouplements supplémentaires. Non seulement le vagabondage sexuel peut être sévèrement puni par le mâle, mais la femelle
risque également d'être surprise par un prédateur ou d'accroître la
transmission des parasites. Le seul bénéfice immédiat pourrait être
trouvé dans une augmentation des taux de fécondation. Au contraire
de cette hypothèse, la polyandrie de la petite grenouille *Crinia georgiana* réduit le succès de fertilisation. Il est possible qu'intervienne un
mécanisme de polyspermie. Seuls des bénéfices indirects peuvent alors
être envisagés selon un processus semblable à la pêche aux bons gènes.
Ainsi, L. Keller et H. Reeve ont proposé que la polyandrie favoriserait
la *sélection cryptique du meilleur sperme* (*selected sperm hypothesis*). La
polyandrie autoriserait un choix entre les éjaculas des différents géniteurs et la femelle pourrait concevoir une progéniture de meilleure
qualité. L'équipe de Jean Clobert a montré que la polyandrie pouvait
s'avérer une bonne tactique chez les jeunes ou chez les vieilles femelles
de lézard des souches, et en déduit que ces accouplements supplémentaires s'avéreraient finalement proches de la recherche de bons partenaires plutôt qu'ils ne résulteraient du conflit sexuel. Le criquet des
champs *Teleogryllus oceanicus* ne semble pas d'accord. Non seulement,
les taux de fécondation restent faibles mais la polyandrie ne permet pas
qu'un sperme plus compétitif engendre des descendants meilleurs. De
même, le réaccouplement des drosophiles n'est pas motivé par l'obtention d'un mâle de *meilleure* qualité, mais plutôt par les *particularités* du
génotype du nouveau mâle. Jeanne et David Zeh ont soumis une hypothèse différente dite de la *compatibilité génétique* proposant que la
polyandrie soit efficace pour réduire le risque d'une fécondation par du
sperme génétiquement incompatible, le mécanisme se situant au
niveau moléculaire. L'hypothèse est séduisante pour les espèces vivi-
pares qui entretiennent des relations intimes avec leur progéniture
pendant le développement embryonnaire. Bien entendu, les fécondations polyandres pourraient aussi accroître la diversité génétique de la
progéniture favorisant une meilleure survie, comme cela a été proposé

chez l'araignée des dômes *Linyphia litigiosa*. Toutefois, un tel mécanisme (*bet-hedging*) reste discutable d'après Yukio Yasui.

Le putois confond souvent érotisme et brutalité. Cependant, les femelles de putois consentent à presque toutes les avances des autres mâles, sans exiger de parades savantes ni d'expressions de qualité. De même, la solitude rend l'ours noir acariâtre. Les mâles d'ours noirs, *Ursus americanus*, appuient leur pouvoir sur la colère. Pourtant, les ourses cèdent à tout, concédant un câlin à presque tous les mâles qui le leur proposent. Et le grand dominant alpha du groupe de chimpanzés peut proclamer son irascible tyrannie, son intimidation s'avère néanmoins assez inefficace. Dès qu'une occasion se présente, les femelles chimpanzés acceptent des amours rapides avec les autres protagonistes. Car les femelles le savent, en octroyant ces accouplements sommaires, elles évitent ainsi que l'un de ces pères virtuels ne s'attaque ensuite à sa progéniture. La polyandrie des femelles organise la confusion de paternité. Les femelles de babouins arrangent également cette confusion. Une telle *polyandrie de convenance* souligne combien les intérêts antagonistes des mâles et des femelles introduisent la variabilité des relations sexuelles. Le conflit sexuel éclaire d'un nouveau jour ces multiples amours féminines. Les libellules *Calopteryx haemorrhoidalis* sur les ruisseaux et les phoques gris *Halichoerus grypus* sur les îles de Bretagne vivent cette polyandrie. En dépit de ses exigences, le mâle se retrouve finalement abusé. Au contraire, le consentement arraché des femelles n'est pas perdant. Dominées par un seul géniteur, les relations polygynes réduisent le patrimoine génétique de la progéniture. D'autant qu'une relation de parenté n'embarrasse guère le mâle qui n'hésite pas à copuler avec ses propres descendants. Intégrant des gènes nouveaux avec chaque mâle étranger, la polyandrie de convenance des femelles protège la progéniture d'une trop sévère consanguinité. C'est l'*hypothèse de l'évitement de la consanguinité* (*inbreeding avoidance*) qui préside aux destinées du putois et paraît valide même pour des espèces socialement monogames. Étudiée chez douze espèces d'oiseaux, la pratique des accouplements hors couple révèle que les populations les moins concernées par cet exercice, possèdent aussi la plus faible variation génétique. La polyandrie du saumon *Salmo salar* pourrait même protéger les populations isolées d'un effondrement génétique. Voilà aussi le secret des chiens de prairies à queue blanche, des ours noirs et des putois. En négociant ces plaisirs subsidiaires ou ces amours expédiés, le libertinage des femelles gagne un peu de biodiversité.

Chapitre 22

« Qu'on ne peut donner si peu de puissance à l'amour qu'il n'en abuse »

Mme de Villedieu

1. La domination des hyènes
2. Les abus de la beauté
3. Les enjeux du conflit

Les hyènes ont encore quelque chose à dire. Le clan s'organise autour d'une trentaine d'individus et comprend quelques mâles résidants. Dans la hiérarchie matriarcale des hyènes, les mâles sont formellement dominés. Les femelles prennent toutes les initiatives et organisent l'ordonnancement des activités reproductrices sous la houlette de la matriarche. Les hyènes ont décidément la sexualité excentrique. Aussi, les mâles disposent d'un choix simple : ou ils acceptent de rester dans leur groupe et se voient crédités d'un statut subalterne mais dominent tout autre mâle immigrant, ou bien les mâles partent à l'aventure pour tenter de s'établir dans un autre clan, mais ils se retrouveront alors sous la coupe à la fois des femelles, toujours dominantes, et des mâles résidants. Les mâles résidants cependant n'ont pas l'heur de plaire aux hyènes, et n'assurent que 3 % des naissances. Au contraire, les mâles immigrants, subordonnés par tous, soumis et timorés, sont les géniteurs de 97 % des hyènes du clan. Même le haut rang des mâles résidants ne leur permet pas de monopoliser la reproduction. Dans leur monde matriarcal, les hyènes organisent la revanche des dominés. Voilà que se glisse encore une dérogation dans l'hypothèse néodarwinienne de la sélection sexuelle qui affirme la victoire des *meilleurs* mâles. Du moins, les hyènes en nuancent le propos : ou alors les *meilleurs* mâles ne sont pas nécessairement les meilleurs ou alors les femelles peuvent parfaitement se satisfaire de la *propagande des faibles.*

Le lézard des souches *Lacerta agilis* affectionne les ébats à la hussarde. Le mâle assure une garde stricte de la femelle et multiplie ses harcèlements. L'étreinte du mâle n'attend pas longtemps le consentement de la femelle. Cependant, la brutalité de la stratégie de gardiennage souligne les limites de l'hypothèse du *meilleur des mâles* et s'écarte encore du néodarwinisme officiel. Car, énonce Pangloss dans son raisonnement circulaire, les gagnants seraient les meilleurs simplement à cause de leur succès. La réussite des mâles confirmerait leur qualité puisque seuls les meilleurs devraient gagner. Le conflit sexuel révèle autre chose. Dans la lutte des sexes, c'est la *stratégie de la propagande* qui compte et la limite des divers stratagèmes réside dans la capacité de résistance des femelles. Il en est ainsi des chimpanzés femelles qui réussissent à tromper la vigilance des dominants de leur propre groupe et offrent à près de la moitié de la progéniture une paternité étrangère au groupe. L'effort des mâles est d'abord une persuasion, parfois accompagnée de violence, et cette propagande ne favorise pas *nécessairement* les *meilleurs gènes,* mais elle avantage l'intimidation des hâbleurs et des fourbes, et, parmi eux, parfois se glissent les meilleurs. La sélection des meilleurs mâles ne tient guère face aux faisceaux d'évidences. La propagande des faibles, des opportunistes et des intrigants, existe aussi. Dans la question du pouvoir, c'est moins la valeur intrinsèque que la *qualité d'intimidation* qui gage la réussite. Et la vie sociale n'empêche rien, puisque le guêpier à front blanc *Merops bullockoides* utilise à la fois la copulation forcée et le parasitisme des pontes. C'est aussi le sens de la parabole de l'orang-outan. Les grands mâles orangs-outans *Pongo pygmaeus* présentent des caractéristiques hypertéliques extraordinaires, arborant des excroissances volumineuses qui déforment leur visage. La séduction du grand mâle en pleine maturité en profite. Nul doute que ces attributs semblent témoigner de la force de la sélection sexuelle.

Pourtant, le succès ne sourit pas toujours aux grands orangs-outans. Il existe une autre alternative. D'autres mâles orangs-outans gardent leurs caractéristiques juvéniles. Cette bonne figure de jouvenceau n'inquiète pas les grands mâles pour engager une honnête rivalité et les mâles dédaignent de s'intéresser à ces éphèbes. Ils ont grand tort. Au sein de la forêt équatoriale, ces adolescents attardés réussissent à assurer près de la moitié de la descendance. Comment ces individus démunis de caractères hypertéliques et apparemment si peu attractifs peuvent-ils y parvenir ? En fait, grâce à la supercherie morphologique, ces mâles sont tolérés près des femelles qui ne s'inquiètent guère de leur approche. Leur force physique reste pourtant intacte et facilite leur agression. Dans son étude, Anne Maggioncalda a comptabilisé 144 viols sur 151 tentatives d'accouplements de ces adolescents tardifs, soit 95 % de copulations forcées. Il faut admettre que s'il y a choix cryptique des femelles, il reste ici bien peu évident. Chez les orangs-outans, le sexe se vit apparemment comme un combat dont la seule réconciliation est la victoire des escrocs. Dans la bataille des sexes, rien n'indique que les vainqueurs soient également les meilleurs, rien n'enseigne que les triomphateurs soient détenteurs de bonnes caractéristiques. Bien sûr, on sort d'embarras en présumant que ces mâles afficheraient des signaux de *bons gènes* qui ne seraient pas toujours *honnêtes*, permettant aussi le succès des moins bons. La figure de style est intéressante, mais peu convaincante. Alors, faut-il soupçonner l'introduction d'une confusion douteuse entre *bons gènes* et *biologiquement correct* ?

La théorie de l'évolution ne doit pas se réduire à un dogme rigide sur la sélection sexuelle néodarwinienne, mais doit être regardée comme une conception capable d'intégrer les événements les plus étranges ou les plus dérangeants pour progresser dans son propos. Il y a plus. Les fourmis abusent. Alors qu'elles produisent des ouvrières stériles par reproduction sexuée, les reines de la petite fourmi de feu, *Wasmannia auropunctata,* accroissent la transmission de leurs gènes en générant clonalement leurs filles appelées à devenir reines. Du coup, cette reproduction clonale des reines exclut les mâles de la reproduction. Les reines paraissent sortir victorieuses de la guerre des sexes. Les mâles répliquent. Les analyses génétiques révèlent que ces mâles éliminent la moitié maternelle de leur génome. Sous l'effet du conflit sexuel, la réconciliation devient impossible, cette reproduction clonale sépare définitivement le patrimoine génétique des mâles et celui des femelles. Les deux patrimoines ne se rencontrent plus que dans les ouvrières stériles, révélant un conflit généralisé. Il faut revenir sur le biais sensoriel : la sexualité est une extravagance. C'est précisément cette exagération des traits qui enchante les sens. Les perroquets le savent, l'attirance va à ces attributs accentués, à cet éclat des couleurs. Déjà, il avait été proposé par P. J. Weatherhead et R. J. Robertson qu'une femelle pouvait trouver un intérêt simple à préférer les *mâles beaux.* Non seulement les femelles semblent très sensibles aux vrais Don Juan, mais un dividende plus pragmatique se cache derrière cette attirance immédiate. Les séducteurs pourraient bien engendrer des fils qui se révéleront à leur tour des séducteurs. C'est l'effet du beau garçon, du *fils sexy* (*sexy son*). À son tour, ce trait pourrait inciter une réplique virile pour accentuer l'apparence attractive selon un processus d'emballement par exemple.

Quoi, la beauté influence-t-elle le cours des choses ? Que ne pourrait-on pas écrire sur les façons de la cosmétique ? Les êtres humains en témoignent depuis les origines. Le maquillage accroît l'intérêt des traits, rehausse les divergences hypertéliques. Les préférences esthétiques seraient-elles le moteur de l'évolution ? N'en déplaise à Emmanuel

Kant, le beau n'est pas seulement la *belle représentation des choses*. Le beau est d'abord un abus. Ce qui fait la séduction des bustes grecs est entièrement contenu dans la forme improbable des Apollon. Le corps inventé des statues réalise l'utopie de la splendeur. Pourtant, cette harmonie est édifiée à partir de multiples outrances. C'est ce qui fait le charme de Cléopâtre ou de la déesse aux serpents. L'esthétique a institué la démesure, depuis les pectoraux gonflés, le dessin des courbes et jusqu'à la posture acrobatique des athlètes qui défie l'équilibre d'un être humain. Tous les étudiants amateurs de Rodin le savent, l'élégance est exprimée par la disproportion des formes, la dramatisation des expressions et l'excès des postures. Même aujourd'hui, la virtuosité des artistes repose sur l'apologie de l'hypertélie.

Aussi, les animaux ne sont pas intacts de Dieu. Ils sont seulement indemnes de religion, comme le souligne Michel Onfray, puisque Dieu est, en quelque sorte, le nom exagéré que nous donnons à nos grands ancêtres rêvés comme à une effigie magnifiée de nous-mêmes. De même, les autres animaux réalisent, dans l'hypertélie, cette stratégie de la démesure. Sacrée par l'enfance, la séduction s'insinue dans cette exaspération des traits. Les premiers éthologues l'avaient baptisé le *stimulus supranormal*. Néanmoins, cette stimulation exagérée n'a rien d'anormal. Dans les années 1960, Irenaus Eibl-Ebesfeld remarquait que les situations stimulantes artificielles pouvaient surpasser les situations naturelles. Ainsi, les pluviers *Pluvialis* replacent un œuf égaré en le roulant vers le nid. Cependant, le pluvier préfère ramener en priorité un leurre blanchâtre à taches noires plutôt que l'un de ses propres œufs, blancs à taches brunes. L'oie choisit même un immense œuf verdâtre plutôt que la blancheur du sien. Alors que le jeune goéland quémande sa pitance en picorant la petite marque rouge du bec des parents, Tinbergen et Perdeck découvrent que l'oisillon est davantage stimulé par un bec artificiel à plusieurs grandes bandes rouges. Je fais l'hypothèse que l'hypertélie tire son intérêt de cette tendance foncière. L'exubérance constitue un de ces stimulus supranormaux.

Mais pourquoi ces traits exagérés sont-ils si attirants ? Il faut relever que les attributs hypertéliques s'avèrent également très intimidants pour un jeune adulte. Le simple port ou l'exhibition de ces caractères suffisent généralement à dissuader les trop juvéniles prétendants de rivaliser avec le mâle. Il existe évidemment un biais sensoriel parce que les attributs hypertéliques sont regardés avec des yeux d'enfants. Aperçus à l'époque d'une sexualité encore inaccessible, les caractères des adultes sont intégrés comme des traits démesurés, comme des fantaisies excessives. Le développement des organes reste en effet *allométrique*, c'est-à-dire que certaines parties du corps s'accroissent d'une manière disproportionnée par rapport aux autres. Le jeune perçoit, dans ces spécificités adultes, l'image de la sexualité mature comme une propriété exorbitante. Voilà la difficile beauté qu'il attend pour lui-même et qu'il veut espérer chez ses partenaires, comme un morceau de divinité suspendue. L'exubérance des traits est préférée à cause de ce biais enfantin sans demander ni *handicap* ni apport de *bons gènes*.

Appuyés sur la tendance biologique fondamentale à l'accentuation des formes, les traits sexuels abusent les sens. Ils sont le souvenir des démesures de la maturité à travers le regard d'un enfant. Les attributs hypertéliques n'ont pas besoin d'apporter d'autres gènes que les leurs. L'animal va ensuite exposer ces emblèmes les plus impressionnants et en faire la propagande. La propagande souligne l'importance évolutive de la sensation et de l'interprétation, la perception immédiate du partenaire est privilégiée plutôt que les bénéfices hypothétiques à la progéniture. Voilà, en prédisant la victoire des opportunistes et des vantards, notre nouvelle *théorie de la propagande* fait l'économie des *bons gènes*. L'aspect extérieur, le phénotype, reste de toute façon un bien mauvais indicateur de la qualité génétique. Au contraire des explications traditionnelles faisant appel à des préférences coûteuses sur la base de bénéfices génétiques, le choix d'accouplement privilégie ceux dont la propagande a satisfait la femelle plutôt que des gènes à venir. Le choix devient également le produit de la résistance des femelles. Le processus peut être maintenu par un simple *mécanisme d'emballement*, tel que décrit par Fisher, s'il est complété par une résistance. Alors que la variance diminue avec les *bons gènes*, ici, la variance est préservée. Car les jeunes ne sont pas impressionnés exactement de façon identique selon les péripéties de leur enfance. Les artistes non plus, c'est ce qui génère la différence entre Toulouse-Lautrec, Picasso et Botero. La théorie de la propagande prédit même une possible corrélation : plus brève sera l'ontogenèse de l'espèce et plus les caractères hypertéliques pourraient s'avérer intenses et stéréotypés.

Du coup, la propension à l'exagération n'est plus réservée aux mâles. Les femelles connaissent le même émoi. Les femelles de perroquets retrouvent leurs couleurs. Les hyènes en attestent. Les relations entre les sexes suivent une dynamique proche de notre théorie du *tir à la corde* (*tug of wars*) où chaque sexe tire à lui ses avantages, *résistance* et *emballement* à la clé. Au contraire des hypothèses classiques sur le problème des préférences d'accouplements, le choix peut ici être généré par les processus de résistance des femelles. L'idée reste encore bien controversée, pourtant Serge Gavrilets et ses collaborateurs en ont déjà modélisé les bases génétiques, démontrant que le conflit sexuel entraînait en effet cette résistance évolutive des femelles en même temps que l'exagération des traits des mâles. Les femelles donnent alors la préférence à ceux qui leur ont plu en offrant un aspect attirant. Bien entendu, d'autres éclaircissements doivent encore affiner cette découverte. Les résultats obtenus par Friberg sur dix générations de drosophiles montrent que les femelles réagissent par des variations génétiques en réponse aux pressions exercées par les mâles. Récemment, Locke Rowe et ses collaborateurs ont exposé que la co-évolution antagoniste entre mâle et femelle pouvait tout aussi bien entériner l'*indifférence* des femelles, plus que leur résistance. Il en est sans doute ainsi de la polyandrie de convenance des putois et des babouins. Cette indifférence ressemble assez à l'art de la *solution la moins mauvaise* (*best of a bad job*) déjà évoquée.

Pour que se développe la course aux armements, il est nécessaire qu'une forte sélection agisse sur le biais sensoriel des femelles. C'est bien le cas avec le stimulus supranormal. Il reste encore à comprendre la nature et la force de la résistance des femelles. On peut cependant dire que le jeu évolutif qui est pratiqué par les espèces animales correspond un peu au principe du dilemme de Flood et Dresher ou *dilemme du prisonnier*. Il s'agit d'un jeu non interactif : nous sommes convaincus de la culpabilité des prisonniers (comme nous le sommes de la volonté de se reproduire), on veut seulement tenter d'obtenir leurs aveux, en proposant séparément à l'un ou l'autre des conditions précises qui peuvent leur permettre d'échapper partiellement à la sanction. Si vous avouez et que l'autre n'avoue pas, vous serez condamné à un an et votre complice à dix ans. Si vous refusez d'avouer, mais que votre complice avoue, vous passerez dix ans en prison et votre complice seulement un an. Si personne n'avoue, vous serez condamné tout de même à un an de prison pour le principe mais si vous avouez tous les deux, vous serez tous les deux condamnés à trois ans de prison. Quel que soit le scénario retenu, l'erreur est invariable.

La stratégie dominante reste timide et consiste à avouer. Il s'établit une situation surprenante, dite de l'équilibre de Nash où le plus souvent l'un des deux protagonistes avoue, parfois les deux, et échouent dans leur contradiction. La stratégie optimale est ailleurs. Il faut refuser d'avouer selon l'optimum de Paretto. La stratégie dominante n'est pas la bonne. Le joueur ne peut être gagnant que par ses dénégations. En changeant les termes du jeu, il faut intégrer la *recherche du partenaire (mating effort)* et l'*investissement parental (parental investment)* à la place de l'aveu ou du refus d'avouer. Cette traduction conduit cependant à la même affirmation dominante et achoppe sur l'équilibre antagoniste de Nash. En fait, la stratégie de l'aveu paraît idéale pour l'individu mais elle conduit à une solution très médiocre. Le dilemme évolutif entraîne des situations paradoxales où on ne peut être gagnant qu'en refusant. C'est la force de la polyandrie de convenance et de l'évitement de l'inceste.

C'est à John Maynard Smith que revient d'avoir osé les premières applications de la théorie des jeux en biologie évolutive. Il a montré que la sélection naturelle tendait à maintenir un équilibre entre différents traits d'une espèce, une *stratégie évolutivement stable (evolutionary stable strategy)*. Avant ces premières applications, il était admis que l'évolution favorisait d'abord les plus forts, mais la théorie des jeux démontre que ce n'est pas le cas. Les animaux affichent des indications graduelles qui constituent autant de préventions de l'attaque. Choisir où et quand se reproduire requiert une subtile prise de décision. L'exemple du putois reste éloquent. Le petit carnivore expérimenté et dominant peut installer son territoire à proximité de celui des femelles. Il effectue alors de courtes excursions de reproduction au sein du territoire des femelles qui le connaissent. Il devient adepte de la tactique du *pantouflard*. Au contraire, le mâle plus jeune ne peut s'octroyer un territoire proche des femelles réceptives et se voit contraint d'adopter la tactique de l'*explorateur*, accomplissant d'importants déplacements risqués, traversant le territoire des mâles et des femelles. Toutefois, le mâle territorial doit choisir quand quitter une femelle pour en trouver une autre et maintenir ainsi sa polygynie. Mais dès qu'il délivre son aimée, il laisse le champ libre à son concurrent explorateur. Le jeu se maintient parce que les jeunes mâles ne peuvent facilement investir un domaine et ont plus d'intérêts à tenter un *tout pour le tout* en trompant la vigilance du propriétaire.

En introduisant les interrelations, la dynamique des jeux a ouvert d'immenses perspectives. J. Lorberbaum a pourtant relevé qu'aucun scénario stable ne pouvait être trouvé avec le dilemme des prisonniers, les protagonistes perdent toujours. Il existe cependant une seule stratégie valable, qui pourrait peut-être permettre de parvenir à un équilibre. Cette stratégie suppose néanmoins que les deux joueurs puissent rejouer un nombre infini de fois. Dans ce cas, la stratégie, qui consiste à avouer la première fois, puis à systématiquement opérer le même choix que l'adversaire la fois précédente ou *stratégie d'œil pour œil, dent pour dent* (*tit-for-tat*), peut parfois s'avérer victorieuse, mais seule l'évolution peut prendre le temps de jouer aussi longtemps.

D'ailleurs, la nature abuse. Le jeu évolutif s'effectue parfois à trois protagonistes. Lorsqu'un phénotype connaît un très fort avantage, il devient vite dominant dans les populations. L'autre phénotype n'existe plus qu'en proportion réduite, mais si les individus admettent l'*avantage du type rare*, ce phénotype restera sauvegardé dans la population. Au fur et à mesure qu'il devient rare, il augmente son attractivité. C'est un peu ce principe que l'on retrouve dans la valse des relations sexuelles du lézard à flancs marbrés de Californie *Uta stansburiana*. Les mâles appliquent trois stratégies alternatives originales suivant le *principe du jeu « caillou, papier, ciseaux »* (*rock-paper-scissors game*). La règle du jeu se fonde sur une dominance successive, le caillou casse les ciseaux, le papier enveloppe le caillou et les ciseaux coupent le papier. Le lézard existe en trois couleurs, le phénotype à gorge orange, dominant et polygyne, le phénotype à gorge bleue, monogame et adepte du gardiennage des femelles, et le phénotype à gorge jaune, opportuniste et qui tente d'intercepter les femelles. La stratégie dominante du mâle à gorge orange est largement mise en échec par les mâles à gorge jaune qui multiplient les tentatives de copulations avec les femelles. En revanche, le mâle à gorge orange s'impose clairement auprès du mâle à gorge bleue. Cependant, la stratégie de vigilance de celui-ci empêche le mâle à gorge jaune de réussir dans ses entreprises. Comme chaque stratégie échoue et gagne selon les protagonistes en jeu, le système polygyne-monogame des lézards perdure, entretenu par la valeur relative de chacun des comportements alternatifs. La théorie de la sélection sexuelle a connu de prodigieux développements dans les années 1970-1990 et les différents modèles imaginés ont permis de grandes avancées en biologie évolutive, mais il faut se rendre à l'évidence : les exceptions glissent en dehors de l'hypothèse néodarwinienne des *bons gènes.* Le conflit sexuel, au contraire, éclaire sous un jour très original les fondements de l'aventure sexuelle du vivant et ses innovations ouvrent d'extraordinaires perspectives pour mieux comprendre l'évolution.

Mâle/Femelle	Recherche du partenaire	Investissement reproducteur
Recherche du partenaire	Promiscuité Coût Mâle = 3 Coût Femelle = 3 **STRATÉGIE DOMINANTE**	Polyandrie Coût Mâle = 10 Coût Femelle = 1 **dimorphisme**
Investissement reproducteur	Polygynie Coût Mâle = 1 Coût Femelle = 10 **dimorphisme**	Monogamie Coût Mâle = 1 Coût Femelle = 1 **STRATÉGIE OPTIMALE**

Le jeu évolutif du conflit d'intérêt entre les sexes

Chapitre 23
Le voyage à Lesbos

1. L'apaisement des frustrations sexuelles

2. L'homosexualité : une association amoureuse

3. La fonction de l'orgasme

4. Penthésilée et l'insidieuse tendresse des singes

L'homosexualité est une autre exubérance biologique. C'est le mot de Bruce Bagemihl. Voilà bien un autre problème qui perturbe définitivement le néodarwinisme, car, en l'absence de succès reproducteur, l'homosexualité pourrait remettre entièrement en question les fondements mêmes de la sélection darwinienne. L'homosexualité a longtemps été considérée comme un tabou en biologie évolutive ou, du moins, les événements homosexuels ont été regardés comme des anomalies sans intérêt. Pour de nombreux néodarwiniens, l'homosexualité n'est simplement pas possible. Pourtant, les dauphins aiment vraiment les ébats gays. Pourquoi les comportements homosexuels existent-ils chez près de quatre cent cinquante espèces différentes ?

Bien entendu, l'éléphant de mer boréal *Mirounga angustirostris* se montre toujours aussi violent. Les grands mâles dominants s'empressent de refouler tous leurs concurrents. La frustration peut atteindre son comble chez les mâles écartés qui, faute d'accéder aux femelles, assaillent et violent les animaux juvéniles égarés parmi eux. La résistance énergique des juniors ne laisse guère de doute sur l'absence de consentement, et la brutalité des tentatives conduirait à la mort de près d'une centaine de jeunes tous les ans. L'*hypothèse de l'agression des dominés* (*aggression hypothesis*) qui allègue que l'homosexualité résulterait surtout de la frustration des célibataires face à la pénurie des femelles, explique aussi certaines conduites des bœufs *Bos taurus*. Le comportement de monte des bovidés domestiques (*buller steer syndrome*) constitue un vrai problème car, bien que la plupart des individus le tolèrent passivement, il occasionne parfois des brutalités et des traumatismes tout à fait préjudiciables à l'élevage. Les relations homosexuelles peuvent en fait naître de la rivalité des mâles. Ainsi, le ver parasite *Moniliformis dubius* exerce un viol homosexuel. L'acte sexuel lui permet de bloquer le canal génital d'un autre mâle avec un bouchon muqueux qui interdit ensuite au mâle violé toute initiative de copulation. La punaise des lits *Xylocaris maculipennis* opère selon une variante du même thème. Le mâle force un autre mâle en remplissant le conduit génital de ce concurrent avec son propre sperme. Le mâle violé ne peut alors émettre que le sperme que son violeur lui a confié.

Les macaques rhésus *Macaca rhesus* ont pourtant la sexualité plus tranquille. Les populations déficitaires dans l'un ou l'autre sexe peuvent également connaître des ébats homosexuels sans que la violence s'y impose. L'*hypothèse de la pénurie de partenaires* présume que la carence d'activité sexuelle serait suffisante *en soi* pour conduire alors les animaux à engager des activités amoureuses. Ainsi, la proportion des couples femelles homosexuels s'accroît lorsqu'on enlève expérimentalement les mâles d'une population de goélands du Delaware *Larus delawarensis*. Cette motivation des individus du sexe en abondance ne devrait pas néanmoins persister dans les populations en équilibre. L'absence de femelles influence les guppies *Poecilia reticulata* suggérant que cette homosexualité de circonstance est d'abord liée à la défection des femelles. Cependant, en dépit du poids important de l'environnement social, le comportement homosexuel des guppies ne s'éteint pas complètement après que les mâles sont remis en présence de femelles. De même, les macaques rhésus homosexuels préfèrent leur partenaire à un congénère hétérosexuel disponible.

De nombreuses études révèlent qu'à l'évidence, l'homosexualité délibérée et consentie existe chez de nombreuses espèces sans qu'un déséquilibre du sex-ratio ne vienne la justifier. Le dauphin de l'Amazone *Inia geoffrensis* se montre très éclectique dans le choix de ses partenaires et pratique volontiers l'homosexualité. Les lamantins *Trichetus manatus* homosexuels restent profondément attachés entre eux. Le lézard vert de Cuba *Anolis porcatus*, le murin de Daubenton *Myotis daubentoni* ou le petit pingouin *Alca torda* consentent à des relations homosexuelles. De la même manière, les petits manchots Adélie *Pygoscelis adeliae* n'hésitent pas à prolonger une aventure homosexuelle. Le paradoxe darwinien se creuse. Si l'homosexualité entraîne un échec ou, au mieux, affaiblit le succès reproducteur, comment ce trait peut-il être maintenu dans la population ? Chez les individus les plus immatures, la sexualité homosexuelle intentionnelle est généralement admise comme un exercice de style, les jeunes et les subadultes s'essayant à la pratique sexuelle avec leur plus proche camarade de jeu. Cette *hypothèse de l'entraînement* (*training hypothesis*) s'accorde ainsi avec une vision adaptative de l'homosexualité puisqu'on peut présager que cet apprentissage pourrait initier de futures bonnes performances dans l'acte reproducteur. Ces conduites devraient rapidement disparaître à la maturité, à moins qu'un avantage vienne en renforcer l'exercice. Il semble bien que des bénéfices à venir apparaissent en effet.

La science a ici oublié quelque chose d'important. La sexualité ouvre une porte sur le rôle vital de la *coopération*. C'est le sens du message de Joan Roughgarden. Ainsi, l'homosexualité des dauphins peut être attribuée à un projet de renforcement des structures sociales. La socialité des dauphins reste marquée par une forte promiscuité sexuelle. Les dauphins souffleurs *Tursiops truncatus* forment souvent des bandes où les relations homosexuelles et les copulations sodomites se banalisent. Les coalitions de dauphins conforteraient leurs liens et ces occupations homosexuelles favoriseraient les alliances et les stratégies collectives. Les dauphins engageraient ainsi une homosexualité *politique* en quelque sorte. On retrouve une formation identique chez les gibbons ou les chimpanzés. Appuyée sur la dominance, l'homosexualité aurait évolué à travers les mécanismes de soumission, pour aboutir à une stratégie coopérative, c'est la *théorie de la hiérarchie-coopération* (*dominance hierarchy/cooperation*). Les lions aussi forment des couples de mâles, parfois apparentés, et consentent à des pénétrations anales et d'autres caresses homosexuelles. La formation de ces ligues favorise l'usurpation du territoire d'un autre mâle, les deux mâles s'épaulant pendant l'attaque. L'hypothèse de *hiérarchie-coopération* présuppose-t-elle que l'un des deux partenaires serait moins homosexuel que l'autre en gardant une position de copulateur ? Est-ce bien raisonnable ? L'homosexualité concerne tout autant le dominant que son comparse et il est difficile de cautionner l'hypothèse de la soumission homosexuelle. Les femelles hyènes tachetées partagent régulièrement un léchage très sexualisé de leurs parties génitales. Les loups non reproducteurs consentent aussi à ces pratiques qui pourraient soutenir la cohésion de la meute. Rien n'est plus coopératif qu'un oiseau. Les femelles goélands argentés *Larus argentatus* forment des couples très fidèles d'une année à l'autre. Une femelle peut se faire féconder, élever sa couvée et assurer les autres soins à la nichée en compagnie d'une autre femelle. Cette association favorise alors l'élevage avec un succès de reproduction moyen de 30 %, mais qui atteint 100 % dans certains cas et peut même dépasser celui de couples hétérosexuels. L'homosexualité n'exclut donc pas toujours la reproduction. De façon identique, les oies

Anser anser pourraient pratiquer une forme d'homosexualité coopérative. En fait, près de 15 % des couples rassemblent deux mâles, dans des relations amoureuses très durables puisqu'ils ont pu être suivis sur près de quinze ans ensemble.

D'une manière générale, le maintien ou le renforcement des liens d'élevage constitue un argument qui renoue avec les explications néodarwiniennes pour comprendre les associations homosexuelles chez les oiseaux. Malheureusement, ces allégations n'ont pas pu recevoir de confirmation car les observations ne permettent pas de savoir si les activités sexuelles initient les associations ou si elles les accompagnent. En outre, la durée des événements et le caractère exclusif de l'acte homosexuel dérangent sérieusement la théorie. Bruce Bagemihl annonce avec lyrisme une autre hypothèse dite d'*autorégulation démographique*, l'homosexualité limiterait les populations, mais une telle idée ne paraît guère convaincante pour les biologistes des populations. Paul Vasey est probablement le chercheur qui a pu accumuler le plus d'informations, notamment sur le comportement homosexuel des macaques japonais *Macaca fuscata*. Les rencontres entre femelles peuvent conduire à des associations temporaires qui durent plusieurs semaines. Comme touchées par une révélation amazone, les femelles acceptent des attouchements sexuels entre elles et les femelles dominées réussissent ainsi à améliorer leur statut social grâce à cette union avec une femelle de plus haut rang. La relation lesbienne promeut ainsi les coalitions futures. Pourtant, d'après Vasey, ces comportements ne sont nullement engagés dans l'objectif de telles alliances, c'est plutôt parce que l'union existe qu'elle favorisera la ligue. Il semble que certaines femelles préfèrent nettement les femelles en tant que partenaires sexuels et qu'elles peuvent maintenir des liens pendant fort longtemps. Vasey conclut que l'orientation des femelles est caractérisée par la bisexualité.

Les bonobos aiment le sexe. Les bonobos *Pan paniscus* sont des petits chimpanzés chez qui le sexe est contenu dans tout, et réciproquement. Quand un bonobo rencontre un autre bonobo, il lui propose volontiers quelques caresses. Le bonobo passe sa vie à pratiquer le sexe. Frans de Waal a observé les bonobos pendant des centaines d'heures dans la nature. Le sexe chez les bonobos possède une fonction essentielle : il évite les bagarres. C'est ce que son brutal cousin chimpanzé ne sait pas faire. Selon de Waal, il existe deux raisons majeures qui permettent de penser que l'activité sexuelle des bonobos sert d'abord à cimenter le groupe en résolvant les disputes. Tout d'abord, n'importe quelle occupation, qui intéresse plus d'un bonobo à la fois, conduit à un contact sexuel, y compris la recherche de nourriture. Ainsi, quand deux bonobos veulent explorer un objet particulier, leur attention est généralement précédée d'une brève attitude de monte, et l'exploration commence ensuite. L'utilisation du sexe distrait des tensions et augmente la tolérance des bonobos. Deuxièmement, les bonobos pratiquent le sexe dans toutes les situations un tant soit peu agressives. Quand un mâle chasse un rival d'auprès une femelle, les deux concurrents s'abordent et optent pour des caresses de leurs parties génitales. Quand une femelle approche d'une rivale, les deux femelles se touchent et s'embrassent, adoptant vite des étreintes plus précises, vulve contre vulve. Quand un individu crie contre un juvénile, sa mère intervient aussitôt pour proposer à l'agresseur un attouchement sexuel. Réconciliés autour des actes sexuels, les bonobos vivent l'apaisement du conflit généralisé pour fonder leur vie sociale. En outre, les bonobos restent fermement adeptes de la masturbation. Faire l'amour, pas la guerre, les bonobos ne pensent qu'à ça.

Il est vrai que la physiologie sexuelle a bâti une exhortation à l'érotisme extrêmement puissante. L'orgasme explose le corps d'un spasme de plaisir. L'approche de l'orgasme suspend toute la vigilance externe et noie l'individu dans la confusion des neurotransmetteurs. Les tisserins africains connaissent bien cette diablerie. À la fin de l'accouplement, le passereau est secoué d'un spasme véritable. Même les poissons coralliens semblent participer à cette débauche des sens. Quelle peut être la fonction d'une activité aussi tétanisante ? Bien peu d'études ont été consacrées au sujet chez les animaux alors que tant a été recherché sur l'improbable influence de quelques traits discutables. Le terme orgasme n'apparaît même pas dans nombre d'ouvrages dédiés à la sélection sexuelle ou à l'écologie comportementale, bastion du néodarwinisme actuel. Tout en s'accordant silencieusement sur un effet mécanique pour les mâles, on a attribué, sans humour, à l'orgasme féminin une *fonction de maintien du couple*. L'orgasme inciterait les deux partenaires à passer plus de temps ensemble. En élargissant le concept développé par Alcock, l'orgasme favoriserait la persistance des liens pour assurer le meilleur soin à la descendance. Que dire alors de l'orgasme des espèces solitaires ? La deuxième hypothèse développée par Fox, dite de la *rétention du sperme* (*upsuck hypothesis*), énonce que la contraction orgasmique pourrait favoriser la rétention du sperme dans le tractus génital de la femelle et augmenter la fécondation. La variante de l'hypothèse exposée par Smith suppose un rôle de sélection spermatique plutôt que de conservation. Une troisième hypothèse, défendue par Sarah Hrdy, souligne le rôle de l'orgasme dans la recherche de partenaires nouveaux. Cette hypothèse de la *poursuite des accouplements* (*multiple mating pursuit*) est en adéquation avec les hypothèses du conflit sexuel et de la recherche d'une *confusion de paternité* qui permettrait à la femelle de limiter le risque des infanticides.

Bien sûr, en favorisant l'activité de reproduction, l'orgasme aussi bien masculin que féminin, possède d'abord une fonction d'incitation immédiate au sexe (*immediate incentive hypothesis*), comme le craignaient d'ailleurs les précepteurs puritains et leur logique de chasteté. Selon notre *hypothèse de l'incitation immédiate au sexe*, la tendance évolutive doit favoriser la reproduction des animaux ressentant ce plaisir. Appréciant particulièrement le ravissement de la copulation, les espèces s'y adonnent plus souvent et accroissent ainsi leur probabilité d'obtenir une descendance. Les bonobos rappellent cependant que l'orgasme peut s'obtenir sans partenaire, et l'onanisme reste extraordinairement répandu chez la plupart des espèces animales. L'orgasme exige davantage. En fait, les différents orgasmes pourraient ne pas avoir évolué pour les mêmes raisons. Le plaisir clitoridien est un résultat de la guerre. Tandis que la taille et la jouissance du pénis évoluaient sous l'effet de la compétition spermatique, le conflit sexuel entérinait le plaisir clitoridien. L'*hypothèse du détournement d'attention* (*diversion hypothesis*) est une nouvelle conception de l'orgasme clitoridien. Si l'orgasme vaginal laisse supposer aux deux protagonistes une réussite de l'accouplement selon l'*hypothèse de l'incitation immédiate au sexe*, l'orgasme clitoridien pourrait avoir évolué pour détourner l'attention des mâles non désirés et leur suggérer qu'une copulation est réussie même en dehors des périodes fécondes. Le plaisir permet, en outre, de favoriser l'acceptation des femelles, consentant à répéter l'acte sexuel ou à accueillir plusieurs mâles. Le plaisir clitoridien paraît se développer de manière concomitante avec l'ovulation silencieuse. La théorie du *détournement clitoridien* prédit alors ce lien. Cette hypothèse de la diversion trouve un écho dans le fait que l'orgasme n'est pas lié à la conception. L'orgasme constitue une force qui incite plutôt à renouveler l'expérience et apparaît comme la cause proximale de la sexualité. En fait, même si le signal n'est pas reproducteur, mâles et femelles s'en trouvent plutôt bien, on s'en doute.

Il n'empêche. Quand la sexualité oublie la reproduction, il reste la question du comment un comportement non reproducteur peut être transmis à travers les générations futures. C'est là une énigme du point de vue néodarwinien. Les taux d'homosexualité, atteignant souvent 10 %, restent trop importants dans les populations animales pour provenir de l'effet d'une mutation récurrente. L'orientation sexuelle paraît cependant bien dériver d'une base génétique selon les travaux de plusieurs scientifiques. Le problème supplémentaire vient de ce que l'équipe de H. Hamer aurait découvert un gène candidat à cette implication sur le chromosome X, qui ne se transmet jamais du père vers le fils : seule la mère peut le diffuser. Les femelles pourraient-elles endosser l'intégralité de la responsabilité de l'homosexualité ?

C'est une hypothèse proche de la *théorie du travailleur stérile (sterile worker theory)* ou de la *règle de la parentèle* qui expliquent l'organisation des insectes sociaux. Les femelles répondraient au conflit sexuel en favorisant un gène perturbant la virilité des mâles, selon un processus semblable à l'agencement des ouvrières stériles chez les termites ou les fourmis. À travers une distribution avunculaire, le gène candidat pourrait se répandre chez les espèces sexuées. L'hypothèse souffre cependant de bien des limites et n'explique pas pourquoi les oncles maternels préféreraient l'homosexualité, plutôt que de convoler. Pourtant, c'est peut-être au cours d'une bataille de ce genre que les femelles lézards *Heteronotia* ou *Cnemidophorus* ont pu sélectionner des gènes antagonistes excluant les mâles de la reproduction et favorisant la parthénogenèse. Les *Cnemidophorus* femelles ont toutefois conservé, dans l'expression de leur lesbianisme, tout leur comportement sexuel désormais inutile pour la reproduction. Un autre modèle suppose un *avantage hétérozygote (heterozygous theory)* relevant que le gène qui affecte les comportements de soumission pourrait trouver une traduction homosexuelle à l'état homozygote. Il faudrait alors présumer d'une association génétique assez complexe entre les mécanismes de tolérance sociale et la mise en œuvre de comportements sexuels alternatifs. De la même manière, l'*hypothèse des sournois (sneaky theory)* explique qu'un candidat à la copulation pourrait s'associer avec un dominant dans l'espoir d'obtenir un accès aux femelles. Une telle association existe sur le lek des combattants variés. L'hypocrite accepterait alors des gratifications homosexuelles avec un objectif de reproduction furtive. Dans les populations polygynes, le dominant monopolise tellement de femelles et se défend contre tant de rivaux que la tolérance d'un complice pourrait l'avantager. La stratégie alternative de copulations *à la dérobée* pourrait s'avérer bénéficiaire et pour le mâle dominant, lui fournissant une aide à la défense territoriale par exemple, et pour le dominé en lui offrant quelque occasion interdite autrement. Les gènes qui soutiennent la dominance et ceux promouvant l'aide sont sélectionnés en même temps. Bien que cette disposition paraisse cohérente avec certaines observations, les macaques n'y souscrivent pas. Certains vivent comme des berdaches à « deux-esprits » et assemblent les genres. Les femelles macaques, engagées dans des relations lesbiennes, s'évertuent à exclure tout mâle pendant plusieurs années. Les femelles macaques n'acceptent pas des relations homosexuelles fugaces parce que les mâles seraient indisponibles. Non, affirme Paul Vasey, la véritable concurrence qui persiste entre elles met en évidence que le choix d'un partenaire du même sexe est volontaire, que ce choix dure et que l'homosexualité des macaques est un comportement sexuel et non pas social. Clairement, les femelles lesbiennes refusent qu'un mâle les effleure et préfèrent les caresses féminines. L'évolution est ainsi faite.

Décidément, le comportement homosexuel soulève de bien grands troubles qui importunent la théorie néodarwinienne. Les macaques dérangeaient. Les putois sont pires. En fait, l'homosexualité délibérée a été peu étudiée chez des espèces solitaires, et sa nature évidemment non coopérative pose bien des problèmes. Certains putois s'activent à des associations homosexuelles et refusent obstinément de s'intéresser aux femelles. D'autres putois femelles préfèrent échanger entre elles des caresses érotiques. Aucun des arguments sur l'agression, l'entraînement, la régulation des effectifs et l'aide à l'élevage ne peut ici éclairer ce comportement résolument non reproducteur. Les putois vivent en solitaires et se montrent habituellement très intolérants envers leurs congénères. Les populations de cette espèce vulnérable sont fragiles et dispersées. Comme chez les furets *Mustela furo*, l'activité homosexuelle reste brève, mais résolue et comporte aussi des pénétrations anales. Aussi est-il peu crédible de supposer que l'alliance homosexuelle puisse favoriser une activité sociale, d'autant que le refus reproducteur vient encore en perturber l'hypothèse. La parenté entre les deux protagonistes pourrait donner une autre explication. Que l'un des deux comparses apparentés se reproduise et les gènes partagés entre eux seront transmis aux générations futures ! Seulement, les putois analysés n'ont pas de liens d'apparentement génétique. En fait, n'en déplaise aux néodarwiniens orthodoxes, il semble bien que l'homosexualité délibérée chez cette espèce solitaire ne présente *aucune fonction adaptative*.

La théorie évolutive prédit pourtant que la proportion des caractères possédés par des individus non reproducteurs (ici l'homosexualité) devrait alors diminuer et disparaître dans les populations. Voilà alors une énigme redoutable. Il est cependant possible de réintroduire l'évolution dans cette intrigante question. L'homosexualité doit trouver son origine dans le conflit sexuel. Les femelles pourraient s'engager dans un processus évolutif contradictoire qui se débarrasserait des mâles à la manière des *Cnemidophorus*, tandis que l'homosexualité des mâles pourrait dépendre de l'accumulation des gènes antagonistes. Il faut admettre l'hypothèse que lorsque les traits séduisants prévalent sur les attributs sexuels, ils entraînent certains individus à s'engager dans des activités amoureuses, sans distinction de sexe. La préférence pour un partenaire supplanterait ainsi la discrimination du sexe. Plusieurs faits étayent cette *hypothèse du libre choix* (*free choice hypothesis*) qui reste parfaitement compatible avec la *théorie de la propagande*. La théorie de la propagande prédit que les espèces privilégieraient ceux dont la propagande charme, le phénotype restant un mauvais indicateur de la qualité génétique *en soi*. De nombreux traits séduisants sont en effet partagés par les deux sexes et seule une sélection vers un dimorphisme sexuel affirme la divergence. En outre, une expérience de L. C. Drickamer et de ses collaborateurs dévoile que les souris laissées capables d'exercer un libre choix de leur partenaire obtiennent un meilleur succès reproducteur. Bien qu'il reste encore à définir par quel mécanisme un tel résultat est obtenu (avantage des hétérozygotes ?), l'expérience dévoile le rôle de la préférence sur la réussite adaptative. Grâce à l'identification olfactive, le *libre choix* révèle l'influence probable du complexe majeur d'histocompatibilité (MHC). Que diantre ! Il est manifestement plausible que les putois préfèrent l'amour libre.

Le sexe s'inscrit aussi dans la tendresse insidieuse des singes. Le sexe, mais aussi le pouvoir. En fait, la plupart des animaux aiment s'adonner à un passe-temps apaisant, le toilettage (*grooming*). Le sable a ses vertus et les animaux, leur pragmatisme, mais il manque quelque chose au bain de poussière ou à la baignade en rivière. L'attouchement fait défaut. Le toilettage débute comme une consolation, il s'agit en fait d'une caresse. Le toiletteur explore minutieusement la crinière, en même temps qu'il assume sa soumission. Alimenté par le conflit sexuel, le service du toilettage s'oriente souvent en sens unique, le toiletté et son servant, attestant du rôle social du sexe. Par le toilettage, les relations hiérarchiques s'expriment au sein du groupe. Disponible et obséquieux, le babouin cajoleur obéit au jeu sensuel du maître en témoignant de son docile attachement. Le dos, les pieds, les fesses, les parties les plus intimes sont rarement oubliés par le serviteur pendant que le dominant se laisse gagner par la satisfaction lascive. Chez les bonobos, la prestation érotique se prolonge souvent par des étreintes plus charnelles. Les amours violentes du vison d'Amérique ne sont pas feintes, mais il existe des animaux, comme les chiens, les macaques, les lionnes ou bien sûr les bonobos, qui simulent un rapport de dominant/ dominé dans un jeu libertin. Au contraire, les antilopes se lèchent, se frottent, parfois se montent, mais le jeu du pouvoir demeure inflexible. Les hyènes organisent, elles, leur groupe matriarcal comme des disciples de Penthésilée. Les loups aussi révèlent les résonances amoureuses de leur sévère relation dominant/dominé. Chez la plupart des êtres vivants, le conflit sexuel définit une imprécise limite entre l'amour et le pouvoir…

Chapitre 24
Le temps du couple à la française

1. Une révolution sexuelle
2. De la diversité génétique à la biodiversité amoureuse
3. L'évolution est aussi un ménage à trois

Voilà que le flirt des éléphants dérange la savane. Les femelles accompagnent ensemble l'élevage des jeunes, mais elles font davantage. Les éléphants admettent plusieurs partenaires dans leurs jeux érotiques. Il est vrai que la pénurie de compagnons entraîne de bien vilaines complications génétiques lorsque l'espèce est à la fois si rare et si dispersée.

Car la génétique dérive. La dérive aléatoire provoque inexorablement une divergence qui s'accroît entre deux populations de la même origine lorsqu'elles n'échangent plus de reproducteurs, une divergence qui peu à peu brouille les limites de l'espèce. À vivre dans des populations peu nombreuses ou menacées, les échanges reproducteurs induisent inévitablement une perte de la variété des allèles. Cette dérive génétique s'avère d'autant plus sévère et s'accélère d'autant plus que la population originale dispose d'effectifs plus maigres. La dérive génétique conduit inéluctablement au même résultat : le déficit progressif des hétérozygotes. En effet, le nombre de congénères disponibles, ou *effectif efficace*, est ce qui fonde la diversité génétique d'une population. Les échanges reproducteurs entremêlent les gènes et diffusent la variété. Seulement, ces échanges ne s'opèrent qu'entre adultes amoureux et le maintien de la diversité génétique dépend entièrement du nombre des individus matures. La carence des hétérozygotes déclenche une spirale infernale en réduisant le succès reproducteur, ce qui augmente encore la dérive et aggrave l'accumulation des fautes de transcription génétique, pouvant à terme engager une *dépression consanguine*. Les populations extrêmement menacées du vison d'Europe dévoilent ainsi un faible *effectif efficace* et un sévère déficit de leur diversité génétique qui empirent encore le déclin du petit carnivore. La *dépression consanguine* enferme l'espèce dans un cycle sans retour.

Très répandu dans la nature comme l'ont souligné Pusey et Wolf, le danger de la consanguinité ne menace pas que les populations petites. Les adeptes de la polygynie comme l'éléphant de mer prennent aussi le risque d'un faible *effectif efficace* en misant sur le seul patrimoine d'un grand mâle. Chez les espèces polygynes, la multiplication des partenaires, et notamment la polyandrie des femelles, constitue un moyen très efficace pour réduire ce péril et s'avère une *stratégie active d'évitement de la consanguinité (inbreeding avoidance)*. Bien que la dissemblance génétique ne signifie pas strictement une dissimilitude du système immunitaire, les putois femelles préfèrent s'accoupler avec des mâles de passage qui montrent un degré de parenté beaucoup plus faible avec elles que le mâle dominant leurs territoires. Les fécondations hors couple sont également extraordinairement répandues chez les oiseaux, divulguant que la monogamie n'est pas indemne du conflit sexuel. Ainsi, les expéditions sexuelles de la rousserolle turdoïde

Acrocephalus arundinaceus, sont motivées par la recherche de partenaires permettant d'éviter la consanguinité.

La quête des congénères expose cependant à un risque insidieux pour les intrépides : la menace de la transmission des pathogènes. En même temps, les relations nouvelles apportent la rénovation génétique du système immunitaire. Il faut croire que cette compensation suffit au bonheur des aventuriers. Bien que la monogamie, en organisant un partage égal des partenaires, pourrait entraîner une répartition plus hétérogène des allèles et mieux soutenir la diversité génétique, l'organisation sociale, la fidélité des couples et la proximité des individus réduisent les échanges reproducteurs. Aussi les occasions de kleptogamie viennent-elles fortifier la variété génétique et, par la recherche d'individus différents, la quête amoureuse trouve un allié dans le renforcement probable du système immunitaire.

Les animaux peuvent d'ailleurs s'accommoder sans dispute de partenaires multiples. Ainsi, les cygnes noirs, homosexuels, forment des couples fidèles. Une femelle peut se faire féconder et confier à un couple homosexuel la couvaison et les autres soins parentaux. Cette association favorise alors clairement l'élevage et le succès de reproduction qui, avec 80 %, dépasse celui de couples hétérosexuels (30 %). Les ménages à trois chez les goélands permettent d'assurer une bonne fortune dans l'élevage de la nichée, notamment quand le trio est formé par l'association de deux femelles et d'un mâle. Chez les oies, la triade réunissant deux mâles bisexuels et une femelle obtient une certaine réussite, et meilleure de toute façon que ce que pourrait espérer un mâle sans conquête. En réduisant le vagabondage sexuel, le triolisme volontaire facilite l'investissement dans la reproduction.

La multiplication des partenaires peut donc constituer paradoxalement une forme de stabilité. Les accenteurs mouchets adoptent ainsi une organisation sexuelle très flexible, associant deux mâles avec une même femelle ou se structurant en couple ou encore unissant plusieurs femelles autour d'un même mâle. La buse des Galápagos *Buteo galapagonensis* ou le chevalier grivelé *Actitis macularia* composent leur vie sexuelle autour d'associations à trois. Les lycaons femelles fondent des alliances hiérarchisées qui arrangent un nourrissage commun. Bien connu pour son tempérament batailleur, l'huitrier-pie *Haematopus ostralegus* réserve quelques surprises. Habituellement l'oiseau est franchement monogame. Pourtant, deux femelles querelleuses peuvent soudain, après une courte parade d'amour, s'associer, préférant les vertus d'un club féminin. Partageant le domaine d'un mâle, elles vivent l'aventure d'une triade. Les femelles qui adoptent ce type de troïka accroissent leur chance de reproduction de plus de 70 %. La coopération sexuelle peut également jouer sur les phases préliminaires à l'accouplement. Ainsi, nous avons déjà vu le chevalier combattant varié *Philomachus pugnax* orné d'une collerette sombre, plus dominant, s'associer à un mâle exhibant une collerette blanche, plus attractif. Les femelles en profitent pour réaliser une ponte polyandre.

En fait, les activités sexuelles, telles que les stratégies alternatives de multiplication des partenaires, agissent directement sur le patrimoine génétique des espèces en augmentant la *variance* : c'est la *biodiversité amoureuse*. En admettant la pluralité des partenaires, les reproducteurs offrent à leurs descendants un plus large éventail génétique qui favorise leurs répliques aux pathogènes. Aussi, selon notre hypothèse de la *biodiversité amoureuse*, la flexibilité des organisations sexuelles suggère que le *libre choix* des relations instaure un avantage *en soi*, écartant le déficit génétique et immunitaire des populations. C'est pourtant dans l'exercice de ce libre choix que s'affirme aussi le sentiment amoureux.

La multiplication des partenaires sexuels continue d'être un sujet assez tabou dans nos sociétés occidentales, bien que le multipartenariat soit vécu en plein jour dans de nombreuses communautés tribales, souvent matrilinéaires. Pourtant, le triolisme a été fort répandu chez l'espèce humaine, et le théâtre de boulevard a assis son succès sur le trio mari, femme, amant ou maîtresse. En Europe, il a fallu attendre le Moyen Âge pour exiger des prélats de répudier leurs nombreuses concubines et affirmer la primauté du couple monogame. Réalisée assez tardivement, l'acceptation sociale du divorce a été un progrès sur l'hypocrisie, en offrant la possibilité légale d'une monogamie « séquentielle » de l'espèce humaine. La monogamie prétend à l'exclusivité sexuelle du partenaire et s'appuie sur le principe du gardiennage chez nombre d'espèces. Le paradoxe reste que, chez l'homme, cette rétention jalouse, relayée par les pressions sociales, essaie de se bâtir sur une exclusivité du *sentiment amoureux*. Le sentiment amoureux consiste d'abord dans une *exigence de libre choix* et s'oppose au mariage arrangé. Depuis Roméo et Juliette et en passant par Molière, il contient les aspirations humaines de la sexualité libre contre le drame des contraintes sociales et des unions forcées. Le sentiment amoureux se construit du désir, mais il va bien au-delà de l'attirance ou de la génétique. Il fonde l'association affective des êtres vivants à travers une préférence inextinguible de spécificités secrètes, souvent indicibles, « parce que c'est lui, parce que c'est elle ». Derrière une telle soif occulte de l'autre, on devine le rôle prédominant de l'organe voméro-nasal et du complexe majeur d'histocompatibilité.

Accueillant l'autre, le sentiment amoureux fonde l'idéal humain de la relation sexuelle parce qu'il prescrit le libre choix des conduites. Paradoxalement, la sexualité libre paraît mal reçue sans le modèle du sentiment et la promesse d'exclusivité. Cet engagement de liberté du sentiment amoureux peut-il autoriser la multiplication des rapports amoureux associant les congénères, ou doit-il, selon le serment défini par le gardiennage monogame et la loi, entraîner une relation exclusive ? Le rejet de ceux qu'on aime ne va que pour la sexualité, pas pour le sentiment. On peut « aimer » d'autres personnes de son entourage à la condition de n'entreprendre la sexualité qu'au singulier. Réintroduisant l'obligation reproductrice, la dissidence entre sexualité et sentiment vient de l'histoire judéo-chrétienne et s'est imposée récemment à nos sociétés, rappelle Sigmund Freud dans *L'Avenir d'une illusion.* Curieusement, les modèles sociaux prescrivent aussi la discrimination de l'amour sexuel, par âge, par situation sociale et, bien entendu, par sexe, alors qu'on conteste partout une telle ségrégation envers toute autre activité au nom de la préservation du bien-être de la vie sociale. Entre adultes, les amours bisexuelles, sodomites ou dissemblables pour l'âge ou la situation, choquent encore comme scandalisaient la sexualité mixte entre prétendues « races » ou le concubinage. Le pénal s'introduit même dans les liaisons librement consenties entre adultes et décrète, dans de nombreux pays, une incroyable intransigeance contre la sexualité féminine, la polygamie, la sodomie ou l'homosexualité. De même, les amours plurielles ne sont concédées que successives. L'amour dérange-t-il l'ordre social ?

Pourtant, le libre consentement entre adultes amoureux devrait constituer la règle simple et unique de l'acceptation de la sexualité des autres. Le rôle du couple monogame dans l'établissement de l'ordre social a été clairement professé au cours du XIXᵉ siècle. Singulièrement, les premières mesures prises notamment par le parti communiste, pour restreindre l'influence révolutionnaire du POUM et de la FAI pendant la guerre d'Espagne, ont été d'ordonner le retour au foyer des combattantes. *A contrario*, en tentant d'échapper au conflit des sexes, le mouvement hippy a immédiatement prôné la vie communautaire et la fin de l'exclusivité du couple. Au bout du compte, les civilisations humaines suivent les lois du jeu évolutif et du conflit des sexes sans même le savoir. Tandis que, dans *La fable des abeilles* obligées de devenir vertueuses pour leur coopération, Bernard de Mandeville fait l'éloge de la chasteté, Lucrèce étudie les animaux pour instruire les hommes. Il s'agit de justifier soit la diversité sexuelle, soit le puritanisme par les événements de la nature. Pourtant, la morale diffère autant des règles normatives que des réalités de la nature et l'un de ses enjeux est de définir l'*essence* de l'humanité. Le sentiment amoureux se construit comme une aspiration à apaiser l'intensité du conflit des sexes, car, comme l'affirme Bachelard : « Ce qui coordonne le monde, ce ne sont pas les forces du passé, c'est l'harmonie toute en tension que le monde réalise. » L'amour impose-t-il alors la réclusion pudibonde de l'autre, son usage exclusif ? Aveuglés par une convoitise de propriété de l'autre, les humains peuvent-ils bientôt être prêts à pacifier la guerre des sexes qui sévit pour au moins deux tiers de l'humanité ? Évidemment, on peut rétorquer que la morale solde une conquête tardive qui appartient à la seule humanité, mais en est-on bien sûr ?

Il arrive souvent que les animaux fassent le choix de la honte. Si l'émergence du sentiment amoureux s'avère une question difficile, l'existence d'une moralité animale reste toujours combattue. Défendre l'essence humaine, ériger la grande différence entre l'humain et l'animal, voilà le travail de bien des idéologues. Pourtant, l'humanisme s'est nourri de l'héritage des naturalistes. L'*Encyclopédie* en témoigne. Déjà, Averroès fondait son matérialisme sur cette conviction d'un enchaînement sans rupture entre les hommes et les autres animaux. En fait, si la morale consiste à différencier le *bien* du *mal*, mon chien est bien capable d'une telle dichotomie. « Un être qui s'attache par les bienfaits, qui se détache par les mauvais traitements, et va essayer un meilleur maître ; un être d'une structure semblable à la nôtre, qui fait les mêmes opérations, qui a les mêmes passions, les mêmes douleurs, les mêmes plaisirs, plus ou moins vifs, suivant l'empire de l'imagination et la délicatesse des nerfs ; un tel être ne montre-t-il pas clairement qu'il sent ses torts et les nôtres ; qu'il connaît le bien et le mal, et en un mot a conscience de ce qu'il fait ? [...] Cela posé, le don précieux dont il s'agit, n'aurait point été refusé aux animaux ; car puisqu'ils nous offrent des signes évidents de leur repentir, comme de leur intelligence, qu'y a-t-il d'absurde à penser que des êtres machines aussi parfaites que nous, soient comme nous faites pour penser et pour sentir la nature ? [...] L'homme n'est pas bâti d'un limon plus précieux : la nature n'a employé qu'une seule et même pâte, dont elle a seulement varié les levains. » Dès 1748, la lucidité de Julien Offray de la Mettrie est magnifique.

La vie sociale cependant se croit si vulnérable. « La domestication de la vie amoureuse par la civilisation entraîne un rabaissement général des objets sexuels », insiste Freud. La pesanteur des contraintes et la vigueur de la répression sexuelle dans la vie humaine pourraient trouver leurs origines dans les « avantages » sociaux de la monogamie. Du point de vue social, l'intérêt du couple monogame est évident. Répartissant à la fois les partenaires et l'investissement parental, le couple monogame ne trouble pas l'ordre social et garantit la reproduction de l'espèce. Que le choix volontaire des individus se restreigne à une fidélité exclusive paraît, en revanche, bien insolite ! En fait, l'antagonisme sexuel intéresse la vie sociale, et le jeu évolutif dévoile que l'individu peut aussi entrer en conflit avec la sélection de son groupe social. Mes étudiants ont droit à la présentation d'une variante peu orthodoxe de la théorie des jeux, mais qui possède le mérite de révéler l'émergence sociale du sentiment moral, c'est l'exemple de l'*archipel des vertueux*. Partons en croisière et imaginons des êtres si vertueux et si gentils qu'on leur offre une île pour s'administrer eux-mêmes. En parallèle, imaginons que soient cloîtrés, dans une autre île de l'archipel, les individus les plus pervers et les plus malveillants. Que pensez-vous de ces vies différentes ? Les étudiants décrivent alors la vie paradisiaque (quoiqu'un peu fade) qu'obtiennent les vertueux au contraire de l'enfer d'égoïsme de l'île des méchants. Être vertueux constitue clairement un avantage adaptatif pour la vie sociale. Personne n'évoque le désir d'occuper l'autre côté de l'archipel. Compliquons l'issue. Voilà qu'un vertueux s'égare sur l'atoll des méchants. Que devient-il ? Il est promptement exploité, battu, mis en pièces. La vertu s'avère alors un handicap insurmontable dans le monde darwinien de la *lutte pour la vie* (*struggle for life*). Voici maintenant qu'un méchant s'aventure sur l'îlot des vertueux. Sa perfidie lui fera bénéficier de l'innocence des autres. La méchanceté trouve au contraire un immense avantage adaptatif au milieu des gentils. La conduite sociale se pense extraordinairement vulnérable d'un point de vue adaptatif et la loi adopte des mesures préventives pour régenter la sexualité des adultes. Il faut évidemment croire à la perversité fondamentale des méchants. Voilà l'origine du conflit entre l'unique et le social qu'enveniment encore les velléités marchandes.

L'évolution est aussi un ménage à trois entre *pathogène*, *sexe* et *habitat*. L'espèce s'édifie dans la complexité des interactions entre *génome*, *phénotype* et *milieu*. Le milieu d'abord établit la présence des pathogènes, l'action pernicieuse de l'infestation des parasites. La réponse est dans la sexualité et la révolution permanente des systèmes immunitaires. En proposant deux sexes, la diversité peut s'accroître, mais reste contredite par la nécessaire spécialisation des phénotypes à leur habitat. L'évolution agit sur le vivant comme le vaisseau de Thésée sans cesse ravaudé, au fur et à mesure des bardeaux et des planches qu'on remplace, il ne peut plus s'agir tout à fait du même bateau. Le conflit sexuel y mêle son influence et commence tout simplement avec l'apparition d'un allèle embarrassant l'un des sexes. Supposons qu'un mâle lucane cerf-volant *Lucanus cervus* connaisse un grand succès dans la rivalité pour les femelles grâce à l'hypertrophie de ses mandibules. Un allèle qui augmenterait la taille des mandibules bénéficierait clairement aux mâles, mais imaginons qu'il soit très désavantageux pour les femelles. Il entraînerait immédiatement une sélection antagoniste si l'allèle est exprimé par les deux sexes. Une telle divergence d'intérêt favorise la diffusion asymétrique de l'allèle ou, en d'autres termes, l'inconvénient que cet allèle occasionne aux femelles est nécessaire à sa propagation chez les mâles. La guerre est déclarée.

Le conflit sexuel d'intérêt est une force évolutive qui entraîne des adaptations qui améliorent un sexe et détériorent l'autre. Le conflit sexuel connaît plusieurs phases et ne tolère qu'un équilibre précaire. Né de la réaction aux pathogènes, le conflit débute avec la recherche des partenaires sexuels, se prolonge avec la rivalité de fécondation, continue avec l'élevage de la progéniture et s'inscrit définitivement dans le génome. Car la bataille du génome aussi fait rage. Pourquoi le chromosome Y des drosophiles dispose-t-il de gènes dont la seule fonction est de supprimer l'activité des gènes du chromosome X ? Le conflit est entré dans les gènes, ce que les biologistes appellent la *distorsion de ségré-gation* (*meiotic drive*), les gènes ne se partageant pas de manière équitable lors de la formation des cellules sexuelles. La sexualité aiguillonne le conflit parce que les unions d'allèles restent provisoires et se défont d'un individu à ses descendants. Le conflit génomique intervient dès qu'un allèle affaiblit la valeur adaptative de son titulaire ou d'un autre individu de la population, conduisant à la sélection d'allèles nouveaux qui en suppriment l'effet. Le chromosome Y, l'héritabilité unisexuelle des gènes cytoplasmiques, les différences sexuelles de transmission des gènes et beaucoup d'autres facteurs ont évolué sous l'effet du conflit sexuel, suggèrent Linda Partridge et Laurence Hurst.

On ne peut faire de l'évolution une simple question de barrières. Dans les mers des premiers âges, les barrages étaient bien minces pour initier une disjonction des espèces. Parmi les plus fortes contraintes figure d'abord la prédation, qui fait de la distance entre les organismes une dangereuse séparation, et, deuxièmement, les structures de l'habitat qui exigent une spécialisation des phénotypes. Ainsi, la diffé-renciation sympatrique des lézards *Anolis* au sein des mêmes habitats est liée à leur spécialisation sensorielle. Si le conflit sexuel réintroduit les stratégies d'histoire de vie dans le processus évolutif, la *biodiversité amoureuse* agit aussi avec une force considérable sur l'évolution. Car les stratégies de choix libre de multiples partenaires accroissent, en effet, immédiatement la variance génétique des populations et restreignent le champ d'action des parasites : c'est ce que l'on peut nommer la *biodi-versité amoureuse*. En restaurant les flux de gènes au sein ou entre popu-lations séparées, les échanges des aventuriers du sexe s'opposent à la divergence évolutive. Ainsi, la *biodiversité amoureuse* atténue paradoxa-lement la différence entre populations en intégrant la variation dans les populations. Cet amenuisement des divergences se retrouve chez le pseudo-scorpion que David Zeh et ses collaborateurs ont pu étudier. Le pseudo-scorpion pratique le scarabée-stop. Les animaux résident dans les arbres, mais réussissent à se disperser en empruntant l'abdomen du scarabée arlequin *Acrocinus longimanus*. Rivaux pour occuper cette incommode offre de voyage, les mâles diffèrent d'un arbre à l'autre et la difficulté du transport devrait engendrer une forte différenciation des populations. Il n'en est rien. Les femelles s'avèrent bien friponnes et multiplient les partenaires, stockant la semence dans leur spermathèque. La paternité des mâles d'un site n'atteint que 57 % et le reste de la progéniture est le produit de relations avec les habitants d'autres arbres. La polyandrie des femelles résiste à la divergence génétique.

L'opossum divulgue tous les indices d'un attardé. Darwin reste perplexe. Au contraire du caractère primitif de l'opossum, les rainettes américaines *Eleutherodactylus johnstonei*, dont le sifflement résonne jusque dans les rues de Montjoly, dévoilent des attributs très modernes. Escamotant tous les stades larvaires aquatiques, les rainettes quittent l'œuf, déjà métamorphosées. Mais la petite *Eleutherodactylus* serait moins intéressante si elle ne conservait pas de multiples formes, un polymorphisme phénotypique. Les systèmes de reconnaissance spécifique, tels que le chant des oiseaux subtropicaux, ont souvent été regardés comme les initiateurs de l'éloignement spécifique. Pourtant, les adaptations morphologiques et les systèmes de reconnaissance opèrent *en tandem* et c'est le jeu des interactions entre ces facteurs qui oriente l'évolution. En étudiant la variation des punaises commensales de la plante *Roridula*, Isabelle Olivieri et ses collaborateurs ont pu soulever une même hypothèse : la variation phénotypique précède la différenciation évolutive des espèces. Les *contraintes bénéfiques* pour un phénotype l'éloignent de ses propres congénères.

Pourquoi commencer à différer d'avec ses semblables sans opter pour une radicale évolution vers une espèce originale ? La spécialisation des phénotypes constitue bien la semence initiale à l'émergence de nouvelles espèces parce que les contraintes de l'habitat exercent une énorme pression. Originaires d'un même ancêtre, le putois, le furet, le putois des steppes et le vison d'Europe divergent fondamentalement dans leur écologie et dans leur habitat. Leur morphologie aussi les rend dissemblables. Pourtant, la différenciation génétique reste si faible et si imparfaite que le produit de leur union hybride est toujours fertile, comme si ces animaux ne pouvaient pas vraiment se séparer en espèces définitivement distinctes. Les biologistes appellent ces groupes différenciés et pourtant interféconds des *syngameons*. Le putois nous apporte une autre information. Le petit *phénotype noir* (*dark phenotype*) du putois a subi sa modification morphologique parce qu'il occupe les ruisseaux forestiers, à tel point que son aspect converge avec le vison. Sur les rivières de France, les mêmes contraintes ont entraîné une même physionomie. La spécialisation phénotypique inaugure le processus de diversification qui conduit à la cladogenèse ou séparation des espèces. La variation des phénotypes répond exactement aux multiples tensions d'histoire de vie.

Retournons aux Caraïbes. L'archipel abrite des lézards *Anolis* mais, sur chaque île, des espèces différentes occupent des niches écologiques similaires. Il existe des *Anolis* qui préfèrent la canopée, d'autres les buissons, et d'autres encore les herbes. Que s'est-il passé ? Une même souche a-t-elle dérivé pour produire la variation des espèces ou, au contraire, des animaux distincts ont-ils convergé pour s'adapter ? Cette seconde idée est la bonne : les lézards différents d'un point de vue génétique présentent une même morphologie adaptée sous l'effet des pressions de la forêt tropicale. Ici, l'histoire évolutive, séparée d'île en île, a pourtant répété plusieurs fois le même caprice adaptatif. Les espèces diffèrent davantage entre milieux qu'entre îlots. La divergence sympatrique dévoile ses effets. La spécialisation phénotypique pour l'habitat constitue un événement vital. C'est ensuite une autre force qui ferme la porte sur la sexualité pour enclore l'espèce. Dès lors, en s'appuyant simplement sur de plus grands éloignements, l'allopatrie n'est que l'un des phénomènes particuliers de l'obtention de nouvelles microniches. Bien sûr, il doit encore exister bien des facteurs qui influencent l'irréductible différenciation. Parmi ses positions novatrices, Pierre-Henry Gouyon considère la symbiose comme une autre force évolutive, pour le moment ignorée des manuels, mais je crois au contraire que, si la symbiose nous renseigne, c'est qu'elle est un conflit temporairement apaisé.

À travers l'idée du conflit sexuel, nous approchons de plus en plus d'une *théorie du conflit généralisé*. En émergeant de la divergence, le conflit est la force de l'évolution. Une guerre de chacun contre les autres. Les sexes se définissent un espace/temps singulier, les espèces développent une niche particulière et provisoire. L'activité, le succès d'un sexe, d'une espèce entament progressivement la niche de l'autre. Le panda se meurt de la présence de l'homme. La chronologie évolutive est l'histoire de ce conflit généralisé, où chaque apaisement installe un équilibre précaire, car si la guerre initie le vivant, c'est la paix qui le perpétue. L'écologie est la science de ce déséquilibre permanent, de la coexistence provisoire des êtres vivants.

Il reste nos yeux d'enfants épiant le *stimulus supra-normal*. L'existence de facteurs générant des *biais dans la perception* pour la lumière, l'obtention de ressources ou la vigilance par exemple, peut exercer une pression sur le système sensoriel des femelles selon le processus décrit par J. A. Endler (*sensory drive hypothesis*). L'exploitation sexuelle par les mâles de ce *biais sensoriel* déclenche alors un changement dans le seuil de stimulation des femelles. Les mâles répondent à cette baisse d'attractivité par une exagération du signal ou plutôt, les mâles, qui disposent de l'aptitude exagérée, réussissent mieux, mais cette modification aboutit à son tour à une altération du seuil sensoriel des femelles. La boucle co-évolutive est bouclée et ne connaît pas vraiment de vainqueurs. Oliver Martin et David Hosken ont pu démontrer le rôle évolutif de l'*intensité* du conflit sexuel. Sous l'effet antagoniste du conflit, même de grandes populations de mouches divergent plus vite que des petites populations où existe un conflit plus atténué. Le conflit sexuel influence l'adaptation divergente et entraîne une très rapide évolution des barrières à la reproduction, initiant la formation d'espèces nouvelles. Serge Gavrilets et David Waxman en ont modélisé les effets. Dans la bataille des sexes, les adaptations de l'un amoindrissent les aptitudes de l'autre. L'antagonisme des mâles et des femelles s'avère une forme de sélection intersexuelle à travers le *mécanisme de la course aux armements*.

Il est facile de concevoir l'apport heuristique des théories du conflit sexuel pour expliquer la spéciation. Dans les théories néodarwiniennes de la sélection sexuelle, les modèles traditionnels de préférence pour un caractère (*bons gènes*, *handicap*, etc.) posent un problème majeur. Tous les modèles sont obligés de présumer que l'attractivité du trait séduisant existe chez les femelles *avant* que le trait lui-même n'apparaisse chez les mâles. Il faut que les femelles aiment les ocelles de la queue du paon pour déclencher ensuite le processus d'emballement. Au contraire, avec le conflit sexuel, la résistance des femelles à un attribut nocif des mâles fonctionne à travers un simple processus de co-évolution antagoniste, selon le scénario de la *course-poursuite* (*chase away*) ou du *tir à la corde* (*tug of wars*). Le concept de la *course-poursuite* suppose un événement sans fin, une accumulation d'adaptations diversifiées. Je pense que l'idée du *tir à la corde* s'avère plus heuristique. En introduisant la notion d'un gradient de résistance face à l'effort de contrôle qu'exerce l'autre sexe, le mécanisme du *tir à la corde* rend parfaitement compte de l'abandon d'un dispositif morphologique, physiologique ou comportemental devenu inutile. L'absence de continuité évolutive est un fait très courant en biologie. Le conflit sexuel peut contraindre un caractère à une réponse asymétrique selon le sexe concerné, mais l'existence obligatoire de corrélations génétiques entre les sexes peut promouvoir une stase évolutivement neutre des caractères qui semblent alors fixés pour un temps donné et paraissent éteindre le conflit. L'existence de cet équilibre précaire pourrait rendre aussi compte de l'apparente stabilité des espèces, comme dans la célèbre mais encore hétérodoxe théorie des *équilibres ponctués* développée par Niles Eldredge et Stephen Jay Gould.

Le concept de *tir à la corde* exprime clairement que mâles et femelles tirent chacun de leur côté sur la même corde et tentent d'entraîner l'autre vers le travail reproducteur. De l'éléphant de mer au jacana, la réussite est provisoire. Les mâles augmentent leur coercition sur les femelles qui, les subissant, voient leur succès reproducteur diminuer. Les femelles qui leur résistent se reproduisent mieux et se retrouvent plus nombreuses dans les populations, conduisant à nouveau les mâles à renforcer leur pression. En outre, le modèle prévoit une diversification géographique du phénomène, altéré par les contraintes locales, et le conflit sexuel prédit également un important dynamisme des systèmes sexuels. Cette flexibilité des organisations sexuelles s'accorde plutôt bien au monde réel des mouches, des putois, des lézards et des babouins. De plus, les aventures sexuelles peuvent accroître les compétences immunitaires. En fait, sans se préoccuper de bons gènes, l'influence du MHC sur le choix reproducteur peut provenir de deux raisons différentes, l'hypothèse d'évitement de la consanguinité, comme le propose Grob, et l'hypothèse d'une amélioration de l'*hétérozygotie*, comme le suppose Brown, deux logiques majeures pour choisir un partenaire dissemblable. Quoi qu'il en soit, par la simplicité de son identification olfactive, le complexe majeur d'histocompatibilité (MHC) joue probablement un rôle fondamental dans le *libre choix* et assure une fonction adaptative essentielle, réduisant les effets de la consanguinité et de l'affaiblissement du système immunitaire.

Les gènes impliqués dans un conflit persistant évoluent d'une manière très rapide, sous l'effet de ce type de *contraintes bénéfiques* comme se transforme la réponse immunitaire. Analysant les gerris et plusieurs espèces d'insectes qui diffèrent dans la manifestation du conflit sexuel, Göran Arnqvist et ses collaborateurs ont découvert que les groupes où les femelles copulent avec de nombreux congénères montrent un taux de spéciation quatre fois supérieur aux groupes où les femelles ne se reproduisent qu'avec un seul mâle. Il semble bien que le conflit sexuel (ou même le conflit généralisé) puisse s'avérer un puissant moteur de l'aventure évolutive. De contradictions en anomalies, la vision panglossienne de l'évolution est bien ébranlée. Les *contraintes bénéfiques* réfutent le sens commun et contredisent l'idée que, plus un individu dispose de possibilités, plus il lui est facile de choisir la meilleure. Avec le renfort des contraintes, le libre choix devient élémentaire.

Conclusion
Une lettre aux Sélénites

1. L'âge d'or et la révolution sexuelle

2. Peut-il y avoir un vainqueur ?

3. Le sentiment amoureux

À travers le conflit sexuel, la *biodiversité amoureuse* prédit que les êtres vivants sont troublés par des êtres différents d'eux-mêmes, et la diversité engendre la diversité. Le développement des théories de la préférence et de l'écologie comportementale, très à la mode dans les années 1980, a instruit le débat de la sélection sexuelle en apportant d'inestimables informations. Toutefois, la multiplication des entorses au néodarwinisme augure clairement d'une autre issue nécessaire. La porte est à peine ouverte et nous attendons encore sur le seuil.

La diversité biologique résulte d'abord de nos amours contrariés. Ce n'est pas le sexe qui sépare les espèces. Quand, sous l'effet des contraintes de l'environnement, les espèces inventent des phénotypes spécialisés, elles inaugurent un commencement de différence, un début de spéciation. Mais que surviennent des passions entre individus différents et les gènes restaurent l'assemblage initial, empêchant la spéciation. La divergence ne devient inéluctable que lorsque les amours s'oublient, quand le conflit majore ses effets. Chaque fois, la *spécialisation phénotypique précède la spéciation*. Les espèces s'ajustent à ces contraintes de l'habitat, mais pas seulement : le panda, *Ailuropoda melanoleuca*, se spécialise sur le bambou et la genette, *Genetta genetta*, sur le mulot sylvestre, *Apodemus sylvaticus*. De nombreux travaux, comme ceux de John Wiens, soulignent que la structure des micro-habitats affecte *directement* les caractéristiques sexuelles.

Tout au long de cet ouvrage, la discussion a aussi importuné les théories de la préférence, des *bons gènes* et de l'hypertélie : oiseaux de Wachtmeister qui n'accèdent à leurs couleurs qu'après l'appariement, lions de Tsavo qui méprisent la crinière ou confession des perroquets de se garder leurs couleurs. L'hypothèse de la *malhonnêteté des signaux* admet l'échec des *bons gènes*, mais reste un aveu d'impuissance. J'ai ici proposé que l'hypertélie résulte de la *tendance évolutive à l'exagération*, de la nature même du *stimulus supra-normal* si fascinant pour un regard de bambin, comme l'ont été les Apollon ou les Vénus de la préhistoire. Du coup, la *théorie de la propagande* découvre que ce ne sont pas les *meilleurs* qui s'imposent. La propagande, à la fois séductrice et intimidante, n'interdit pas que les attributs singuliers et autres caractères hypertéliques jouent un rôle dans l'élaboration des amours, mais elle *nie* que ce soit *à cause* d'un gène avantageux. En cela, la théorie de la propagande constitue une proposition *parcimonieuse* qui restaure l'effet de la variance. Tandis que les *bons gènes* prévoient l'association entre gène du bon choix et gène de la qualité et présument une préférence des femelles obtenue *avant* l'apparition du caractère des mâles, le *libre choix* arrange la préférence entre individus *différents*. Libre choix des femelles contre propagande des mâles, la guerre des sexes échafaude toutes sortes de contraintes et oblige à la résistance dans une *guerre d'usure évolutive*. Le conflit se dissimule même dans l'orgasme. Le dynamisme fondamental du conflit sexuel introduit l'évolution. À ceci près, que se logent des invités discrets dans le périple évolutif : les parasites et pathogènes troublent encore le sexe. On a trop souvent sous-estimé leur importance. La *biodiversité amoureuse* et sa variance, en restaurant le *libre choix* des individus, répliquent à ces contraintes multiples en découvrant un bénéfice inattendu dans la différence génétique et l'évitement de la consanguinité : le *renforcement des systèmes immunitaires* (MHC). En choisissant la dissemblance, les amours se font plurielles et perturbent, à nouveau, la différenciation évolutive. « Les grandes aventures sont toujours celles de l'esprit », susurrait Bouvard à Pécuchet.

L'enjeu annoncé de l'orthodoxie néodarwinienne et de sa séquelle sociobiologique a été de présenter une théorie universelle et irrévocable du vivant. De nombreux manifestes soulignent encore avec complaisance que serait maintenant achevé l'établissement d'une théorie globale des comportements. Les biologistes n'auraient plus que quelques ratures à corriger sur le livre de l'histoire naturelle. La tentation est forte de tout inscrire dans un système d'explications linéaires, souvent étayées par les interprétations économiques tirées directement de l'organisation du monde marchand. Pourtant, il faut se méfier de réduire les interactions entre les êtres vivants et les échanges évolutifs à la valse des marchandises. Tout semble se figer sur Darwin comme d'autres s'arrêtaient à Newton. La biologie doit encore faire émerger son Dirac.

Il faut au moins appeler à une biologie pluraliste, intégrant la multiplicité des événements sexuels et la co-évolution antagoniste, et utilisant les avancées modernes de l'écologie, de la physiologie, de la biologie moléculaire, pour expliquer comment les mâles et les femelles développent leurs relations amoureuses. Critiquant les notions stéréotypées sur le sexe, d'autres, comme Sarah Hrdy, ont déjà répondu à ces démonstrations récusables, à ces raisonnements à rebours en s'attardant sur les détails dérangeants de l'évolution du vivant. Même si l'exercice d'Icaroménippe a à peine troublé l'ordre supposé, les anomalies dérangent vraiment la théorie. Les entorses conceptuelles font de la résistance, comme les pucerons résistent aux insecticides en modifiant leurs gènes, comme les putois rivalisent de couleurs selon les cours d'eau, comme les bonobos préfèrent les jeux amoureux à la concurrence. L'enjeu de la reproduction est-il vraiment la propagation des gènes ?

Comme en témoigne l'évolution vers de faibles taux de reproduction, la tendance évolutive n'encourage pas clairement la diffusion des gènes, non plus qu'elle n'attire les *bons gènes*. L'effort des mâles est d'abord une propagande, et cette propagande ne favorise pas nécessairement les meilleurs gènes, elle avantage les vantards et les opportunistes, et les femelles aussi jouent au jeu évolutif. La science de l'évolution du vivant n'a d'avenir que pluraliste, il faudra trouver différentes significations au mot adaptation. Paradoxalement, le conflit généralisé permet même d'intégrer la *coopération sociale* dans les forces évolutives.

Décidément, le sexe montre bien des contresens et la diversification exubérante des événements amoureux s'inscrit dans une fissure entre la guerre des différences et l'association inévitable des complémentaires. Mâles et femelles tirent sur une même corde, mais chacun de manière opposée. Loin d'une téléologie, l'évolution n'établit pas de plan. C'est l'effet des efforts variés et contradictoires de chacun de nos choix qui l'élabore.

Bien sûr, en engageant la sexualité, le sentiment amoureux tient plus du périple des Argonautes que de l'embarquement pour Cythère. L'amour entre les êtres s'érige à partir d'un antagonisme inévitable, un jeu de *tir à la corde* (*tug of wars*). Toutefois ni vainqueur, ni vaincu : les deux sexes sont condamnés à la réconciliation, car la fortune de l'un est la richesse de l'autre. Apaiser le conflit sexuel, c'est alors ce que nous nommons *sentiment amoureux*. « Adieu Camille, retourne à ton couvent, et lorsqu'on te fera de ces récits hideux qui t'ont empoisonnée, réponds ce que je vais te dire : Tous les hommes sont menteurs, inconstants, faux, bavards, hypocrites, orgueilleux et lâches, méprisables et sensuels ; toutes les femmes sont perfides, artificieuses, vaniteuses, curieuses et dépravées ; le monde n'est qu'un égout sans fond où les phoques les plus informes rampent et se tordent sur des montagnes de fange ; mais il y a au monde une chose simple et sublime, c'est l'union de deux de ces êtres si imparfaits et si affreux. On est souvent trompé en amour, souvent blessé et souvent malheureux ; mais on aime, et quand on est sur le bord de sa tombe, on se retourne pour regarder en arrière, et on se dit : j'ai souffert souvent, je me suis trompé quelquefois ; mais j'ai aimé. » Car l'amour et ses batailles s'avèrent les plus puissants moteurs de l'aventure évolutive. Et ceux qui ne voient pas que la sexualité est ce qui construit l'avenir du monde sont évidemment… dans la lune !

Remerciements

Je suis vraiment redevable à nombre d'amis trop discrets. Je remercie également les chercheurs scientifiques dont les critiques avisées, les encouragements et les conseils ont constitué autant de suggestions indispensables, et plus particulièrement Göran Arnqvist, Tatiana Czeschlik, Raghavendra Gadagkar, Patricia Gowaty et Kerstin Johannesson. Je ne voudrais pas ici oublier l'enthousiasme des jeunes chercheurs et de tous les naturalistes amateurs, la générosité de tous les vrais protecteurs de la nature et la sincérité de tous ceux qui font le difficile métier d'étudiant. Enfin, un mot immense et spécifique pour Dominique Le Jacques, ma complice naturelle.

Illustrations
(dessins originaux de Dominique Le Jacques)

Références bibliographiques

L. Abele, S. Gilchrist, « Homosexual rape and sexual selection in Acanthocephalan worms », *Science*, 197, 81-83, 1977.

Z. Abramsky, M. L. Rosenzweig, A. Subach, « Measuring the benefit of habitat selection », *Behavioral Ecology*, 13, 497-502, 2002.

J. D. Ackerman, E. J. Melendez Ackerman, J. Salguero Faria, « Variation in pollinator abundance and selection on fragrance phenotypes in an epiphytic orchid », *American Journal of Botany*, 84, 1383-1390, 1997.

E. S. Adams, M. Mesterton-Gibbons, « The cost of threat displays and the stability of deceptive communication », Journal of Theoretical Biology, 175, 405-421, 1995.

R. V. Alatalo, J. Höglund, A. Lundberg, « Lekking in the black grouse – a test of male viability », *Nature*, 352, 155-156, 1991.

S. C. Alberts, J. Altmann, M. Wilson, « Mate guarding constrains foraging activity of male baboons », *Animal Behaviour*, 51, 1269-1277, 1996.

S. C. Alberts, C. Ober, « Genetic variability of the MHC : a review of non-pathogen-mediated selective mechanisms », *Yearbook of Physical Anthropology*, 36, 71-89, 1993.

J. Alcock, « Ardent adaptation », *National History*, 96, 4, 1987.

R. D. Alexander, J. L. Hoogland, R. D. Howard, K. M. Noonan, P. W. Sherman, « Sexual dimorphisms and breeding systems in pinnipeds, ungulates, primates and humans », *in* N. A. Chagnon, W. Irons (eds), *Evolutionary Biology and Human Social Behavior*, North scituate, Duxbury Press, 1979.

S. H. Alonzo, R. R. Warner, « Allocation to mate guarding or increased sperm production in a Mediterranean wrasse », *American Naturalist*, 56, 266-275, 2000.

S. J. Andelman, « Evolution of concealed ovulation in the vervet monkey (*Cercopithecus aethiops*) », *American Naturalist*, 129, 785-799, 1987.

B. Anderson, I. Olivieri, M. Lourmas, B. A. Stewart, « Comparative population genetic structures and local adaptation of two mutualists », *Evolution*, 58, 1730-1747, 2004.

M. Andersson, *Sexual Selection*, Princeton, Princeton University Press, 1994.

M. Andersson, « Social polyandry, parental investment, sexual selection, and evolution of reduced female gamete size », *Evolution*, 58, 24-34, 2004.

M. Andersson, « Sexual selection and the importance of viability differences », *Journal of Theoretical Biology*, 120, 251-254, 1986.

M. Andersson, « On the functions of conspicuous seasonal plumages in birds », *Animal Behaviour*, 31, 1262-1264, 1983.

M. Andersson, « Female choice selects for extreme tail length in a widowbird », *Nature*, 299, 818-820, 1982.

M. Andersson, Y. Iwasa, « Sexual selection », *Trends in Ecology and Evolution*, 11, 53-58, 1996.

M. C. B. Andrade, L. Gu, J. A. Stoltz, « Novel male trait prolongs survival in suicidal mating », *Biology Letters* 1, 276-279, 2005.

J. Andrés, G. Arnqvist, « Experimentally induced polyandry enhances female fitness in a monandrous mating system », *Sexual Conflict : A life History Perspective*, Stockholm University, Tovetorp Field Station, 2002.

M. E. Arnegard, A. S. Kondrashov, « Sympatric speciation by sexual selection alone is unlikely », *Evolution*, 58, 222-237, 2004.

M. L. Arnold, *Natural Hybridisation and Evolution*, Oxford, Oxford series in ecology and evolution, 1997.

S. J. Arnold, D. Duvall, « Animal mating systems : a synthesis based on selection theory », *American Naturalist*, 143, 317-348, 1994.

G. Arnqvist, « Sexual conflict and sexual selection : Lost in the chase », *Evolution*, 58, 1383, 2004.

G. Arnqvist, « Multiple mating in a water strider : mutual benefits or intersexual conflict ? » *Animal Behaviour*, 38, 749-756, 1989.

G. Arnqvist, « The evolution of animal genitalia : distinguishing between hypotheses by single species studies », *Biological Journal of the Linnean Society*, 60, 365-379, 1997.

G. Arnqvist, M. Kirkpatrick, « The evolution of infidelity in socially monogamous passerines : the strengh of direct and indirect selection on extrapair copulation behavior in females », *American Naturalist*, 165, S26-S37, 2005.

G. Arnqvist, T. Nilsson, « The evolution of polyandry : multiple mating and female fitness in insects », *Animal Behaviour*, 60, 145-164, 2000.

G. Arnqvist, L. Rowe, « Sexual conflict and arms races between the sexes : a morphological adaptation for control of mating in a female insect », *Proceedings of the Royal Society of London B*, 261, 123-127, 1995.

G. Arnqvist, L. Rowe, « Antagonistic coevolution between the sexes in a group of insects », *Nature*, 415, 787-789, 2002.

G. Arnqvist, L. Rowe, « Correlated evolution of male and female morphologies in water striders », *Evolution*, 56, 936-947, 2002.

G. Arnqvist, L. Rowe, *Sexual Conflict*, Princeton et Oxford, Princeton University Press, 2005.

G. Arnqvist, M. Edvardsson, U. Friberg, T. Nilsson, « Sexual conflict promotes speciation in insects », *Proceedings of National Academy of Science USA*, 97, 10460-10464, 2000.

G. Arnqvist, R. Thornill, L. Rowe, « Evolution of animal genetilia : morphomogical correlates of fitness components in a water strider », *Journal of Evolutionary Biology*, 10, 613-640.

L. Aviles, J. McCormack, A. Cutter, T. Bukowski, « Precise, highly female-biased sex ratios in a social spider », *Proceedings of the Royal Society of London B*, 267, 1445-1449, 2000.

G. Bachelard, *L'Intuition de l'instant*, Paris, Stock, Livre de Poche, « Biblio essais », 1994.

A. V. Badyaev, T. E. Martin, « Sexual dimorphism in relation to current selection in house finch », *Evolution*, 54, 987-997, 2000.

B. Bagemihl, *Biological Exuberance : Animal Homosexuality and Natural Diversity*, St Martin's Press, 1999.

R. R. Baker, M. A. Bellis, « Human sperm competition : Ejaculate manipulation by females and a function for the female orgasm », *Animal Behaviour*, 6, 887-909, 1993.

F. Balloux F, J. Goudet, N. Perrin, « Breeding system and genetic variance in the monogamous, semi-social shrew *Crocidua russula* », *Evolution*, 52, 1230-1235, 1998.

A. Balmford, S. Albon, S. Blakeman, « Correlates of male mating success and female choice in a lek-breeding antelope », *Behavioral Ecology*, 3, 112-123, 1992.

S. Balshine-Earn, F. C. Neat, H. Reid, M. Taborsky, « Paying to stay or paying to breed ? Field evidence for direct benefits of helping behavior in a cooperatively breeding fish », *Behavioral Ecology*, 9, 432-438, 1998.

D. Barash, « Sociobiology of Rape in Mallards (*Anas platyrhynchos*) : Responses of the Mated Male », *Science*, 197, 788-789, 1977.

M. Barinaga, « Is homosexuality biological ? », *Science*, 253, 956-957, 1991.

G. W. Barlow, « Patterns of monogamy among teleost fishes », *Archiv Fur Fischerei-wissenschaft*, 35, 75-123, 1984.

G. W. Barlow, « Monogamy in relation to resource », *in* C. N. Slobodchiko (ed), *The Ecology of Social Behavior*, San Diego, Academic Press, 55-79, 1988.

C. J. Barnard, « Kin recognition : problems, prospects, and the evolution of discrimination systems », *Advances in Study of Behaviour*, 19, 29-81, 1990.

C. Barrette, D. Vandal, « Sparring, relative antler size, and assessment in male caribou », *Behavioral Ecology and Sociobiology*, 26, 383-387, 1990.

N. H. Barton, G. M. Hewitt, « Analysis of hybrid zones », *Annual Review of Ecology and Systematics*, 16, 113-148, 1985.

A. Basolo, « Female preference predates the evolution of the sword in the swordtail fish », *Science*, 250, 808-810, 1990.

A. Basolo, « A further examination of a pre-existing bias favouring a sword in the genus *Xiphorus* », *Animal Behaviour*, 50, 365-375, 1995.

A. J. Bateman, « Intra-sexual selection in Drosophila », *Heredity*, 2, 349-368, 1948.

G. Bateson, « The message "this is play" », *in* B. Schaffner (ed), *Group Proceses : Transactions of the Second Conference*, Josiah Macy Jr Foundation, 145-242, 1956.

G. D. Benz, « Myology and Histology of the Phalloid Organ of the Buffalo Weaver (*Bubalornis albirostris*) », *Auk*, 100, 501-504, 1983.

T. Bereczkei, P. Gyuris, P. Koves, L. Bernath, « Homogamy, genetic similarity, and imprinting ; parental influence on mate choice preferences », *Pers Individ Dif*, 33, 677-690, 2002.

A. Berglund, A. Bisazza, A. Pilastro, « Armaments and ornaments : an evolutionary explanation of traits of dual utility », *Biology Journal of the Linnean Society*, 58, 385-399, 1996.

M. Barluenga, K. N. Stolting, W. Salzburger, M. Muschick, A. Meyer, « Sympatric speciation in Nicaraguan crater lake cichlid fish », *Nature*, 439, 719-723, 2006.

B. C. R. Bertram, « Social factors influencing reproduction in wild lions », *Journal of Zoology, London*, 177, 463-482, 1975.

R. Berzins, T. Lodé, « Polecat mate choice an experiment », *International Symposium of Ethology*, Berlin, 2002.

R. Berzins, R. Helder, T. Lodé, « Discrimination of opposite sex conspecific scent-marking and mate preference in the ferret *Mustela furo* », sous presse.

R. C. Best, V. M. F. Da Silva, « Amazon River Dolphin, Boto-*Inia geoffrensis* », *in* S. H. Ridgway, S. R. Harrison (eds), *Handbook of Marine Mammals*, vol. 4, River Dolphins and the Larger Toothed Whales, Londres, Academic Press, 1-24, 1989.

D. van de Bildt, « Outbreak and its effect on African wild dog conservation », *Emerging Infectious Diseases*, 8, 2002.

T. R. Birkhead, « Cryptic female choice : criteria for establishing female sperm choice », *Evolution*, 52, 1212-1218, 1998.

T. R. Birkhead, « Distinguished sperm in competition », *Nature*, 400, 406-407, 1999.

T. Birkhead, *Promiscuity : An Evolutionary History of Sperm Competition and Sexual Conflict*, Londres, Faber and Faber, 2000.

T. R. Birkhead, *Promiscuity, an Evolutionary History of Sperm Competition*, Harvard, Harvard University Press, 2001.

T. R. Birkhead, A. P. Møller, « Extra pair copulation and extra pair paternity in birds », *Animal Behaviour*, 49, 843-848, 1995.

T. R. Birkhead, T. Pizzari, « Postcopulatory sexual selection », *Nat. Rev. Gen.*, 3, 262-273, 2002.

A. Bisazza, A. Pilastro, « Variation of female preference for male coloration in the eastern mosquitofish *Gambusia holbrooki* », *Behavior Genetics*, 30, 207-212, 2000.

R. L. Blackman, « Species, sex, and parthenogenesis in aphids », *in* P. Forey (ed), *The Evolving Biosphere*, Cambridge Univ. Press, Cambridge, 1981, 75-85.

Blackwell, *The Sexes Throughout Nature*, Westport, CT Hyperion Press (Orig. pub. 1875), 1976.

W. U. Blanckenhorn, « Behavioral causes and consequences of sexual size dimorphism », *Ethology*, 111, 977-1016, 2005.

D. Blomqvist, B. Kempenaers, R. B. Lanctot, B. K. Sandercock, « Genetic parentage and mate guarding in the arctic-breeding western sandpiper », *Auk*, 119, 228-233, 2002.

J. Blondel, P. Perret, M. C. Anstett, C. Thébaud, « Evolution of sexual size dimorphism in birds : test of hypotheses using blue tits in contrasted Mediterranean habitats », *Journal of Evolutionary Biology*, 15, 440-450, 2002.

D. E. Boellstorff, D. H, Owings, M. C. Penedo, M. J. Hersek, « Reproductive behaviour and multiple paternity of California ground squirrels », *Animal Behaviour*, 47, 1057-1064, 1994.

J. J. Boomsma, A. Grafen, « Intraspecific variation in ant sex ratios and the Trivers-hare hypothesis », *Evolution*, 44, 1026-1034, 1990.

G. Borgia, « Sexual selection and the evolution of mating system », *in* Blum et Blum, *Sexual Selection and Reproductive Competition in Insects*, New York, New York Academy Press, 1979.

G. Borgia, « Sexual competition in *Scatophaga stercoraria* : size and density-related changes in male ability to capture females », *Behaviour*, 75, 185-206, 1980.

C. Borgia, « Bowers as markers of male quality, Test of a hypothesis », *Animal Behaviour*, 35, 266-271, 1985.

C. Both, M. E. Visser, « Density dependence, territoriality, and divisibility of resources : From optimality models to population processes », *American Naturalist*, 161, 326-336, 2003.

J. W. Boughman, « How sensory drive can promote speciation ? », *Trends in Ecology and Evolution*, 17, 571-577, 2002.

L. L. Boyd, T. S. Mac Cann, « Pre natal investment in reproduction by female Antarctic furseals », *Behavioral Ecology and Sociobiology*, 24, 377-385, 1989.

L. W. Braithwaite, « Ecological studies of the black swan : III. Behavior and social organization », *Australian Wildlife Research*, 8, 135-146, 1981.

J. V. Briskie, R. « Montgomerie, Sexual selection and the intromittent organ of birds », *Journal of Avian Biology*, 28, 73-86, 1997.

R. J. Brooks, J. B. Falls, « Individual recognition by song in whitethroated sparrows. I. Discrimination of songs of neigbors and strangers », *Canadian Journal of Zoology*, 53, 879-888, 1975.

R. Brooks, D. J. Kemp, « Can older males deliver the good genes ? », *Trends in Ecology and Evolution*, 16, 308-313, 2001.

P. N. M. Brotherton, J. M. Pemberton, P. E. Komers, G. Malarky, « Genetic and behavioural evidence of monogamy in a mammal, Kirk's dik-dik (*Madoqua kirkii*) », *Proceedings of the Royal Society of London B*, 264, 675-681, 1997.

J. L. Brown « A theory of mate choice based on heterozygosity », *Behavioural Ecology*, 8, 60-65, 1997.

H. M. Bruce, « An exteroceptive block to pregnancy in the mouse », *Nature*, 184, 105-106, 1959.

M. W. Bruford, W. C. Jordan, « New perspectives on mate choice and the MHC », *Heredity*, 81, 127-133, 1998.

G. L. Buffon, *Histoire naturelle des animaux. Les animaux domestiques*, tome IV, Paris, Gallimard, « Folio », 1984 (1753), p. 169-173.

N. T. Burley, « Parental investment, mate choice and mate quality », *Proceedings of National Academy of Science USA*, 74, 3476-3479, 1977.

N. T. Burley, « The differential allocation hypothesis : an experimental test », *The American Naturalist*, 132, 611-628, 1988.

K. J. Burns, « A phylogentic perspective on the evolution of sexual dichromatism in tanagers (Thraupidae) : the role of female versus male plumage », *Evolution*, 52, 1219-1224, 1998.

D. M. Buss, *The Evolution of Desire : Strategies of Human Mating*, New York, Basic Books, 1994.

D. M. Buss, « Sex differences in human mate preferences : Evolutionary hypotheses tested in 37 cultures », *Behavioral & Brain Sciences*, 12, 1-49, 1989.

P. G. Byrne, W. R. Rice, « Remating in *Drosophila melanogaster* : an examination of the trading-up and intrinsic male-quality hypotheses », *Journal of Evolutionary Biology*, 18, 1324-1331.

P. G. Byrne, J. D. Roberts, « Simultaneous mating with multiple males reduces fertilization success in the Myobatrachid frog *Crinia Georgiana* ? », *Proceedings of the Royal Society of London B*, 266, 717-721, 1999.

R. Calsbeek, B. Sinervo, « Within-clutch variation in offspring sex determined by differences in sire body size : cryptic mate choice in the wild », *Journal of Evolutionary Biology*, 17, 464-470, 2004.

R. Campan, *L'Animal et son univers*, Toulouse, Privat, 1980.

M. A. Cant, « Eviction and dispersal in co-operatively breeding banded mongooses (*Mungos mungo*) », *Journal of Zoology*, 254, 155-162, 2001.

M. A. Cant, « Social control of reproduction in banded mongooses », *Animal Behaviour*, 59, 147-158, 2000.

D. B. Carlisle, « On the hormonal and neural control of the release of gametes in ascidians », *Journal of Experimental Biology*, 28, 463-472, 1951.

C. K. Catchpole, « Sexual selection and the evolution of complex songs among European warblers of the genus *Acrocephalus* », *Behaviour*, 74, 149-166, 1980.

P. Catry, N. Rateliffe, R. W. Fumess, « Partnerships and mechanisms of divorce in the great skua », *Animal Behaviour*, 54, 1475-1482, 1997.

M., Ceccarelli, M. C. Esposto, C. Roscini, V. Sarri, M. Frediani, M. T. Gelati, A. Cavallini, T. Giordani, R. M. Pellegrino, P. G. Cionini, « Genome plasticity in Festuca arundinacea : direct response to temperature changes by redundancy modulation of interspersed DNA repeats », *Theoretical and Applied Genetics*, 104, 2002, 901-907.

T. Chapman, L. Patridge, « Sexual conflict as fuel for evolution », *Nature*, 381, 189-190, 1996.

T. Chapman, G. Arnqvist, J. Bangham, L. Rowe, « Sexual conflict », *Trends in Ecology and Evolution*, 18, 41-47, 2003.

E. L. Charnov, *The Theory of Sex Allocation*, Princeton, Princeton University Press, 1982.

L. K. Cheney, « Cote Habitat choice in adult longfin damselfish : territory characteristics and relocation times », *Journal of Experimental Marine Biology and Ecology*, 287, 1-12, 2003.

J. C. Choe, B. J. Crespi, *The Evolution of Mating Systems in Insects and Arachnids*, Cambridge, Cambridge University Press, 1997.

E. M. Cioran, *Précis de décomposition*, Paris, Gallimard, « Tel », 1987.

A. G. Clark, D. J. Begun, T. Prout, « Female x male interactions in Drosophila sperm competition », *Science*, 283, 217-220, 1999.

W. L. Clinton, B. J. Le Bœuf, « Sexual selection's effects on male life history. and the pattern of male mortality », *Ecology*, 74, 1884-1892, 1993.

T. H. Cluton-Brock, *The Evolution of Parental Care*, Princeton, Princeton University Press, 1991.

T. H. Clutton-Brock, F. E. Guinness, S. D. Albon, *Red Deer, the Behavior and Ecology of Two Sexes*, Chicago, University Press of Chicago, 1982.

T. H. Clutton-Brock, F. E. Guinness, S. D. Albon, « The cost of reproduction to red deer hinds », *Journal of Animal Ecology*, 52, 367-383, 1983.

T. H. Clutton-Brock, G. A. Parker, « Punishment in animal societies », *Nature*, 373, 209-216, 1995.

T. H. Clutton-Brock, G. A. Parker, « Sexual coercion in animal societies », *Animal Behaviour*, 49, 1345-1365, 1995.

L. C. Cole, « The population consequences of life hystory phenomena », *Quaterly Review of Biology*, 29, 103-137, 1954.

M. R. Conover, G. L. Hunt, Jr, « Experimental evidence that female-female pairs in gulls result from a shortage of breeding males », *The Condor*, 86, 472-476, 1984.

P. Convey, « Post-copulatory guarding strategies in the non-territorial dragonfly *Sympetrum sanguineum* », *Animal Behaviour*, 37, 56-63, 1989.

J. R. Cooley, C. Simon, D. C. Marshall, K. Slon, C. Ehrahardt, « Allochronic speciation, secondary contact, and reproductive character displacementin periodical cicadas (Hemiptera, *Magicicada spp.*) : genetic, morphological, and behavioural evidence », *Molecular Ecology*, 10, 661-671, 2001.

M. I. Cooper, S. R. Telford, « Copulatory sequences and sexual struggles in millipedes », *Journal of Insect Behavior*, 3, 217-230, 2000.

C. Cordero, « Ejaculate substances that affect female insect reproductive physiology and behavior : honest or arbitrary traits ? », *Journal of Theoretical Biology*, 174, 453-461, 1995.

A. Cordero, « Forced copulations and female contact guarding at a high male density in a calopterygid damselfly », *Journal of Insect Behavior*, 12, 27-37, 1999.

C. Cordero, W. G. Eberhard, « Female choice of sexually antagonistic male adaptations : a critiacl review of some current research », *Journal of Evolutionary Ecology*, 16, 1-6, 2003.

A. Cordoba-Aguilar, « Male copulatory sensory stimulation induces female ejection of rival sperm in a damselfly », *Proceedings of the Royal Society of London B*, 266, 779-784, 1999.

F. Courchamp, G. S. A. Rasmussen, « Small pack size imposes a trade-off between hunting and pup-guarding in the painted hunting dog *Lycaon pictus* », *Behavioral Ecology*, 13, 20-27, 2002.

J. A. Coyne, « Rules for Haldane's rule », *Nature*, 369, 189-190, 1994.

J. A. Coyne, H. Allen-Orr, *Speciation*, Sunderland, Sinauer Associates, MA, 2004.

B. J. Crespi, *Cannibalism : Ecology and Evolution Among Diverse Taxa*, Oxford, Oxford University Press, 1992.

M. L. Crump, « Cannibalism in amphibians », *in* M. A. Elgar, B. J. Crespi (eds), *Cannibalism : Ecology and Evolution Among Diverse Taxa*, Oxford, Oxford University Press, p. 256-276, 1992.

E. J. A. Cunningham, A. F. Russel, « Egg investment is influenced by male attractiveness in the mallard », *Nature*, 404, 74-76, 2000.

V. Cuvillier-Hot, A. Lenoir, R. Crewe, C. Malosse, C. Peeters, « Fertility signalling and reproductive skew in queenless ants », *Animal Behaviour*, 68, 1209-1219, 2004.

S. de Cyrano de Bergerac, *L'Histoire comique contenant les états et empires de la lune*.

J. Dahlgren, « Females choose vigilant males : an experiment with the monogamous grey partridge *Perdrix perdrix* », *Animal Behaviour*, 39, 646-651, 1990.

C. Dal Molin, « An external scent as the basis for a rare-male mating advantage in *Drosophila melanogaster* », *American Naturalist*, 113, 951-954, 1979.

M. Daly, M. Wilson, *Sex, Evolution and Behavior*, Belmont, PWS pub., 129-132, 1983.

C. Darwin, *Voyage d'un naturaliste autour du monde*, Paris, La Découverte, 1985 (1836), tome 1 et tome 2.

C. Darwin, *L'Origine des espèces*, Paris, La Découverte, 1989 (1880).

C. Darwin, *The Descent of Man, and Selection in Relation to Sex*, Londres, John Murray, 1871.

N. B. Davies, « Polyandry, cloaca pecking and sperm competition in Dunnocks », *Nature*, 302, 334-336, 1983.

N. B. Davies, « Cooperation and conflict among Dunnocks *Prunnella modularis* in a variable mating system », *Animal Behaviour*, 33, 628-648, 1985.

N. B. Davies, « Sexual conflict and the polygamy threshold », *Animal Behaviour*, 38, 226-234, 1989.

N. B. Davies, *Dunnock Behaviour and Social Evolution*, Oxford, Oxford University Press, 1992.

N. B. Davies, T. R. Halliday, « Deep croaks and fighting assessment in toads *Bufo bufo* », *Nature*, 274, 683-685, 1978.

N. B. Davies, A. Lundberg, « Food distribution and variable mating system in the Dunnocks *Prunnella modularis* », *Journal of Animal Ecology*, 53, 895-913, 1984.

E. S. Davis, « Female choice and the benefits of mate guarding by male mallards », *Animal Behaviour*, 2002, 64, 619-628

L. S. Davis, F. M. Hunter, R. G. Harcourt, S. M. Heath, « Homosexual Mounting in Adélie Penguins *Pygoscelis adeliae* », Emu, 98, 136-137, 1998.

R. Dawkins, *The Selfish Gene*, Oxford, Oxford University Press, 1976.

R. Dawkins, J. R. Krebs, « Arm races between and within species », *Proceedings of the Royal Society of London B*, 205, 489-511, 1979.

C. De Duve, *Poussières de vie*, Paris, Fayard, 1996.

C. De Duve, *Singularités, jalons sur les chemins de la vie*, Paris, Odile Jacob, 2005.

C. Devillers, J. Chaline, *La Théorie de l'évolution*, Paris, Dunod, 1989.

J. A. DeWoody, D. E. Fletcher, S. D. Wilkins, W. S. Nelson, J. C. Avise, « Genetic monogamy and biparental care in an externally fertilizing fish, the largemouth bass (*Micropterus salmoides*) », *Proceedings of the Royal Society of London, Series B*, 267, 2431–2437, 2000.

D. A. Dewsbury, « Effects of novelty on copulatory behavior : the Coolidge effect and related phenomena », *Psychological Bulletin*, 89, 464-482, 1981.

J. M. Diamond, « Goslings of gay geese », *Nature*, 340, 101, 1989.

U. L. F. Dieckmann et M. Doebell, « On the origin of species by sympatric speciation », *Nature*, 400, 354-357, 1999.

A. F. Dixson, *Primate Sexuality*, Oxford, Oxford University Press, 1998.

Th. Dobzhansky, *Genetics and the evolutionary process*, New York, Columbia University Press, 1970.

M. Double, A. Cockburn, « Predawn infidelity. Females control extrapair mating in superb fairy wrens », *Proceedings of the Royal Society of London, Series B*, 267, 465-470, 2000.

J. F. Downhower, « Darwin's finches and the evolution of social dimorphism in body size », *Nature*, 263, 558-563, 1976.

L. C. Drickamer, P. A. Gowaty, C. M. Holmes, « Free female mate choice in house mice affects reproductive success and offspring viability and performance », *Animal Behaviour*, 59, 371-378, 2000.

H. Drummond, C. Rodriguez, A. Vallarino, G. Rogel, E. Tobon, « Desperado siblings : uncontrolly aggressive junior chicks », *Behavioral Ecology and Sociobiology*, 53, 287-296, 2003.

A. Dubois, R. Günther, « Klepton and synklepton : two evolutionary systematics categories in zoology », *Zoologische Jahrbücher*, 109, 290-305, 1982.

A. Dubois, M. Matsui, « A new species of frog (genus *Rana*, subgenus *Paa*) from western Nepal (*Amphibia : anura*) », *Copeia*, 895-901.

L. A. Dugatkin, « Animal cooperation among unrelated individuals », *Naturwissenschaften*, 89, 533-541, 2002.

P. O. Dunn, A. D. Afton, M. L. Gloutney, R. T. Alisauskas, « Forced copulation results in few extrapair fertilizations in Ross's and lesser snow geese », *Animal Behaviour*, 1999, 57, 1071-1081.

M. L. East ; H. Hofer, « Male spotted hyenas (*Crocuta crocuta*) queue for status in social groups dominated by females », *Behavioral Ecology*, 12, 558-568, 2001.

W. G. Eberhard, *Sexual Selection and Animal Genitalia*, Cambridge, Harvard University Press, 1985.

W. G. Eberhard, « Animal genitalia and female choice », *American Scientist*, 78, 134-141, 1990.

W. G. Eberhard, « Copulatory courtship and cryptic female choice in insects », *Biological Review*, 66, 1-31, 1991.

W. G. Eberhard, *Female Control : Sexual Selection by Cryptic Female Choice*, Princeton, Princeton University Press, 1996.

A. R. Edwards, J. D. Todd, « Homosexual behaviour in wild white-handed gibbons (Hylobates lar) », *Primates*, 32, 231-236, 1991.

M. Eens, R. Pinxten, « Female European starlings increase their copulation solicitation rate when faced with the risk of polygyny », *Animal Behaviour*, 51, 1141-1147, 1996.

A. K. Eggert, S. K. Sakaluk, « Female-coerced monogamy in burying beetles », *Behavioral Ecology and Sociobiology*, 37, 147-154, 1995.

L. Ehrman, « Simulation of the mating advantage of rare *Drosophila* males », *Science*, 167, 905-906, 1970.

L. Ehrman, « A factor influencing the rare male mating advantage in *Drosophila* », *Behavioral Genetics*, 2, 69-78, 1972.

I. Eibl-Ebesfeldt, *Éthologie. Biologie du comportement*, Paris, Éd. Naturalia-Bioologia.

N. Eldredge, S. J. Gould, « Punctuated equilibrium prevails », *Nature*, 332, 211-212.

M. Elgar, « Sexual cannibalism in spiders and other invertebrates », *in* M. A. Elgar et B. J. Crespi, *Cannibalism : Ecology and Evolution Emong Diverse Taxa*, Oxford, Oxford University Press, 128-155, 1992.

E. Elwin, *Maisons des jeunes chez les Muria*, Paris, Gallimard, 1978.

R. W. Elwood, « Pup-cannibalism in rodents : cause and consequences, » *in* M. A. Elgar, B. J. Crespi (eds), *Cannibalism : Ecology and Evolution Emong Diverse Taxa*, Oxford, Oxford University Press, 299-322, 1992.

D. J. Emlen, « Environmental control of horn length dimorphism in the beetle », *Proceedings of the Royal Society of London B*, 256, 131-136, 1994.

S. T. Emlen, L. W. Oring, « Ecology, sexual selection and the evolution of mating system », *Science*, 197, 215-223, 1977.

S. T. Emlen, P. H. Wrege, « Forced copulations and intra-specific parasitism : Two costs of social living in the white-fronted bee-eater », *Ethology*, 71, 2-29, 1986.

J. A. Endler, « Signals, signal conditions and the direction of evolution », *American Naturalist*, 139, 125-153, 1992.

J. A. Endler, « Some general comments on the evolution and design of animal communication systems », *Philosophical Transactions of the Royal Society of London B*, 340, 215-225, 1993.

J. A. Endler, A. Basolo, « Sensory ecology, receiver biases and sexual selection », *Trends in Ecology and Evolution*, 13, 415-420, 1998.

T. Enomoto, « Social play and sexual behavior of the bonobo (*Pan paniscus*) with special reference to flexibility », *Primates*, 31, 469-480, 1990.

M. Enquist, « Communication during aggressive interactions with particular reference to variation in choice of behaviour », *Animal Behaviour*, 33, 1152-1161, 1985.

B. J. Ens, M. Kersten, A. Benninkmeijer, J. B. Hulscher, « Territory quality, parental effort and reproductive success of Oystercatchers *Haematopus ostralagus* », *Journal of Animal Ecology*, 61, 703-715, 1992.

B. J. Ens, F. J. Weissing, R. H. Drent, « The despotic distribution and deferred maturity ; two sides of the same coin », *American Naturalist*, 146, 625-650, 1995.

J. P. Evans, A. E. Magurran, « Multiple benefits of multiple mating in guppies », *Proceedings of the National Academy of Sciences USA*, 76, 10074-10076, 2000.

J. Faaborg, T. de Vries, C. B. Patterson, C. R. Griffin, « Preliminary observations on the occurrence and evolution of polyandry in the Galapagos hawk (*Buteo galapagoensis*) », *Auk*, 97, 581-590, 1980.

D. J. Fairbairn, « The costs of loading associated with mate-carrying in the waterstrider Aquarius remigis », *Behavioural Ecology*, 4, 224-231, 1993.

B. Faivre, J. Secondi, C. Ferry, L. Chastragnat, F. Cézilly, « Morphological variation and the recent evolution of wing length in the Icterine warbler : a case of unidirectional introgression ? », *Journal of Avian Biology*, 30, 152-158, 1999.

J. A. Farr, « Male rarity or novelty, female choice behavior and sexual selection in the guppy *Poecilia reticulata* Peters (Pices : Poeciliidae) », *Evolution*, 31, 162-168, 1977.

A. Fausto-Sterling, *Myths of Gender*, New York, Basic Books Inc., 1985.

K. M. Fedorka, T. A. Mousseau, « Nuptial gifts and the evolution of male body size », *Evolution*, 56, 590-596, 2002.

K. M. Fedorka, T. A. Mousseau, « Tibial spur feeding in ground crickets : larger males contribute larger gifts (Orthoptera : Gryllidae) », *Fla. Entomol.*, 85, 317-323, 2002.

P. Fernandez-Llario, J. Carranza, P. M. Quesada, « Sex allocation in a polygynous mammal with large litters : the wild boar », *Animal Behaviour*, 58, 1079-1084, 1999.

P. Fernandez-Llario, P. Mateos-Quesada, « Body size and reproductive parameters in the wild boar *Sus scrofa* », *Acta Theriologica*, 43, 439-444, 1998.

R. A. Fisher, *The Genetical Theory of Natural Selection*, New York, Dover Press, 1958.

C. D. FitzGibbon, « The adaptive significance of monogamy in the golden-rumped elephant shrew », *Journal of Zoology, London*, 242, 167-177, 1997.

B. M. Fitzpatrick, Molecular correlates of reproductive isolation, *Evolution*, 56, 191-198, 2002.

N. N. Fitzsimmons, « Single paternity of clutches and sperm storage in the promiscuous green turtle (*Chelonia mydas*) », *Molecular Ecology*, 7, 575-584, 1998.

I. Folstad, A. J. Karter, « Parasites, bright males and the immunocompetence handicap », *American Naturalist*, 139, 602-622, 1992.

S. H. Forbes, D. K. Boyd, « Genetic variation of naturally colonizing wolves in the central rocky mountains », *Conservation Biology*, 10, 1082-1090, 1996.

E. Forsgren, « Predation risk affects mate choice in a gobiid fish », *American Naturalist*, 140, 1041-1049, 1992.

A. Forsyth, *Die Sexualität in der Natur*, Munich, Deutscher Taschenbuch Verlag, 1991.

J. Du Fouilloux, *La Vénerie*, Paris, R. Dacosta, 1979 (1573).

D. Fournier, A. Estoup, J. Orivel, J. Foucaud, H. Jourdan, J. Le Breton, L. Keller, « Clonal reproduction by males and females in the little fire ant », *Nature*, 435, 1230-1234.

C. A. Fox. H. S. Wolff, J. A. Baker, « Measurement of intra-vaginal and intra-uterine pressures during human coitus by radio-telemetry », *Journal of Reproduction and Fertility*, 22, 243-251, 1970.

L. G. Frank, S. E. Glickman, I. Powch, « Sexual dimorphism in the spotted hyaena (*Crocuta crocuta*) », *Journal of Zoology, London*, 221, 308-313, 1990.

S. A. Frank, « Sex allocation theory for birds and mammals », *Annual Review of Ecology and Systematics*, 21, 13-55, 1990.

S. Freud, *L'Avenir d'une illusion*, Paris, Presses universitaires de France, 1927.

S. Freud, *La Vie sexuelle*, Paris, Presses universitaires de France, 1925.

U. Friberg, « Genetic variation in male and female reproductive characters associated with sexual conflict in Drosophila melanogaster », *Behavior Genetics*, 35, 455-462.

R. C. Fuller, D. Houle, J. Travis, « Sensory bias as an explanation for the evolution of mate preferences », *American Naturalist*, 166, 437-446, 2005.

J. Fustec, T. Lodé, D. Le Jacques, J.-P. Cormier, « Colonisation, riparian habitat selection and home range size in a reintroduced population of beavers *Castor fiber* in the Loire », *Freshwater Biology*, 46, 1361-1371, 2001.

R. Gadagkar, *Survival Strategies – Cooperation and Conflict in Animal Societies*, Cambridge (Massachusetts), Harvard University Press, 1997.

R. Gadagkar, « How to gain the benefits of sexual reproduction, without paying the cost : a worm shows the way », *Trends in Ecology and Evolution*, 13, 220-221, 1998.

R. Gadagkar, « Sex… Only if Really Necessary in a Feminine Monarchy », *Science*, 306, 1694-1695, 2004.

M. Gadgil, W. H. Bossert, « Life historical consequences of natural selection », *American Naturalist*, 104, 1-24, 1970.

S. Gavrilets, « Rapid evolution of reproductive barriers by sexual selection », *Nature*, 403, 886-889, 2000.

S. Gavrilets, D. Waxman, « Sympatric speciation by sexual conflict », *Proceedings of National Academy of Science USA*, 99, 10533-10538, 2002.

S. Gavrilets, G. Arnqvist, U. Friberg, « The evolution of female mate choice by sexual conflict » *Proceedings of the Royal Society of London B*, 268, 531-539, 2001.

V. Geist, « The evolutionary significance of mountain sheep horns », Evolution, 20, 558-566, 1966.

H. C. Gerhardt, « The evolution of vocalization in frogs and toads », *Annual Review of Ecology and Systematics*, 25, 293-324, 1994.

H. C. Gerhardt, « Reproductive character displacement of female mate choice in the grey tree frog, *Hyla chrysoscelis* », *Animal Behaviour*, 47, 959-569, 1994.

D. Gil, J. Graves, N. Hazon, A. Wells, « Male attractiveness and differential testosterone investment in zebra finch eggs », *Science*, 286, 126-128, 1999.

W. Gilbert, « The RNA world », *Nature*, 319, 1986, 618.

J. R. Ginsberg, D. I. Rubenstein, « Sperm competition and variation in zebra mating behavior », *Behavioral Ecology and Sociobiology*, 26, 427-434, 1990.

D. Gislason, M. Ferguson, S. Skùlason, « Rapid and coupled phenotypic differentiation in Icelandic Arctic charr (*Salvelinus alpinus*) », *Canadian Journal of Fish Aquatic Science*, 56, 2229-2234, 1999.

R. Godard, « Tit for Tat among neighboring hooded warblers », *Behavioral Ecology and Sociobiology*, 33, 45-50, 1993.

H. J. C. Godfray, « Signalling of need by offspring to their parents », *Nature*, 352, 328-330, 1991.

H. J. C. Godfray, « Signalling of need between parents and young : Parent-offspring conflict and sibling rivalry », *The American Naturalist*, 146, 1-24, 1995.

H. J. C. Godfray, R. A. Johnstone, « Begging and bleating : the evolution of parent-offspring signalling », *Philosophical Transactions of the Royal Society of London B*, 355, 1581-1591, 2000.

O. Goicoechea, O. Garrido, B. Jorquera, « Evidence for trophic paternal-larval relationships in the frog *Rhinoderma darwinii* », *Herpetologica*, 20, 168-178, 1986.

J. Gonzàlez-Solis, P. H. Becker, H. Wendeln, « Divorce and asynchronous arrival in common terns, *Sterna hirundo* », *Animal Behaviour*, 58, 1123-1129, 1999.

I. Gordon, « Natural selection for rare and mimetic colour pattern combinations in wild populations of the diadem butterfly », *Hypolimnas misippus* », *Biological Journal of the Linnean Society*, 31, 1-24, 1987.

S. J. Gould, *Le Pouce du panda : les grandes énigmes de l'évolution*, Paris, Grasset, 1982.

P.-H. Gouyon, J.-P. Henry, J. Arnould, *Les Avatars du gène : théorie néodarwinienne de l'évolution*, Paris, Belin, 1997.

P. A. Gowaty, « Sexual terms in sociobiology : Emotionally evocative and paradoxically, jargon », *Animal Behaviour*, 30, 630-631, 1982.

P. A. Gowaty, « Evolutionary Biology and Feminism », *Human Nature*, 3, 217-249, 1992.

P. A. Gowaty, « Architects of sperm competition », *Trends in Ecology and Evolution*, 9, 160-162, 1994.

P. A. Gowaty, « Multiple mating by females selects for males that stay : A novel hypothesis for monogamy in birds », *Animal Behaviour*, 51, 482-484, 1996.

P. A. Gowaty, « Battles of the sexes and origins of monogamy », *in* J. M. Black (ed), *Partnerships in Birds, the Study of Monogamy*, Oxford, Oxford University Press, p. 11-19, 1996.

P. A. Gowaty, N. Buschhaus, « Ultimate causes of aggression and forced copulation in birds : female resistance, the CODE hypothesis, and social monogamy », *American Zoologist*, 38, 207-225, 1998.

P. A. Gowaty, *Feminism and Evolutionary Biology : Boundaries, Intersections, and Frontiers*, New York, Chapman Hall, 1997.

A. Grafen, « Hamilton's rule OK », *Science*, 318, 310-311, 1985.

A. Grafen, « Biological Signals as Handicaps », *Journal of Theoretical Biology*, 144, 517-546, 1990.

A. Grafen, « Sexual Selection Unhandicapped by the Fisher Process », *Journal of Theoretical Biology*, 144, 473-516, 1990.

K. Grammer, R. Thornhill, « Human (*Homo sapiens*) facial attractiveness and sexual selection : The role of symmetry and averageness », *Journal of Comparative Psychology*, 108, 233-242, 1994.

B. R. Grant, P. R. Grant, *Evolutionary Dynamics of a Natural Population : the Large Cactus Finch of the Galapagos*, Chicago, University Chicago Press, 1994.

B. R. Grant, P. R. Grant, « Phenotypic and genetic effects of hybridization in Darwin's Finches », *Evolution*, 48, 297-316, 1994.

S. Griffin, S. A. West, « Kin selection : fact and fiction », *Trends in Ecology and Evolution*, 17, 15-21, 2002.

B. Grob, L. A. Knapp, G. Anzenberger, R. D. Martin, « The major histocompatibility complex and mate choice : inbreeding avoidance or selection of good genes ? », *Clinical and Experimental Immunology*, 15, 119-129, 1998.

P. Grubb, « Social organization of Soay sheep and the behaviour of ewes and lambs », *in* P. A. Jewell, J. M. Boyd (eds), *Island survivors*, Londres, Athlone Press, 1974.

K. Hackländer, W. Arnold, « Male-caused failure of female reproduction and its adaptive value in alpine marmots *Marmota marmota* », *Behavioral Ecology*, 10, 592-597, 1999.

J. B. S. Haldane, « Sex ratio and uni-sexual sterility in animals », *Journal of Genetics*, 12, 101-109, 1922.

E. T. Hall, *La Dimension cachée*, Paris, Seuil, 1979.

T. R. Hallyday, « The libidinous newt. An analysis of variations in the sexual behaviour of the male smooth newt, *Trituris vulgaris* », *Animal Behaviour*, 24, 398-414, 1976.

H. Hamer, S. Hu, V. L. Magnuson, N. Hu, A. M. Pattatucci, « A linkage between DNA markers on the X chromosome and male sexual orientation », *Science*, 261, 321, 1993.

W. D. Hamilton, « The genetical evolution of social behaviour, 1 », *Journal of Theoretical Biology*, 7, 1-16, 1964.

W. D. Hamilton, « The genetical evolution of social behaviour, 2 », *Journal of Theoretical Biology*, 7, 17-52, 1964.

W. D. Hamilton, « Altruism and related phenomena mainly in social insects », *Annual Review in Ecology and Systematics*, 3, 193-232, 1972.

W. D. Hamilton, M. Zuk, « Heritable true fitness and bright birds : A role for parasites ? », *Science*, 341, 289-290, 1982.

W. D. Hamilton, S. P. Brown, « Autumn tree colors as a handicap signal », *Proceedings of the Royal Society of London B*, 268, 1489-1493, 2001.

B. Hansson, D. Hasselquist, S. Bensch, « Do female great reedwarblers seek extra-pair fertilizations to avoid inbreeding ? » *Proceedings of the Royal Society of London B*, 271, S290-S292, 2004.

A. H. Harcourt, P. H. Harvey, S. G. Larson, R. V. Short, « Testes weight, body weight and breeding system in primates », *Nature*, 293, 55-57, 1981.

C. Harding, « Hormonal influences on avian aggressive behavior », *in* B. Svare (ed.), *Hormones and Aggressive Behavior*, New York, Plenum Press, 435-467, 1983.

D. S. Hartman, « Ecology and behavior of the manatee (*Trichechus manatus*) in Florida », *American Society of Mammalogists, Special Publication*, 5, 1-153, 1979.

D. S. Hartman, « Ecology and behavior of the manatee (*Trichechus manatus*) in Florida », *American Society of Mammalogists*, numéro spécial, 5, 1-153, 1979.

J. E. Hartzler, *An analysis of Sage grouse lek behavior*, Univ. Montana, PH Dissertation, 1972.

P. H. Harvey, J. W. Bradbury, « Sexual selection », *in* J. R. Krebs, N. B. Davies, *Behavioural Ecology. An Evolutionary Approach*, Oxford, Oxford University Press, 203-233, 1991.

L G. Harsmann, T. Prout, « Sperm displacement without sperm transfer in *Drosophila melanogaster* », *Evolution*, 48, 758-756, 1994.

B. J. Hatchwell, N. B. Davies, « Provisioning of nestlings by dunnocks, *Prunella modularis*, in pairs and trios : compensation reactions by males and females », *Behavioral Ecology and Sociobiology*, 27, 199-209, 1990.

H. Hayaki, M. A. Huffman, T. Nishida, « Dominance among male chimpanzees in the Mahale Mountains National Park, Tanzania : a preliminary study », *Primates*, 30, 187-197, 1989.

M. L. Head, J. Hunt, M. D. Jennions, R. Brooks, « The indirect benefits of mating with attractive males outweigh the direct costs », *Plos. Biology*, 3, 289-294, 2005.

P. W. Hedrick, « Female choice and variation in the major histocompatibility complex », *Genetics*, 1332, 575-581, 1992.

R. Heinsohn, C. Packer, « Complex cooperative strategies in group-territorial African lions », *Science*, 269, 1260-1262, 1995.

L. Henry, M. Hausberger, P. F. Jenkins, « The use of song repertoire changes with pairing status in male European starlings », *Bioacoustics*, 5, 261-266, 1994.

S. A. Henson, R. B. Warner, « Male and female alternative reproductive behaviors in fishes. a new approach using intersexual dynamics », *Annual Review of Ecology and Systematics*, 28, 571-592, 1997.

S. A. Henson, R. R. Warner, « Male and female alternative reproductive behaviors in fishes : A new approach using intersexual dynamics », *Annual Review of Ecology and Systematics*, 28, 571-592, 1997.

E. A. Herre, « Optimality, plasticity and selective regime in fig wasp sex ratio », *Nature*, 329, 627-629, 1987.

M. A. Hixon, « Territory area as a determinant of mating systems », *American Zoologist*, 27, 229-247, 1987.

J. Hoglund, « Size and plumage dimorphism in lek-breeding birds : a comparative analysis », *American Naturalist*, 134, 72-87, 1989.

B. Holland, W. R. Rice, « Experimental removal of sexual selection reverses intersexual antagonistic coevolution and removes a reproductive load », *Proceedings of National Academy of Science USA*, 96, 5083-5088, 1999.

B. Holland, W. R. Rice, « Chase-away sexual selection : antagonistic seduction versus resistance », *Evolution*, 52, 1-7, 1998.

J. L. Hoogland, « Why do female Gunnison's prairie dogs copulate with more than one male ? » *Animal Behaviour*, 55, 351-359, 1998.

M. Hori, « Frequency-dependent natural selection in the handedness of scale-eating cichlid fish », *Science*, 260, 216-219, 1993.

D. J. Hosken, W. U. Blanckenshorn, « Female multiple mating, inbreeding avoidance and fitness : it is not only the magnitude of costs and benefits that counts ? », *Behaviour Ecology*, 10, 462-464, 1999.

D. J. Hosken, P. I. Ward, « Experimental evidence for testis size evolution via sperm competition », *Ecology Letters*, 4, 10-13, 2001.

H. Hotz, T. Uzzell, « Interspecific hybrids of *Rana ridibunda* without germ line exclusion of a parental genome », *Experientia*, 39, 538-540, 1983.

S. B. Hrdy, « Infanticide among animals : a review, classification, and examination of the implications for the reproductive strategies of females », *Ethology and Sociobiology*, 1, 13-40, 1979.

S. B. Hrdy, « Raising Darwin's consciousness : Female sexuality and the prehominid origins of patriarchy », *Human Nature*, 8, 1-49, 1997.

S. B. Hrdy, *The Woman That Never Evolved*, Cambridge (MA) et Londres, Harvard University Press, 1999.

Z. Hu, J. O. Nehlin, H. Ronne, C. A. Michels, « *MIG1*-dependent and *MIG1*-independent glucose regulation of *MAL* gene expression in *Saccharomyces cerevisiae* », *Current Genetics*, 28, 258-266, 1995.

R. Huber, M. Martys, « Male-male pairs in greyleg geese (*Anser Anser*) », *Journal Ornithologie*, 134, 155-164, 1993.

D. Hull, « Contemporary systematic philosophies », *Annual Review of Ecology and Systematics*, 1, 19-54, 1970.

D. Hull, « Thirty-one years of systematic zoology », *Systematic Zoology*, 32, 315-342, 1983.

D. Hull, « Exemplars and scientific change », *in* P. D. asquith, T. Nickles (eds), *East Lansing, mi : Philosophy of Science Association*, vol. 2, 479-503, 1983.

D. Hull, D. S. Bendall (ed), *Darwin and the Nature of Science, in Evolution from Molecules to Men*, Cambridge, Cambridge University Press, 63-80, 1989.

D. Hull, Karl, « Popper and Plato's metaphor », *in* N. Platnick, V. Funk (eds), *Advances in Cladistics*, vol. 2, New York, Columbia University Press, 177-189, 1989.

E. M. Hunter, T. Burke, S. E. Watts, « Frequent copulation as a method of paternity assurance in the northern fulmar », *Animal Behaviour*, 44, 149-156, 1992.

F. Huntingford, A. Turner, *Animal conflict*, Londres, Chapman-Hall, 1987.

P. L. Hurd, « Communication in discrete action-response games », *Journal of Theoretical Biology*, 174, 217-222, 1995.

P. L. Hurd, « Is signalling of fighting ability costlier for weaker individuals ? », Journal of Theoretical Biology, 184, 83-88, 1997.

M. R. Hutchings, K. M. Service, S. Harris, « Defecation and urination patterns of badgers *Meles meles* at low density in south west England », *Acta Theriologica*, 46, 87-96, 2001.

M. J. Imber, « Breeding biology of the grey-faced petrel *Pterodroma macroptera gouldi* », *Ibis*, 118, 51-64, 1976.

Y., Iwasa, A. Pomiankowski, S. Nee, « The evolution of costly mate preferences. II. The handicap'principle », *Evolution*, 45, 1431-1442, 1991.

W. Jankowiak, M. Sudakov, B. C. Wilreker, « *Co-wife conflict and co-operation* », *Ethnology*, 44, 81-98

P. J. Jarman, « The social organisation of antelope in relation to their ecology », *Behaviour*, 48, 215-267, 1974.

M. D. Jennions, A. P. Møller, « Publication bias in ecology and evolution. an empirical assessment using the "trim and fil" method », *Biology Review*, 77, 211-222, 2002.

M. D. Jennions, N. I. Passemore, « Sperm competition in frogs, testis size and a "sterile male" experiment on *Chiromantis xerampelina* (Rhacophoridae) », *Biological Journal of the Linnaean Society*, 50, 211-220, 1993.

M. D. Jennions, M. Petrie, « Variation in mate choice and mating preferences. a review of causes and consequences », *Biological Review*, 72, 283-327, 1997.

M. D. Jennions, M. Petrie, « Why do females mate multiply ? A review of the genetic benefits », *Biological Review*, 75, 21-64, 2000.

M. D. Jennions, P. R. Y. Blackwell, N. I. Passemore, « Breeding behaviour of the African frog, *Chiromantis xerampelina*, multiple spawning and polyandry », *Animal Behaviour*, 44, 1091-1100, 1992.

K. Johannesson, A. Tatarenkov, « Allozyme variation in a snail (*Littorina saxatilis*) – deconfounding the effects of microhabitat and gene flow », *Evolution*, 51, 402-409, 1997.

K. Johannesson, B. Johannesson, U. Lundgren, « Strong natural causes microscale allozyme variation in a marine snail », *Proceedings of National Academy of Science USA*, 92, 2602-2606, 1995.

J. C. Johnson, A. Sih, « *Precopulatory sexual cannibalism in fishing spiders (Dolomedes triton) : A role for behavioral syndromes* », *Behavioral Ecology and Sociobiology*, 58, 390-396.

R. A. Johnstone, « Sexual selection, honest advertisement and the handicap principle : reviewing the evidence », *Biology Review*, 70, 1-65, 1995.

R. A. Johnstone, L. Keller, « How males can gain harming their mates : sexual conflict, seminal toxins, and the cost of mating », *American Naturalist*, 156, 368-377, 2000.

A. Jones, « The evolution of alternative cryptic female choice strategies in age-structured populations », *Evolution*, 56, 2530-2536, 2002.

J. S. Jones, K. E. Wynne-Edwards, « Paternal hamsters mechanically assist the delivery, consume amniotic fluid and placenta, remove fetal membranes, and provide parental care during the birth process », *Hormone Behaviour*, 37, 116-125, 2000.

T. M. Jones, R. J. Quinnell, « Testing predictions for the evolution of lekking in the sandfly, *Lutzomyia longipalis* », *Animal Behaviour*, 63, 605-612, 2002.

G. Jones, E. Walker de, C. Kvarnemo, K. Lindström, J. C. Avise, « How cuckoldry an decrease the opportunity for sexual selection. Data and theory from a genetic parentage analysis of the sand goby, *Pomatoschistus minutes* », *Proceedings of National Academy of Science USA*, 98, 9151-9156, 2001.

W. C. Jordan, M. W. Bruford, « New perspectives on mate choice and the MHC », *Heredity*, 81, 127-133, 1998.

K. H. Jungfer, W. Hold, « A new species of Osteocephalus from Ecuador and a rediscription of O. leprieurii (Dumeril & Bibron, 1841) (Anura, Hylidae) », *Amphibia-Reptilia*, 23, 21-46.

K. Katsikaros, R. Shine, « Sexual dimorphism in the tusked frog, Adelotus brevis (Anura : Myobatrachidae) : The roles of natural and sexual selection », *Biological Journal of the Linnean Society*, 60, 39-51, 1997.

J. H. Kaufmann, « On the definitions and functions of dominance and territoriality », *Biological Review*, 58, 1-20, 1983.

R. W. Kays, B. D. Patterson, « Mane variation in African lions and its social correlates », *Canadian Journal of Zoology*, 80, 471-478, 2002.

B. Keane, S. C. Creel, P. M. Waser, « No evidence of inbreeding avoidance or inbreeding depression in a social carnivore », *Behaviour Evolution*, 7, 480-489, 1996.

L. Keller, H. K. Reeve, « Why do females mate with multiple males ? The sexually selected sperm hypothesis », *Advances in the Study of Behaviour*, 24, 291-315, 1995.

A. C. Kemp, *The Hornbills*, Oxford, Oxford University Press, 1995.

B. Kempenaers, G. R. Verheyen, M. V. Broeck de, T. Burke, C. V. Broeckhoven, A. A. Dhondt, « Extra-pair paternity results from female preference for high quality males in the blue tit », *Nature*, 357, 494-496, 1992.

B. Kempenaers, G. R. Verheyen, A. A. Dhondt, « Mate guarding and copulation behavior in monogamous and polygynous blue tits : do males follow a best-of-a-bad-job strategy ? » *Behavioral Ecology and Sociobiology*, 36, 33-42, 1995.

J. T. Kevin, P. O. Dunn, K. A. Peterson, L. A. Whittingham, « Extrapair paternity is influenced by breeding synchrony and density in the common yellowthroat », *Behavioral Ecology*, 12, 633–639, 2001.

A. H. Kimberly, L. Du, F. H. Rodd, D. N. Reznick, « Familiarity leads to female mate preference for novel males in the Guppy, *Poecilia Reticulata* », *Animal Behaviour*, 58, 907-916, 1999.

M. Kirkpatrick, « Good genes and direct selection in the evolution of mating preferences », *Evolution*, 50, 2125-2140, 1996.

M. Kirkpatrick, M. J. Ryan, « The evolution of mating preferences and the paradox of the lek », *Nature*, 350, 33-38, 1991.

D. G. Kleiman, « Monogamy in mammals », *Quarterly Review of Biology*, 52, 673-682, 1977.

P. Knoppien, « Rare male mating advantage : a review », *Biological Review*, 60, 81-117, 1985a.

H. Kokko, « Fisherian and "good genes" benefits of mate choice : how (not) to distinguish between them », *Ecology letters*, 4, 322-326, 2001.

H. Kokko, J. Lindström, « Kin selection and the evolution of leks : whose success do young males maximisze ? », *Proceedings of the Royal Society of London B*, 263, 919-923, 1996.

H. Kokko, R. Brooks, J. M. McNamara, A. I. Houston, « The sexual selection continuum », *Proceedings of the Royal Society of London B*, 269, 1331-1340, 2002.

J. Komdeur, S. Daan, J. Tinbergen, C. Mateman, « Extreme adaptive modification in sex ratio of the Seychelles warbler's eggs », *Nature*, 385, 522-525, 1997.

P. E. Komers, P. N. M. Brotherton, « Female space use is the best predictor of monogamy in mammals », *Proceedings of the Royal Society of London B*, 264, 1261-1270, 1997.

A. S. Kondrashov, « Selection against harmful mutations in large sexual and asexual populations », *Genetic Research*, 40, 325-332, 1982.

A. S. Kondrashov, « Deleterious mutations as an evolutionary factor. I. The advantage of recombination », *Genetic Research* 44, 1984, 199-217.

A. S. Kondrashov, « Multilocus model of sympatric speciation. I. One character, Theoretical Population », *Biology*, 24, 121, 1983.

A. S. Kondrashov, « The asexual ploidy cycle and the origin of sex », *Nature*, 370, 213, 1994.

A. S. Kondrashov, M. Shpak, « On the origin of species by means of assortative mating », *Proceedings of the Royal Society of London B*, 265, 2273, 1998.

J. L. Koprowski, « Removal of copulatory plugs by female tree squirrels », *Journal of Mammalogy*, 73, 572-576, 1992.

K. M. Kovacs, J. P. Ryder, « Reproductive performance of female-female pairs and polygynous trios of Ring-billed Gulls », *Auk*, 100, 659-669, 1983.

J. R. Krebs, N. B. Davis, *Behavioral Ecology : An Evolutionary Approach*, Oxford, Oxford University Press, 1991.

E. A. Lacey, J. R. Wieczorek, P. K. Tucker, « Male mating behaviour and patterns of sperm precedence in Arctic ground squirrels », *Animal Behaviour*, 53, 767-779, 1997.

D. Lack, *Ecological Adaptations for Breeding in Birds*, Londres, Methuen, 1968.

G. Laird, D. T. Gwynne, M. C. B. Andrade, « Extreme repeated mating as a counter-adaptation to sexual conflict ? » *Proceedings of the Royal Society, London B*, 2004.

R. Lande, « Models of speciation by sexual selection on polygenic characters », *Proceedings of National Academy of Science USA*, 78, 3721-3725, 1981.

R. Lande, « Rapid origin of sexual isolation and character divergence in a cline », *Evolution*, 36, 213-223, 1982.

N. E. Langmore, A. T. D. Bennett, « Strategic concealment of sexual identity in a estrildid finch », *Proceedings of the Royal Society of London B*, 266, 543-550, 1999.

D. B. Lank, C. M. Smith, O. Hanotte, T. A. Burke, F. Cooke, « Genetic polymorphism for alternative mating behavior in lekking male ruff, *Philomachus pugnax* », *Nature*, 378, 59-62, 1995.

D. B. Lank, C. M. Smith, O. Hanotte, A. Ohtonen, S. Bailey, T. Burke, « High frequency of polyandry in a lek mating system », *Behavioral Ecology*, 13, 209-215, 2002.

D. B. Lank, L. W. Oring, S. J. Maxson, « Mate and nutrient limitation of egg-laying in a polyandrous shorebird », *Ecology*, 66, 1513-1524, 1985.

D. B. Lanka, C. M. Smith, O. Hanotte, A. Ohtonen, S. Bailey, T. Burke, « High frequency of polyandry in a lek mating system », *Behavioral Ecology*, 13, 209-215, 2002.

S. Larivière, S. H. Ferguson, « On the evolution of the mammalian baculum : vaginal friction, prolonged intromission, or induced ovulation ? », *Mammal Review*, 32, 283-294, 2002.

M. Leal, L. J. Fleishman, « Evidence for habitat partitioning based on adaptation to environmental light in a pair of sympatric lizard species », *Proceedings of the Royal Society of London B*, 269, 351-359, 2002.

B. J. Le Bœuf, S. L. Mesnick, « Sexual behavior of male Northern Elephant seal : I Lethal injuries to adult females », *Behaviour*, 116, 143-162, 1990.

D. Le Jacques, T. Lodé, « L'alimentation de la genette d'Europe *Genetta genetta* L. 1758 dans un bocage de l'ouest de la France », *Mammalia*, 58, 127-134, 1994.

Y. Leroy, *L'Univers sonore animal*, Gauthier Villars, 1979.

Y. Leroy, *L'Univers odorant de l'animal*, Paris, Boubée, 1981.

D. Lesbarrères, T. Lodé, « Variations in male calls and response to unfamiliar advertisement call in a territorial breeding anuran, *Rana dalmatina* : evidence for a dear enemy effect », *Ethology Ecology and Evolution*, 14, 287-295, 2002.

D. J. Ligon, *The Evolution of Avian Breeding Systems*, Oxford, Oxford University Press, 1999.

A. C. Little, B. M. Burt, I. S. Penton-Voak, D. I. Perrett, « Self-percieved attractiveness influences human female preferences for sexual dimorphism and symmetry in male faces », *Proceedings of the Royal Society of London B*, 268, 39-44.

T. Lodé, « Conspecific recognition and mating in Stone marten *Martes foina* Erxleben 1777 », *Acta Theriologica*, 36, 275-283, 1991.

T. Lodé, « The decline of otter *Lutra lutra* populations in the region of the Pays de Loire, western France », *Biological Conservation*, 65, 9-13, 1993.

T. Lodé, « Environmental factors influencing habitat exploitation by the polecat *Mustela putorius* in western France », *Journal of Zoology, London*, 234, 75-88, 1994.

T. Lodé, « Activity pattern of polecats *Mustela putorius L.* in relation to food habits and prey activity », *Ethology*, 100, 295-308, 1995.

T. Lodé, « Conspecific tolerance and sexual segregation in European polecat », *Acta Theriologica*, 41, 171-176, 1996.

T. Lodé, *Génétique des populations*, Paris, Ellipses, 1998.

T. Lodé, « Functional response and area-restricted search of a predator : seasonal exploitation of anurans by European polecat *Mustela putorius* », *Austral Ecology*, 25, 223-231, 2000.

T. Lodé, *Les Stratégies de reproduction des animaux*, Paris, Dunod, Masson Sciences, 2001.

T. Lodé, « Character convergence in advertisement call and mate choice in two genetically distinct water frog hybridogenetic lineages (*Rana kl esculenta, R. kl grafi*) », *Journal of Zoology, Systematics and Evolutionary Research*, 39, 91-96, 2001.

T. Lodé, « Mating system and genetic variance in a polygynous mustelid, the European polecat », *Genes and Genetic systems,* 76, 221-227, 2001.

T. Lodé, « Genetic divergence without spatial isolation in polecat *Mustela putorius* populations », *Journal of Evolutionary Biology,* 228-236, 2001.

T. Lodé, « Sexual dimorphism and trophic constraints : prey selection in the European polecat *Mustela putorius* », *Ecoscience,* 10, 17-23, 2003.

T. Lodé, « Quelle forme prend la jalousie chez les animaux ? », *Pour la Science,* 319, 58, 2004.

T. Lodé, « Homosexuality in a solitary carnivore : neither Darwinian nor kin selection ? ».

T. Lodé, D. Le Jacques, « Influence of advertisement call on reproductive success in *Alytes obstetricans* », *Behaviour,* 140, 885-898, 2003.

T. Lodé, D. Lesbarrères, « Multiple paternity in *Rana dalmatina,* a monogamous territorial breeding Anuran », *Naturwissenschaften,* 91, 44-47, 2004.

T. Lodé, A. Pagano, « Variations in call and morphology in males water frog : taxonomic and evolutionary implications », *Compte Rendus Académie des Sciences Vie/Life Sciences,* 323, 995-1001, 2000.

T. Lodé, D. Peltier, « Genetic neighbourhood and effective population size in the endangered European mink *Mustela lutreola* », *Biodiversity and Conservation,* 14, 251-259, 2005.

T. Lodé, J. P. Cormier, D. Le Jacques, « Decline in endangered species as an indication of anthropic pressures : the case of European mink *Mustela lutreola* western population », *Environmental Management,* 28, 727-735, 2001.

T. Lodé, M. J. Holveck, D. Lesbarrères, A. Pagano, « Sex-biased predation by polecats influences the mating system of frogs », *Proceedings of the Royal Society of London B,* 271 (S6), S399-S401, 2004.

T. Lodé, G. Guiral, D. Peltier, « European mink-polecat hybridization events : hazards from natural process ? », *Journal of Heredity,* 96, 1-8, 2005.

T. Lodé, M. J. Holveck, D. Lesbarrères, « Asynchronous arrival pattern, operational sex ratio and occurrence of multiple paternities in a territorial breeding anuran *Rana dalmatina* », *Biological Journal of the Linnaean Society,* 2005.

T. Lodé, V. Pereboom, R. Berzins, « Implications of an individualistic lifestyle for species conservation : lessons from jealous beasts », *Comptes Rendus Biologies,* 326, S30-S36, 2003.

J. S. Lonstein, G. J. De Vries, « Sex differences in the parental behavior of rodents », *Neuroscience and Biobehavioral Reviews,* 24, 669-686, 2000.

J. B. Losos, R. E. Glor, « Phylogenetic comparative methods and the geography of speciation », *Trends in Ecology and Evolution,* 18, 220-227, 2003.

J. Losos, K. Warheit, T. Schoener, « Adaptive differentiationfollowing experimental island colonization in Anolis lizards », *Nature,* 387, 70-73, 1997.

J. Losos, T. Jackman, A. Larson, K. de Queiroz, L. Rodriguez Shettino, « Contengency and determinism in replicated adaptive radiations of island lizards », *Science*, 279, 2115-2118, 1998.

A. Lowe, S. Harris, P. Ashton, *Ecological genetics : design, analysis, and application*, MA, Blackwell Publishing, 2004.

J. R. Lucas, R. D. Howard, « On alternative reproductive tactics in anurans : dynamic games with density and frequency dependence », *American Naturalist*, 146, 365-397, 1995.

S. Lumpkin, K. Kessel, P. G. Zenone, C. J. Erickson, « Proximity between the sexes in ring doves : social bonds or surveillance ? », *Animal behaviour*, 30, 506-513, 1982.

R. A. Lutz, J. R. Voight, « Close encounter in the deep », *Nature*, 371, 563, 1994.

P. A. MacClure, « Sex-biased litter reduction in food-restricted wood rats (*Neotoma floridana*) », *Science*, 211, 1058-1060, 1981.

R. Mace, « Evolutionary ecology of human life history », *Animal Behaviour*, 59, 1-10, 2000.

D. W. Macdonald, C. Sillero-Zubiri (eds), *The Biology and Conservation of Wild Canids*, Oxford, Oxford University Press, 2004.

T. Madsen, R. Shine, J. Loman, T. Hakansson, « Why do female adders copulate so frequently ? », *Nature*, 355, 440-442, 1992.

A. N. Maggioncalda, R. M. Sapolsky, N. M. Czekala, « Reproductive hormone profiles in captive male orangutans : Implications for understanding developmental arrest », *American Journal of Physical Anthropology*, 109, 19-32, 1999.

A. N. Maggioncalda, N. M. Czekala, R. M. Sapolsky, « Male orangutan subadulthood : A new twist on the relationship between chronic stress and developmental arrest », *American Journal of Physical Anthropology*, 118, 25-32, 2002.

A. Magurran, M. Nowak, « Another battle of the sexes : the consequences of sexual asymmetry in mating costs and predation risk in the guppy, *Poecilia reticulata* », *Proceedings of the Royal Society of London, Biological Sciences*, 246, 31-38, 1991.

B. de Mandeville, *La Fable des abeilles*, Paris, 1714.

J. T. Manning, « Choosy females and correlates of male age », *Journal of Theoritacal Biology*, 116, 349-354, 1985.

T. A. Markow, « Rare male mating advantage among *Drosophila* of the same laboratory strain », *Behavioral Genetics*, 10, 553-556, 1980.

T. A. Markow, « Forced Matings in Natural Populations of *Drosophila* », *American Naturalist*, 156, 100-103, 2000.

R. Marquèz, « Female choice in the midwife toads (*Aytes obstetricans* and *A. cisternasii*) », *Behaviour*, 132, 151-161, 1995.

O. Y. Martin, D. J. Hosken, « The evolution of reproductive isolation through sexual conflict », *Nature*, 123, 919-982, 2003.

O. Y. Martin, D. J. Hosken, « Reproductive consequences of population divergence through sexual conflict », *Current Biology*, 14, 906, 2004.

L. M. Mathews, « Tests of the mate-guarding hypothesis for social monogamy : male snapping shrimp prefer to associate with high-value females », *Behavioral Ecology*, 14, 63-67, 2003.

A. Matthew, B. Kwiatkowskia, B. K. Sullivan, « Mating system structure and population density in a polygynous lizard, *Sauromalus obesus* (*ater*) », *Behavioral Ecology*, 13, 201-208, 2002.

J. Maynard Smith, « Sympatric speciation », *American Naturalist*, 100, 637-650, 1966.

J. Maynard Smith, *The Evolution of Sex*, Cambridge, Cambridge University Press, 1976.

J. Maynard Smith, « Honest signalling : The Sir Philip Sidney game », *Animal Behaviour*, 42, 1034-1035, 1991.

J. Maynard Smith, D. Harper, « The evolution of aggression : Can selection generate variability ? », *Philosophical Transactions of the Royal Society of London*, Series B, 319, 557-570, 1988.

J. Maynard Smith, D. Harper « Animal Signals : Models and Terminology », *Journal of Theoretical Biology*, 177, 305-311, 1995.

J. Maynard Smith, G. R. Price, « The logic of animal conflict », *Nature*, 246, 15-18, 1972.

E. Mayr, *Populations, espèces et évolution*, Paris, Hermann, 1963.

E. Mayr, *Darwin et la pensée moderne de l'évolution*, Paris, Odile Jacob, 1993.

E. Mayr, « Controversies in retrospect », *Oxford Surveys In Evolutionary Biology*, 8, 1-34, 1992.

H. L. Mays Jr, G. E. Hill, « Choosing mates : good genes versus genes that are a good fit », *Trends in Ecology and Evolution*, 19, 554-559, 2004.

J. Mazuc, O. Chastel, G. Sorci, « No evidence for differential maternal allocation to offspring in the house sparrow (*Paser domesticus*) », *Behavioural Ecology*, 14, 340-346, 2003.

A. Mazur, A. Booth, « Testosterone and dominance in men », *Behav Brain Science*, 21, 353–397, 1998.

A. F. McBride, D. O. Hebb, « Behavior of the captive bottlenose dolphin Tursiops truncates », *Journal of Comparative Psychology*, 41, 111-123, 1948.

D. B. McDonald, « Correlates of male mating success in a lekking bird with male-male cooperation », *Animal Behaviour*, 37, 1007-1022, 1989.

F. McKinney, S. R. Derrickson, P. Mineau, « Forced copulation in waterfowl », *Behaviour*, 86, 250-294, 1983.

A. Meyer, T. D. Kocher, P. Basasibwaki, A. C. Wilson, « Monophyletic origin of Lake Victoria cichlid fishes suggested by mitochondrial DNA », *Nature*, 347, 550-553, 1990.

H. Michio, « Frequency-Dependent Natural Selection in the Handedness of Scale-Eating Cichlid Fish », *Science*, 260, 1993.

M. Milinski, « Hybridogenetic frogs on an evolutionary dead end road », *Trends in Ecology and Evolution*, 9, 62, 1994.

G. Miller, *The Mating Mind : How Sexual Choice Shaped the Evolution of Human Nature*, Londres, Vintage, 2001.

E. Miller, « Status goods and luxury taxes », *The American Journal of Economics and Sociology*, 34, 141-154, 1975.

M. G. L. Mills, *Kalahari Hyenas : Comparative behavioural ecology of two species*, Unwin Hyman, 1990.

M. G. L. Mills, M. I. Gorman, « Factors affecting the density and distribution of wild dogs in the Kruger National Park », *Conservation Biology*, 11, 1397-1406, 1997.

P. Mineau, F. Cooke, « Rape in the lesser snow goose », *Behaviour*, 70, 280-291, 1979.

D. W. Mock, G. A. Parker, « Siblicide, family conflict and the evolutionary limits of selfishness », *Animal Behavior*, 56, 1-10, 1998.

A. P. Møller, « Social control of deception among status signalling house sparrows Passer domesticus », Behavioral Ecology and Sociobiology, 20, 307-311, 1987.

A. P. Møller, « Ejaculate quality, testes size and sperm production in mammals », *Functional Ecology*, 3, 91-96, 1989.

A. P. Møller, « Female swallow preference for symmetrical male sexual ornaments », *Nature*, 357, 238-240, 1992.

A. P. Møller, « Hormones, handicaps, and bright birds », *Trends in Ecology and Evolution*, 10, 121, 1995.

A. P. Møller, R. V. Alatalo, « Good-genes effects in sexual selection », *Proceedings of the Royal Society of London B*, 266, 85-91, 1999.

A. P. Møller, T. R. Birkhead, « Copulation behavior of mammals : evidence that sperm competition is widespread », *Biological Journal of Linnean Society*, 38, 119-131, 1989.

A. P. Møller, J. V. Briskies, « Extra-pair paternity, sperm competition and the evolution of testes size in birds », *Behavioral Ecology and Sociobiology*, 36, 357-365, 1995.

A. P. Møller, J. P. Swaddle, *Asymmetry, Sevelopmental Stability, and Evolution*, Oxford, Oxford University Press, 1997.

F. M. Mondimore, *A Natural History of Homosexuality*, Baltimore, Johns Hopkins University Press, 1996.

J. Monod, *Le Hasard et la Nécessité*, Paris, Seuil, 1970.

M. C. Moore, « Elevated testosterone levels during nonbreeding-season territoriality in a fall-breeding lizard, *Sceloporus jarrovi* », *Journal of Comparative Physiology A*, 158, 159-163, 1986.

P. J. Moors, « Sexual dimorphism in the body size of mustelids (carnivora) : the roles of food habits and breeding systems », *Oikos*, 34, 147-158, 1980.

P. Moran, E. Garcia-Vazquez, « Multiple paternity in Atlantic salmon : a way to maintain genetic variability in relicted populations », *Journal of Heredity*, 89, 551-553, 1998.

C. Moritz, « Parthenogenesis in the endemic Australian lizard *Heteronotia binœi* (Gekkonidae) », *Science*, 220, 235-237, 1983.

M. R. Morris, « Further examination of female preference for vertical bars in sword-tails : preference for no bars in a species without bars », *Journal of Fish Biology*, 53, 56-63, 1998.

D. W. Morris, « Scales and costs of habitat selection in heterogeneous landscapes » *Evolutionary Ecology*, 6, 412-432, 1992.

E. H. Morrow, T. E. Pitcher, G. Arnqvist, « No evidence that sexual selection is an "engine" of speciation in birds », *Ecology Letters*, 6, 228-234, 2003.

U. G. Mueller, « Haplodipoidy and the evolution of facultative sex ratios in a primi-tively eusocial bee », *Science*, 254, 442-444, 1991.

H. J. Muller, « The relation of recombination to mutational advance », *Mutation Research*, 1, 1964, 2-9.

H. J. Muller, « Our load of mutations », *American Journal Human Genetics*, 2, 1950, 111-176.

A. de Musset, *On ne badine pas avec l'amour*, acte II, scène V, 1834.

N. Neave, S. Wolfson, « Testosterone, territoriality, and the home advantage », *Physiology and Behavior*, 78, 269-275, 2003.

W. B. Neaves, J. E. Griffin, J. D. Wilson, « Sexual dimorphism of the phallus in spotted hyaena (*Crocuta crocuta*) », *Journal of Reproduction and Fertility*, 59, 509-513, 1980.

A. Nevill, R. L. Holder, « Home advantage in sport : an overview of studies on the advantage of playing at home », *Sports Med*, 28, 221-236, 1999.

S. D. Newcomer, J. A. Zeh, D. W. Zeh, « Genetic benefits enhance the reproductive success of polyandrous females », *Proceedings of the National Academy of Sciences USA*, 96, 10236-10241, 1999.

T. Nishida, *The Chimpanzees of the Mahale Mountains : Sexual and Life History Stra-tegies*, Tokyo, University of Tokyo Press, 1990.

R. M. Nowak, *Walker's Mammals of the World*, 6 th ed, Baltimore, Baltimore, The Johns Hopkins Press, 1999.

N. Nur, O. Hasson, « Phenotypic Plasticity and the Handicap Principle », Journal of Theoretical Biology, 110, 275-295, 1984.

S. O'Connell, G. Cowlishaw, « Infanticide avoidance, sperm competition and mate choice : the function of copulation calls in female baboons », *Animal Behaviour*, 48, 687-694, 1994.

P. O'Donald, « Rare male mating advantage », *Nature*, 272, 189, 1978.

J. Offray de la Mettrie, *L'Homme machine*, 1748.

N Okunda, « The costs of reproduction to males and females of a parental mouth-breeding cardinalfish *Apogon notatus* », *Journal of Fish Biology*, 58, 776-787, 2001.

M. Olsson, T. Madsen, B. Ujvari, E. Wapstra, « Fecundity and MHC affects ejaculation tactics and paternity bias in sand lizards », *Evolution*, 58, 906-909, 2004.

M. Olsson, R. Shine, T. Madsen, A. Gullberg, H. Tegelström, « Sperm selection by females », *Nature*, 383, 585, 1996.

M. Olsson, R. Shine, A. Gullberg, T. Madsen, M. H. Tegelstro, « Female lizards control paternity of their offspring by selective use of sperm », *Nature*, 383, 585, 1996.

M. Onfray, *Traité d'athéologie*, Paris, Grasset, 2005.

M. J. H. van Oppen *et al.*, « Assortative mating among rock-dwelling cichlid fishes supports high estimates of species richness for Lake Malawi », *Molecular Ecology*, 7, 991-1001, 1998.

M. Orell, S. Rytokönen, K. Koivula, « Causes of divorce in the monogamous willow tit, *Parus montanus*, and consequences for reproductive success », *Animal Behaviour*, 48, 1143-1154, 1994.

L. W. Oring, R. C. Fleischer, J. M. Reed, K. E. Marsden, « Cuckoldry through stored sperm in the sequentially polyandrous spotted sandpiper », *Nature*, 359, 631-633, 1992.

L. W. Oring, J. M. Reed, S. J. Maxson, « Copulation patterns and mate guarding in the sex-role reversed, polyandrous spotted sandpiper », *Animal Behaviour*, 47, 1065-1072, 1994.

M. Otronen, P. Reguera, P. I. Ward, « Sperm storage in the yellow dung fly *Scatophaga stercoraria* : identifying the sperm of competing males in separate female, spermathecae », *Ethology*, 103, 844-854, 1997.

K. Otter, L. Ratcliffe, « Female-initiated divorce in a monogamous songbird : Abandoning mates for males of higher quality », *Proceedings of the Royal Society of London B*, 263, 351-354, 1996.

P. C. Owen, S. A. Perrill, « Habituation in the green frog, *Rana clamitans* », *Behavioral Ecology and Sociobiology*, 44, 209-213, 1998.

R. B. Owen, R. Crossley, T. C. Johnson, D. Tweddle, I. Kornfield, S. Davison, D. H. Eccles, D. E. Engstrom, « Major low levels of Lake Malawi and their implications for speciation rates in cichlid fishes », *Proceedings of the Royal Society of London B*, 240, 519-553, 1990.

N. Owen-Smith, « Comparative mortality rates of male and female kudus : the costs of sexual size dimorphism », *Journal of Animal Ecology*, 62, 428-440, 1993.

C. Packer, « Male care and exploitation of infant in *Papio anubis* », *Animal Behaviour*, 28, 512-520, 1980.

C. Packer, A. E. Pusey, « Cooperation and competition within coalitions of male lions : kin selection or game theory ? », *Nature*, 296, 740-742, 1982.

C. Packer, A. E. Pusey, « Infanticide in carnivores », *in* G. Hanfater, A. De Gruyter, S. B. Hrdy (eds), *Infanticide : Comparative and Evolutionary Perspectives*, New York, Hawthorne, 31-42, 1984.

A. Pagano, T. Lodé, P. A. Crochet, « New contact zone and assemblages among water frog of southern France », *Journal of Zoology, Systematics and Evolutionary Research*, 39, 63-68, 2001.

A. Pagano, P. A. Crochet, J. D. Graf, P. Joly, T. Lodé, « Distribution and habitat use of water frog hybrid complexes in France », *Global Ecol and Biogeography*, 10, 433-441, 2001.

J. A. Parga, « Copulatory plug displacement evidences sperm competition in Lemur catta », International Journal of Primatology, *24*, 889-899, 2003.

H. Pärn, J. T. Lifjeld, T. Amundsen, « *Female throat ornamentation does not reflect cell-mediated immune response in bluethroats Luscinia s. svecica* », *Œcologia* 146, 496-504.

G. A. Parker, « Sperm competition and its evolutionary consequences », *Biology Review*, 45, 525-567, 1970.

G. A. Parker, « Sexual selection and sexual conflict », *in* M. Blum, N. B. Blum (eds), *Sexual Selection and Reproductive Competition in Insects*, New York, Academic Press, 123-166, 1979.

G. A. Parker, R. R. Backer, V. G. F. Smith, « The origin and evolution of gamete dimorphism and the male-female phenomenon », *Journal of Theoretical Biology*, 36, 529-553, 1972.

G. A. Parker, M. A. Ball, P. Stockley, M. J. G. Gage, « Sperm competition games : individual assementof sperm competition intensity by group spawners », *Proceedings of the Royal Society of London B*, 263, 1291-1297, 1996.

S. Parmigiani, F. S. vom Saal, *Infanticide and Parental Care*, Chur (Suisse), Harwood Academic Publishers, 1994.

L. Partridge, L. D. Hurst, « Sex and conflict », *Science*, 281, 2003-2008, 1998.

S. Paterson, K. Wilson, J. M. Pemberton, « Major histocompatability complex variation associated with juvenile survival and parasite resistance in a alarge unmanaged ungulate population », *Proceedings of the National Academy of Sciences USA*, 95, 3714-3719, 1998.

B. D. Patterson, S. M. Kasiki, E. Selempo, R. W. Kays, « Livestock predation by lions (*Panthera leo*) and other carnivores on ranches neighboring Tsavo National Parks, Kenya », *Biological Conservation*, 119, 507-516, 2004.

B. D. Patterson, *The Lions of Tsavo : Exploring the Legacy of Africa's Notorious Man-Eaters*, New York, McGraw-Hill, 2004.

B. D. Patterson, « Maneless and misunderstood », *Earthwatch Institute*, 23, 12-15, 2004.

H. E. H. Paterson, *Evolution and the Recognition Concept of Species : Collected Writings*, Maryland, J. Hopkins Univ. Press Batimore, 1993.

O. Pays, R. Helder, J. F. Gerard, « Vigilance behaviour in European roe deer (*Capreolus capreolus*) in open agricultural plain », Congrès « Conservation et gestion de la biodiversité », Vouziers, 4-7 juillet 2002.

H. Pearson, « Lionesses prefer brunettes », *Nature Science Update*, 23 août, 2002.

D. J. Penn, W. K. Potts, « The Evolution of Mating Preferences and Major Histocompatibility Complex Genes », *American Naturalist*, 153, 145-164, 1999.

C. Petit, « Le rôle de l'isolement sexuel dans l'évolution des populations de *Drosophila melanogaster* », *Bulletin de Biologie Française et Belge*, 85, 392-418, 1951.

M. Petrie, C. Doums, A. P. Møller, « The degree of extra-pair paternity increases with genetic variability », *Proceedings of the National Academy of Science USA*, 95, 9390-9395, 1998.

S. Pitnick, G. Miller, J. Reagan, B. Holland, « Males' evolutionary responses to experimental removal of sexual selection », *Proceedings of the Royal Society of London B*, 268, 1071-1080, 2001.

T. Pizzari, T. R. Birkhead, « Female feral fowl eject sperm of subdominant males », *Nature*, 405, 787-789, 2000.

J. Pluhacek, L. Bartos, « Male infanticide in captive plains zebra, *Equus burchelli* », *Animal Behaviour*, 59, 689-694, 2000.

J. Podos, « Correlated evolution of morphology and signal structure in Darwin's finches », *Nature*, 409, 185-188, 2001.

C. Poirier, L. Henry, M. Mathelier, S. Lumineau, H. Cousillas, M. Hausberger, « Direct social contact override auditory information in the song-learning process in starlings (*Sturnus vulgaris*) », *Journal of Comparative Psychology*, 118, 179-193, 2004.

A. Pomiankowski, A. P. Møller, « A resolution of the lek paradox », *Proceedings of the Royal Society of London B*, 260, 21-29, 1995.

J. H. Poole, « Announcing intent : the aggressive state of musth in African elephants », *Animal Behaviour*, 37, 140-152, 1989.

A. H. Porter, A. M. Shapiro, « Lock-and-key hypothesis : lack of mechanical isolation in a butterfly (Lepidoptera Pieridae) hybrid zone », *Annals of the Entomological Society of America*, 83, 107-114, 1990.

W. K. Potts, C. J. Manning, E. K. Wakeland, « Mating patterns in seminatural populations of mice influenced by MHC genotype », *Nature*, 352, 619–621, 1991.

R. A. Powell, W. J. Zielinski, « Competition and coexistence in mustelid communities », *Acta Zoologica, Fennica*, 174, 223-227, 1983.

A. E. Pusey, C. Packer, « Non-of-spring nursing in social carnivores : minimizing the costs », *Behavioral Ecology*, 5, 362-374, 1994.

A. E. Pusey, M. Wolf, « Inbreeding avoidance in animals », *Trends in Ecology and Evolution*, 11, 201-206, 1996.

A. E. Pusey, J. Williams, J. Goodall. « The influence of dominance rank on the reproductive success of female chimpanzees », *Science*, 277, 828-831, 1997.

R. J. Putman, M. S. Sullivan, « Fluctuating asymmetry in antlers of fallow deer (*Dama dama*) : the relative roles of environmental stress and sexual selection », *Biological Journal of the Linnean Society*, 70, 27-36, 2000.

D. W. Pyle, M. H. Gromko, « Repeated mating by female *Drosophilia melanogastor* : the adaptive importance », *Experientia*, 34, 449-450, 1978.

D. Quammen, *Nasty Habits. An African Bedbug Buggers the « Proof-by-Design » in the Flight of the Iguana : A Sidelong View of Science and Nature*, Cribner Book Company, 1998.

D. C. Queller, « W. D. Hamilton and the evolution of sociality », *Behavioral Ecology*, 12, 261-264, 2002.

A. Qvarström, E. Forsgren, « Should females prefer dominant males ? », *Trends in Ecology and Evolution*, 13, 498-501, 1998.

A. N. Radford, J. K. Blakey, « Intensity of nest defense is related to offspring sex ratio in the great tit Parus major », *Proceedings of the Royal Society of London B*, 267, 535-538, 2000.

N. Rahman, D. W. Dunham, C. K. Govind, « Social Monogamy in the Big-Clawed Snapping Shrimp, *Alpheus heterochelis* », *Ethology* 109, 457-473, 2003.

K. Ralls, « Sexual dimorphism in mammals : avian models and unanswered questions », *American Naturalist*, 111, 917-938, 1977.

O. Ratti, R. V. Alatalo, « Determinants of the mating success of polyterritorial pied flycatcher males », *Ethology*, 94, 137-146, 1993.

D. Reale, P. Bousses, J. L. Chapuis, « Female-biased mortality induced by male sexual harassment in a feral sheep population », *Canadian Journal of Zoology*, 74, 1812-1818, 1996.

H. U. Reyer, G. Frei, C. Som, « Cryptic female choice : frogs reduce clutch size when amplexed by undesired males », *Proceedings of the Royal Society of London B*, 266, 2101-107, 1999.

W. R. Rice, « Sexual reproduction : an adaptation reducing parent-offspring contagion », *Evolution*, 37, 1317-1320, 1983.

W. R. Rice, « Sexually antagonistic genes : Experimental evidence », *Science*, 256, 1436-1439, 1992.

W. R. Rice, « Sexually antagonistic male adaptations triggered by experimental arrest of female evolution », *Nature*, 381, 232-234, 1996.

W. R. Rice, « Evolution of the Y sex chromosome in animals », *Bioscience*, 46, 331, 343, 1996.

W. R. Rice, « Dangerous liasons », *Proceedings of the National Academy of Sciences*, 21, 12953-12955, 2000.

W. R. Rice, A. K. Chippindale, « Intersexual ontogenetic conflict », *Journal of Evolutionary Biology*, 14, 685-693, 2001.

W. R Rice, B. Holland, « The enemies within : intergenomic conflict, interlocus contest evolution (ICE), and the intraspecific Red Queen », *Behavioral Ecology and Sociobiology*, 41, 1-10, 1997.

W. R. Rice, B. Holland, « Reply to comments on the chase-away model of sexual selection », *Evolution*, 53, 302-306, 1999.

W. R. Rice, E. E. Hostert, « Laboratory experiments on speciation : what have we learned in 40 years ? », *Evolution*, 47, 1637-1653, 1993.

M. Richard, J. Lecomte, M. de Fraipont, J. Clobert, « Age-specific mating strategies and reproductive senescence », *Molecular Ecology*, 14, 3147-3155, 2005.

M. Ridley, *Evolution*, Cambridge, Blackwell Science Inc., 1996.

S. C. Roberts, L. M. Gosling, « Genetic dissimilarity and quality interact in mate choice decisions by female mice », *Nature Genetics*, 35, 103-106, 2003.

S. C. Roberts, A. C. Little, L. M. Gosling, B. C. Jones, D. I. Perrett, V. Carter, M. Petrie, « MHC-assortative facial preferences in humans », *Biology Letters*, 2005.

J. G. M. Robertson, « Female increases fertilization success in the Australian frog, *Uperoleia laevigata*, *Animal Behaviour*, 39, 639-645, 1990.

J. Rolff, S. A. O. Armitage, D. W. Coltman, « Genetic constraints and sexual dimorphism in immune defense », *Evolution*, 59, 1844-1850.

S. Rohwer, « The Social Significance of Avian Winter Plumage Variability », *Evolution*, 29, 593-610, 1975.

S. Rohwer, « Status signalling in Harris Sparrows : Some experiments in deception », *Behaviour*, 61, 107-129, 1977.

M. L. Rosenzweig, « A theory of habitat selection », *Ecology*, 62, 327-335, 1981.

M. L. Rosenzweig, *Species diversity in time and space*, Cambridge, Cambridge University Press, 1996.

M. R. Rosenzweig, A. L. Leiman, S. Breedlove, *Psychobiologie*, Bruxelles, De Boeck Université éditions, 1998.

J. de Rosnay, *L'Aventure du vivant*, Paris, Seuil, 1988.

P. Roubertoux, *Existe-t-il des gènes du comportement*, Paris, Odile Jacob, 2004.

J., Roughgarden, Evolution's Rainbow : Diversity, Gender, and Sexuality in Nature and People, Berkeley (CA), University of California Press, 2004.

F. Rousset, *Genetic Structure and Selection in Subdivided Populations*, Princeton, Princeton University Press, 2004.

L. Rowe, « The costs of mating and mate choice in water striders », *Animal Behaviour*, 48, 1049-1056, 1994.

L. Rowe, G. Arnqvist, « Analysis of the causal components of assortative mating in water striders », *Behavioral Ecology and Sociobiology*, 38, 279-286, 1996.

L. Rowe, G. Arnqvist, « Sexually antagonistic coevolution in a mating system : combining experimental and comparative approaches to address evolutionary processes », *Evolution*, 56, 936-947, 2002.

L. Rowe, E. Cameron, D. Troy, « Escalation, Retreat, and female indifference as alternative outcomes of sexually antagonistic coevolution », *American Naturalist*, 165, S5-S18, 2005.

L. Rowe, G. Arnqvist, A. Sih, J. Krupa, « Sexual conflict and the evolutionary ecology of mating patterns : water striders as a model system », *Trends in Ecology and Evolution*, 9, 289-293, 1994.

L. E. Rowe, E. Cameron, T. Day, « Detecting sexually antagonistic coevolution with population crosses », *Proceedings of the Royal Society of London B*, 270, 2009-20016, 2003.

N. J. Royle, I. R. Hartley, G. A. Parker, « Sexual conflict reduces offspring fitness in zebra finches », *Nature*, 416, 733-736, 2002.

N. J. Royle, I. R. Hartley, G. A. Parker, « Begging for control : when are offspring solicitation behaviours honest ? » *Trends in Ecology and Evolution*, 17, 434-440, 2002.

N. M. Rubenstein, G. R. Cunha, Y. Z. Wang, K. L. Campbell, A. J. Conley, K. C. Catania, S. E. Glickman, N. J. Place, « Variation in ovarian morphology in four species of New World moles with a peniform clitoris », *Reproduction*, 126, 713-719, 2003.

J. Ruesch, G. Bateson, *Communication : The Social Matrix of Psychiatry*, New York, Norton Company, 1951.

M. J. Ryan, « Sexual selection, sensory systems and sensory exploitation », *Oxford Surveys in Evolutionary Biology*, 7, 157-195, 1990.

M. J. Ryan, J. H. Fox, W. Wilczynski, A. S. Rand, « Sexual selection for sensory exploitation in the frog *Phyalaemus pustolosus* », *Nature*, 343, 66-67, 1990.

M. J. Ryan, C. M. Pease, M. R. Morris, « A genetic polymorphism in the swordtail *Xiphophorus nigrensis* : testing the prediction of equal fitnesses », *American Naturalist*, 139, 21-31, 1992.

L. C. Ryner, S. F. Goodwin, D. H. Castrillon, A. Anand, A. Villella, B. S. Baker, J. C. Hall, B. J. Taylor, S. A. Wasserman, « Control of male sexual behavior and sexual orientation in Drosophila by the *fruitless* gene », *Cell*, 87, 1079-1089, 1996.

L. Sacher-Masoch Von, *La Vénus à la fourrure*, Paris, Pocket, 1985 (1870).

Y. Saeki, K. C. Kruse, P. V. Switzer, « The social environment affects mate guarding behavior in Japanese beetles, *Popillia japonica* », *Journal of Insect Science*, 5, 18, 2005.

J. A. Saidi, « Declining sperm counts in the United States ? A critical review », *Journal of Urology*, 16, 460-462, 1999.

N. Saino, R. P. Ferrari, R. Martinelli, M. Romano, D. Rubolini, A. P. Møller, « Early maternal effects mediated by immunity depend on sexual ornamentation of the male partner », *Proceedings of the Royal Society of London B*, 269, 1005-1009, 2002.

M. I. Sandell, « Female aggression and the maintenance of monogamy : female behaviour predicts male mating status in European starlings », *Proceedings of the Royal Society of London B,* 265, 1307-1311, 1998.

A. Schenk, K. M. Kovacs, « Multiple mating between black bears revealed by DNA fingerprinting », *Animal Behaviour,* 50, 1483-1490, 1995.

R. S., Scott, M. D. Irvine, « The social structure of free-ranging bottlenose dolphins », *Current Mammology,* 1, 263-317, 1987.

J. Secondi, V. Bretagnolle, C. Compagnon, B. Faivre, « Specific-song convergence in a moving hybrid zone between two passerines », *Biological Journal of the Linnean Society,* 80, 507-517, 2003.

N. Seddon, « Ecological adaptation and species recognition drives vocal evolution in neotropical suboscine birds », *Evolution,* 59, 200-215, 2005.

O. Seehausen, J. J. M. van Alphen, « Can sympatric speciation by disruptive sexual selection explain rapid evolution of cichlid diversity in Lake Victoria ? », *Ecology Letters,* 2, 262-271, 2002.

J. Seger, « Sympatric speciation in green lacewings, Intraspecific resource competition as a cause of sympatric speciation », *in* Greenwood *et al., Evolution,* Cambridge, Cambridge University Press, 1985.

N. R. Seymour, « Forced copulation in sympatric American black ducks and mallards in Nova Scotia », *Canadian Journal of Zoology,* 68, 1691-1696, 1990.

A. M. Shapiro, A. H. Porter, « The lock-and-key hypothesis : evolutionary and biosystematic interpretation of insect genitalia », *Annual Review of Entomology,* 34, 231-245, 1989.

B. C. Sheldon, « Differential allocations : tests, mechanisms and implications », *Trends in Ecology and Evolution,* 15, 397-402, 2000.

P. W. Sherman, « Mate guarding as paternity insurance in Idaho ground squirrels », *Nature,* 338, 418-420, 1989.

W. M. Shields, L. M. Shields, « Forcible rape : An evolutionary perspective », *Ethol. Sociobiol.,* 4, 115-136, 1983.

R. Shine, « Sexual selection and sexual dimorphism in the Amphibia », *Copeia,* 1979, 297-306, 1979.

R. Shine, « Ecological causes for the evolution of sexual dimorphism : a review of the evidence », *Quaternary Review of Biology,* 64, 419-461, 1989.

R. Shine, « Proximate mechanisms of sexual differences in adult body size », *American Naturalist,* 135, 278-283, 1990.

L. Shorey, S. Piertney, J. Stone, J. Höglund, « Fine-scale genetic structuring on *Manacus nanacus* leks », *Nature,* 408, 352-353, 2000.

R. V. Short, E. Balaban, *The Differences Between the Sexes,* Cambridge, Cambridge University Press, 1994.

G. W. Shugart, M. A. Fitch, G. A. Fox, « Female pairing : A reproductive strategy for herring gulls ? », *The Condor,* 90, 933-935, 1998.

L. W. Simmons, « Sperm competition as a mechanism of female choice in the field cricket, *Gryllus bimaculatus* », *Behavioural Ecology Sociobiology*, 21, 197-202, 1987.

L. W. Simmons, « The evolution of polyandry : an examination of the genetic incompatibility and good-sperm hypotheses », *Journal of Evolutionary Biology*, 14, 585-594, 2001.

B. Sinervo, C. M. Livley, « The rock-paper-scissors game of alternative male strategies », *Nature*, 340, 240-243, 1996.

J. W. Sites, D. M. Peccinini-Seale, C. Moritz, J. W. Wright, W. M. Brown, « The evolutionary history of parthenogentic *Cnemidophorus lemniscatus* (Sauria, Teiidae). I Evidence for hybrid origin », *Evolution*, 44, 1990, 906-921.

M. T. Siva-Jothy, « Immunocompetence : conspicuous by its absence », *Trends in Ecology and Evolution*, 37, 39-44, 1995.

S. Skulason, T. B. Smith, « Resource polymorphisms in vertebrates », *Trends in Ecology and Evolution*, 10, 366-370, 1995.

T. Slagsvold, T. Amundsen, S. Dale, « Selection by sexual conflict for evenly spaced offspring in blue tits », *Nature*, 370, 136-138, 1994.

M. K. Slatkin, « Ecological causes of sexual dimorphism », *Evolution*, 38, 622-630, 1984.

M. E. Small, *Female Choices : Sexual Behavior of Female Primates*, Ithaca, New York, Cornell University Press, 1993.

R. L. Smith, « Human sperm competition », *in* R. L. Smith (ed), *Sperm Competition and the Evolution of Animal Mating Systems*, Londres, Academic Press, 601-660, 1984.

B. B. Smuts, R. W. Smuts, « Male-aggression and sexual coercion of females in non-human primates and other mammals-evidence and theoretical implications », *Advances in the Study of Behavior*, 22, 1-63, 1993.

R. Snook, « Sexual selection : conflict, kindness and chicanery », *Current Biology*, 11, 337-341, 2001.

C. T. Snowdon, M. Hausberger, *Social Influences on Vocal Development*, Cambridge, Cambridge University Press, 1997.

A. Som, B. N. Singh, « Lack of evidence for rare male mating advantage in wild type strains of *Drosophila ananassae* », *Current Science*, 81, 383-387, 2001.

V. Sommer, *Wider die Natur ? : Homosexualität und Evolution*, Munich, C. H. Beck Verlag, 1990.

V. Sommer, U. Reichard, « Rethinking monogamy : the gibbon case », *in* P. M. Kappeler (ed), *Primate Males. Causes and Consequences of Variation in Group Composition*, Cambridge, Cambridge University Press, 159-168, 2000.

M. Spence, « Job Market Signalling », *Quarterly Journal of Economics*, 87, 355-374, 1973.

A. Spielman, Sr. M. G. Leahy, V. Skaff, « Seminal loss in repeatedly mated female *Aedes AegyptI* », *Bulletin Entomol. Soc. Am.*, 12, 404-412, 1966.

D. R. Stahler, D. W. Smith, R. Landis, « The acceptance of a new breeding male into a wild wolf pack », *Canadian Journal of Zoology*, 80, 360-365, 2002.

P. Stockley, M. G. G. Gage, G. A. Parker, A. P. Møller, « Female reproductive biology and the coevolution of ejaculate characteristics in fishes », *Proceedings of the Royal Society of London*, 263, 451-458, 1996.

P. Stockley, « Sexual conflict resulting from adaptations to sperm competition », *Trends in Ecology and Evolution*, 12, 154-159, 1997.

P. Stockley, « Sperm selection and genetic incompatibility : does relatedness of mates affect male success in sperm competition ? », *Proceedings of the Royal Society of London, Series B*, 266, 1663-1669, 1999.

M. Stirner, *L'Unique et sa propriété*, traduction française (de l'allemand) par Robert L. Reclaire, Paris, P. V. Stock, 1899 (1845).

T. T. Struhsaker, L. Leland, « Infanticide in a patrilineal society of red colobus monkey », *Zeitschrift für Tierpsychologie*, 69, 89-132, 1984.

E. Suomalainen, E. Saura, J. Lokki, « Evolution of parthenogenotic insects », *Evolutionary Biology*, 9, 1976, 209-257.

E. Svensson, J.-A. Nilsson, « Mate quality affects offspring sex ratio in blue tits », *Proceedings of the Royal Society of London B*, 263, 357-361, 1996.

P. V. Switzer, « Past reproductive success affects future habitat selection », *Behvioural Ecology and Sociobiology*, 40, 307-312, 1997.

B. Sykes, *La Malédiction d'Adam, un futur sans hommes*, Paris, Albin Michel, 2003.

J.-P. Sylvestre, « Some observations on behaviour of two orinoco dolphins (*Inia geoffrensis humboldtiana*), (Pilleri and Gihr 1977), in captivity, at Duisburg Zoo », *Aquatic Mammals*, 11, 58-65, 1985.

S. Szamado, « The validity of the handicap principle in discrete action-response games », *Journal of Theoretical Biology*, 198, 593-602, 1999.

M. Taborsky, « Sneakers, satellites and helpers : parasitic and cooperative behavior in fish reproduction », *Advances in Study Behaviour*, 23, 1-180, 1994.

C. A. Tauber, M. J. Tauber, « Sympatric speciation in insects : perception and perspective », *in* D. Otte, J. A. Endler (eds), *Speciation and its consequences*, Sunderland, Sinauer, 307-344.

W. Tavolga, « Application of the concept of levels of organization to the study of animal communication », *Advances in the study of communication and affect*, Krames *et al.* (eds), 51-76, 1974.

M. C. Tavolga, « Behavior of bottlenose dolphins (*Tursiops truncatus*) : social interaction in a captive colony », *in* K. S. Norris (ed), *Whales, Dolphins and Porpoises*, Berkeley, University of California Press, 718-730, 1966.

E. J. Temeles, « The role of neighbors in territorial systems : when are they "dear enemies" ? », *Animal Behaviour*, 47, 339-350, 1994.

A. Tesseydre, *La Communication animale sur la scène de l'évolution*, Paris, Nathan, 1993.

R. Thornhill, « Rape in Panorpa scorpionflies and a general rape hypothesis », *Animal Behaviour*, 28, 52-59, 1980.

R. Thornill, « Cryptic female choice and its implications in the scorpionfly *Harpobittacus nigriceps* », *American Naturalist*, 122, 765-788, 1983.

R Thornhill, S. W. Gangestad, « Human fluctuating asymmetry and sexual behavior », *Psychological Science*, 5, 297-302, 1994.

R. Thornhill, C. Palmer, *A Natural History of Rape : Biological Bases of Sexual Coercion*, Cambridge, MIT Press, 2000.

N. Tinbergen, A. C. Perdeck, « On the stimulus situation releasing the begging response in the newly hatched herring gull chick (*Larus argentatus*) », *Behaviour*, 3, 1-39, 1950.

R. C. Tinsley, H. R. Kobel, *The Biology of Xenopus*, Oxford, Oxford Univeristy Press, 1996.

P. W. Trail, « Why should lck-bredders be monomorphic ? », *Evolution*, 44, 1837-1952, 1990.

T. Tregenza, R. K. Butlin, « Speciation without isolation », *Nature*, 400, 311-312, 1999.

T. Tregenza, N. Wedell, « Polyandrous females avoid costs of inbreeding », *Nature*, 415, 71-73, 2002.

R. L. Trivers, « Parental investment and sexual selection », *in* B. Campbell (ed), *Sexual Selection and the Descent of Man, 1871-1971*, Chicago, 136–179, 1972.

R. L. Trivers, D. E. Willard, « Natural selection of parental ability to vary the sex ratio of offspring », *Science*, 179, 90-92, 1974.

R. Trivers, « Parental Investment and Sexual Selection », *in* B. Campbell (ed), *Sexual Selection and the Descent of Man, 1871-1971*, Chicago, Aldine, 136-179, 1972.

R. Trivers, *Natural Selection and Social Theory : Selected Papers*, Oxford, Oxford University Press, 2002.

R. L. Trivers, D. E. Willard, « Natural selection of parental ability to vary the sex ratio of offspring », *Science*, 179, 90-92, 1973.

S. T. Trumbo, A. K. Eggert, « Beyond monogamy : territory quality influences sexual advertisement in male burying beetles », *Animal Behaviour*, 48, 1043-1047, 1994.

G. F. Tuner, M. T. Burrows, « A model of sympatric speciation by sexual selection », *Proceedings of the Royal Society of London B*, 260, 287-292, 1995.

M. Turelli, H. A. Orr, « The dominance theory of Haldane's rule », *Genetics*, 140, 389-402, 1995.

G. F. Turner, M. T. Burrows, « A model of sympatric speciation by sexual selection », *Proceedings of the Royal Society of London B*, 260, 287, 1995.

E. M. Tuttle, S. Pruett, M. S. Webster, « Cloacal protuberances and extreme sperm production in Australian fairy-wrens », *Proceedings of the Royal Society of London B*, 263, 1359-1364, 1996.

J.-P. Vaissaire, *Sexualité et reproduction des mammifères domestiques et de laboratoire*, Paris, Maloine, 1977.

A. Van Schaik, P. M. Kappeler, « Infanticide risk and the evolution of male-female association in primates », *Proceedings of the Royal Society of London B*, 264, 1687-1694, 1997.

L. Van Valen, « A new evolutionary law », *Evolutionary Theory*, 1, 1-30.

P. L. Vasey, « Homosexual behavior in primates : A review of evidence and theory », *International Journal of Primatology*, 16, 173-204, 1995.

P. L. Vasey, « Female choice and inter-sexual competition for female sexual partners in japanese macaques », *Behaviour*, 135, 579-597, 1998.

P. L. Vasey, B. Chapais, C. Gauthier, « Mounting interactions between female Japanese macaques : Testing the influence of dominance and aggression », *Ethology*, 104, 387-398, 1998.

T. Veblen, *The Theory of the Leisure Class*, New York, Dover Publications, 1899.

F. Vega-Redondo, O. Hasson, « A game-theoretic model of predator-prey signalling », *Journal of Theoretical Biology*, 162, 309-319, 1993.

J. P. Veiga, « Sexual conflict in the house sparrow : interference between polygynously mated females versus asymmetric male investment », *Behavioral Ecology and Sociobiology*, 27, 345-350, 1990.

A. Velando, R. Torres, I. Espinosa, « Male coloration and chick condition in blue-footed booby : a cross-fostering experiment », *Behavioral Ecology and Sociobiology*, 58, 175-180, 2005.

D. R. Vieites, S. Nieto-Roman, M. Barluenga, A. Palanca, M. Vences, A. Meyer, « Post-mating clutch piracy in an amphibian », *Nature*, 431, 305-308, 2004.

J. Villenave, D. Thierry, Al Mamun, T. Lodé, E. Rat-Morris, « The pollens consumed by Chrysoperla lucasina and Ch. Affinis (Neuroptera : Chrysopidae) in cabbage crop environment in western of France », *Journal of Entomology*, 2005.

J.-D. Vincent, *Biologie des passions*, Paris, Odile Jacob, 1986.

R. Voss, « Male accessory glands and the evolution of copulatory plugs in rodents », *Occ. Pap. Mus. Zool. Univ. Mich*, 689, 1-27, 1979.

F. Waal De, *Lanting, Bonobo : The Forgotten Ape*, University of California Press, 1997.

F. Waal De, « Bonobo Sex and Society », *Scientific American*, 82-88, 1995.

F. Waal De, « Tension regulation and nonreproductive functions of sex in captive bonobos (*Pan paniscus*) », *Nat. Geogr. Res.*, 3, 18-338, 1987.

C. A. Wachtmeister, « Display in monogamous pairs : a review of empirical data and evolutionary explanations », *Animal Behaviour*, 61, 861-868, 2001.

R. H. Wagner, « Male-male mountings by a sexually mono-morphic bird : mistaken identity or ghting tactic ? », *Journal of Avian Biology*, 27, 209-214, 1996.

S. A. Wahaj, « Reconciliation in the Spotted Hyena (*Crocuta crocuta*) », *Ethology*, 107, 1057-1074, 2001.

M. H. Wake, « The reproductive biology of *Nectophhrynoides malcolmi* (Amphibia, Bufonidae), with comments on the evolution modes in the genus *Nectophhrynoides* », *Copeia*, 193-209, 1980.

M. H. Wake, « Diversity within a framework of constraints, Amphibian reproduction modes », *in* D. Mossakowski, G. Roth (eds), *Environmental Adaptation and Evolution*, Studgardt, Gustav Fisher, 87-106, 1982.

K. Wallen, W. A. Parsons, « Sexual behavior in same-sexed nonhuman primates : Is it relevant to understanding homosexuality ? », *Annual Review of Sex Research*, 7, 195-223, 1997.

B. Walter, F. Trillmich, « Female aggression and male peace-keeping in a cichlid shharem : conflict between and within the sexes in Lamprologus ocellatus », *Behavioral Ecology and Sociobiology*, 34, 105-112, 1994.

R. R. Warner, « Male versus female influences on mating-site determination in a coral-reef fish », *Animal Behaviour*, 39, 540-548, 1990.

J. D. Watson, F. H. C. Crick, « Molecular structure of Nucleic Acids », *Nature*, 171, 1953, 737-738.

P. J. Watson, « Multiple paternity and first mate sperm precedence in the sierra dome spider, *Linyphia litigiosa* Keyserling (Linyphiidae) », *Animal Behaviour*, 41, 135-148, 1991.

P. J. Watson, « Multiple paternity as genetic bet-hedging in female Sierra dome spiders, *Linyphia litigiosa* (Linyphiidae) », *Animal Behaviour*, 41, 343-360, 1991.

P. J. Watson, « Nonrandom multi-male mating by females increases offspring growth rates in the spider Neriene litigiosa (Linyphiidae) », *Animal Behaviour*, 55, 387-403, 1998.

P. J. Watson, G. Arnqvist, R. R. Stallmann, « Sexual conflict and the energetic costs of mating and mate choice in water striders », *American Naturalist*, 151, 46-58, 1998.

P. Watzalick, J. H. Beavin, D. D. Jackson, *Une logique de la communication*, Paris, Seuil, 1972.

A. M. Wauters, M. A., Richard-Yris, N. Talec, « Maternal influences on feeding and general activity in domestic chicks », *Ethology*, 108, 529-540, 2002.

P. J. Weatherhead, R. J. Robertson, « Offspring quality and the polygyny threshold : "the sexy son hypothesis" », *American Naturalist*, 113, 201-208, 1979.

P. J. Weatherhead, G. F. Bennett, D. Schluter, « Sexual selection and parasites in wood warblers », *Auk*, 108, 147-152, 1991.

M. S. Webster, H. C. Chuang-Dobbs, R. T. Holmes, « Microsatellite identification of extrapair sires in a socially monogamous warbler », *Behavioral Ecology*, 12, 439-446, 2001.

C. Wedekind, T. Seebeck, F. Bettens, A. J. Paepke, « MHC-dependent mate preferences in humans », *Proceedings of Biological Science*, 260, 245-249, 1995.

K. M. Wegner, T. Reusch, M. Kalbe, « Multiple parasites are driving major histocompatibility complex olymorphism in the wild », *Journal of Evolutionary Biology*, 16, 224-232, 2003.

A. M. Welch, R. D. Semlitsch, H. C. Gerhardt, « Call duration as an indicator of genetic quality in male gray tree frogs », *Science*, 280, 1928-1930, 1998.

J. H. Werren, « Sex-ratio adaptations to local mate competition in a parasitic wasp », *Science*, 208, 1157-1159, 1980.

P. M. West, C. Packer, « Sexual selection, temperature, and the lion's mane », *Science*, 297, 1339-1343, 2002.

P. M. West, C. Packer, M. Hordinsky, M. Ericson, J. L. Brown, « Androgens and the African lion's mane », *European Hair Research Society, York*, 1999.

S. A. West, B. C. Sheldon, « Constraints in the evolution of sex ratio adjustment », *Science*, 295, 1686-1688, 2002.

D. F. Westneat, R. K. Stewart, « Extra-pair paternity in birds : Causes, correlates, and conflict », *Annual Review of Ecology, Evolution, and Systematics*, 34, 365-396, 2003.

F. Widemo, I. P. F. Owens, « Size and stability of vertebrate leks », *Animal Behaviour*, 58, 1217-1221, 1999.

R. B. Wielgus, F. L. Bunnel, « Test of hypotheses for sexual segregation in grizzly bears », *Journal of Wildlife Mangement*, 59, 552-560, 1995.

J. J. Wiens, M. R. Servedio, « Species delimitation in systematics : inferring diagnostic differences between species », *Proceedings of the Royal Society of London B*, 267, 631-636, 2000.

J. J. Wiens, « Widespread loss of sexually selected traits : how the peacock lost its spots », *Trends in Ecology and Evolution*, 16, 517-523, 2001.

J. J. Wiens, « Phyloenetic evidence for multiple losses of a sexually selected character in phrynosomatid lizards », *Proceedings of the Royal Society of London B*, 266, 1529-1535, 1999.

S. Wigby, T. Chapman, « Female resistance to male harm evolves in response to manipulation of sexual conflict », *Evolution*, 58, 1028-1037, 2004.

S. Wigby, T. Chapman, « Female resistance to male harm evolves in response to manipulation of sexual conflict », *Evolution*, 58, 1028-1037, 2004.

D. A. Wiggins, R. D. Moris, « Criteria for female choice of mates : courtship feeding and parental care in the common tern », *American Naturalist*, 128, 126-129, 1986.

G. S. Wilkinson, P. R. Reillo, « Female choice response to artificial selection on a exaggerated male trait in a stalk-eyed fly », *Proceedings of the Royal Society of London B*, 255, 1-6, 1994.

G. S. Wilkinson, D. C. Presgraves, L. Crymes, « Male eye span in stalk-eyed flies indicates genetic quality by meiotic drive suppression », *Nature*, 391, 276-278, 1998.

G. C. Williams, *Adaptation and Natural Selection : A Critique of Some Current Evolutionary Thought*, Princeton, Princeton University Press, 1966.

G. C. Williams, « Natural selection, the cost of reproduction, and a refinement of Lack's principle », *American Naturalist*, 100, 687-690, 1966.

G. C. Williams, *Sex and Evolution*, Princeton, Princeton University Press, 1975.

G. C. Williams, « The question of adaptive variation in sex ratio in outcrossed vertebrates », *Proceedings of the Royal Society of London, Series B*, 205, 567-580, 1979.

J. W. Wilmer, A. J. Overall, P. P. Pomeroy, S. D. Twiss, W. Amos, « Patterns of paternal relatedness in British grey seal colonies », *Molecular Ecology*, 9, 283-292, 2000.

A. P. Wilson, R. C. Boelkins, « Evidence of seasonal variation in aggressive behaviour by *Macaca Mulatta* », *Animal Behaviour*, 18, 719-724, 1970.

E. O. Wilson, « Pheromones », *39 steps to Biology*, Chapter 19, 163-172, 1963.

E. O. Wilson, *La Diversité de la vie*, Paris, Odile Jacob, 1993.

M. F. Wilson, E. F. Pianka, « Sexual selection, sex ratio and mating system », *American Naturalist*, 97, 405-407, 1963.

M. I. Wilson, M. Daly, « Sexual rivalry and sexual conflict : recurring themes in fatal conflicts », *Theoretical Criminology*, 2, 291-310, 1998.

J. C. Wingfield, G. F. Ball, A. M. Dufty, R. E. Hegner, M. Ramenofsky, « Testosterone and aggression in birds », *American Science*, 75, 602-608, 1987.

C. R. Woese, *The Origin of the Genetic Code*, Harper & Row, 1967.

M. F. Wolfner, « Tokens of love : functions and regulation of *Drosophila* male accessory gland products », *Insect Biochemistry and Molecular Biology*, 27, 179-192, 1997.

B. D. Worden, P. G. Parker, « Females prefer noninfected males as mates in the grain beetle Tenebrio molitor : Evidence in pre- and postcopulatory behaviours », *Animal Behaviour*, 70, 1047-1153, 2005.

S. Yachi, « How can honest signalling evolve ? The role of handicap principle », *Proceedings of the Royal Society of London B*, 262, 283-288, 1995.

D. Yamamoto, H. Ito, K. Fujitani, « Genetic dissection of sexual orientation : behavioral, cellular, and molecular approaches in Drosophila melanogaster », *Neuroscience Research*, 26, 95-107, 1996.

K. Yamazaki, G. K. Beauchamp, D. Kupniewski, J. Bard, L. Thomas, E. A. Boyse, « Familial imprinting determines H-2 selective mating preferences », *Science*, 240, 1331-1332, 1988.

K. Yamazaki, E. A. Boyse, V. Mike, H. T. Thaler, B. J. Mathieson, J. Abbott, J. Boyse, Z. A. Zayas, « Control of mating preferences in mice by genes in the major histocompatibility complex », *Journal of Experimental Medicine*, 144, 1324-1335, 1976.

Y. Yasui, « A good-sperm model can explain the evolution of costly multiple mating by females », *American Naturalist*, 149, 573-584, 1997.

S. M. Yezerinac, P. J. Weatherhead, « Extra-pair mating, male plumage coloration and sexual selection in yellow warblers (*Dendroicapetechia*) », *Proceedings of the Royal Society of London B*, 264, 527-532, 1997.

J. K. Young, W. L. Franklin, « Territoriality fidelity of male guanacos in the Patagonia of southern Chile », *Journal of Mammalogy*, 85, 72-78, 2004.

A. Zahavi, « Mate selection – a selection for a handicap », *Journal of Theoretical Biology*, 53, 205-214, 1975.

A. Zahavi, « The cost of honesty », *Journal of Theoretical Biology*, 67, 603-605, 1977.

A. Zahavi, *The Handicap Principle*, Oxford, Oxford University Press, 1997.

K. R. Zamudio, E. Sinervo, « Polygyny, mate-guarding, and posthumous fertilization as alternative male mating strategies », *Proceedings of the National Academy of Sciences USA*, 97, 14427-14432, 2000.

J. A. Zeh, D. W. Zeh, « The evolution of polyandry II : postcopulatory defenses against genetic incompatibility », *Proceedings of the Royal Society of London, Series B*, 264, 69-75, 1997.

J. A. Zeh, D. W. Zeh, « Reproductive mode and the genetic benefits of polyandry », *Animal Behaviour*, 61, 1051-1063, 2000.

J. A. Zeh, S. D. Newcomer, D. W. Zeh, « Polyandrous females discrimlinate against previous mate », *Proceedings of the National Academy of Sciences USA*, 95, 13732-13736, 1998.

D. Zeh, J. Zeh, E. Bermingham, « Polyandrous, sperm-storing females : carriers of male genotypes through episodes of adverse selection », *Proceedings of the Royal Society of London B*, 264, 119-125, 1997.

M. Zuk, *Sexual selections : what we can and can't learn about sex from animals*, University of California Press, 2002.

M. Zuk, R. Thornhill, J. D. Ligon, « Parasites and mate choice in red jungle fowl », *American Zoologist*, 30, 235-244, 1990.

Index des matières

Imprimé par Lightning Source France
1 avenue Gutenberg
78310 Maurepas

N° d'édition : 7381-1901-Y

9 782738 119018